Pré-ludes

YVES COPPENS

Pré-ludes

Autour de l'homme préhistorique

Odile Jacob

15, rue Soufflot, 75005 Paris

www.odilejacob.fr

ISBN : 978-2-7381-3142-3

À Martine et Quentin,
les environs de l'auteur,
avec toute son affection.

Préface

« Il ne s'agit pas d'une préface – d'ailleurs, qui lit une préface ? –, mais d'une explication en forme d'introduction. »

Paul-Émile VICTOR,
Eskimo, Stock, 1988.

Pré-ambules (1988)[1], *Pré-textes* (2011)[2], *Pré-ludes*, ça ressemble à une séquence que ça n'est pas vraiment, mais ces trois titres ont tout de même en commun la « fonction » de réunir des textes courts, retravaillés et ordonnés, sur des sujets que les sous-titres chaque fois précisent. Le premier titre a rassemblé des présentations des années 1960, 1970 et 1980 et les deux suivants, surtout des présentations d'ouvrages des années 1990 et 2000. Le premier des deux derniers concerne l'homme préhistorique en personne ; le second, celui-ci, concerne son environnement, je dirais ses environnements, ce que les Anglais nomment *environment* et que les Français appellent « milieu » ! Pré-ludes signifie « avant de jouer » – il s'agit de « jouer » avec l'homme préhistorique naturellement.

Merci très affectueusement, en tout premier lieu, à mon éditeur, je devrais dire mon amie, très chère Odile Jacob, qui publie si joliment tout ce que je lui donne ou presque ; merci affectueusement aussi à la chaîne des aides élégantes sans lesquelles rien ne se ferait, Monique Tersis, Marie-Lorraine Colas, Jeanne Pérou.

1. Y. Coppens, *Pré-ambules. Les premiers pas de l'homme*, Odile Jacob, 1988.

2. Y. Coppens, *Pré-textes. L'homme préhistorique en morceaux*, Odile Jacob, 2011.

Ouverture

J'ai choisi comme « ouverture », trois textes qui s'enchaînent logiquement, même s'ils ne le font pas chronologiquement.

Le premier a été écrit pour le catalogue d'une exposition espagnole il y a une année ; il fait état de ce que connaît aujourd'hui la science et de la manière dont évidemment je l'ordonne ; il présente aussi en encadrés deux des hypothèses environnementales que j'ai proposées, l'une en 1975 (l'[H]Omo Event, la raison de l'émergence du genre *Homo*), l'autre en 1982 (l'East Side Story, la raison de la divergence hommes [préhumains]/chimpanzés [préchimpanzés]).

Le deuxième a été « dit » à l'accueil et au départ de mes invités au colloque sur « L'environnement au plio-pléistocène » que j'avais organisé à Paris en 1981 dans le but de faire connaître mon hypothèse (l'[H]omo Event), d'en débattre et, éventuellement, de la valider (ce qui fut fait), textes un peu techniques, mais auxquels je tiens, car ils sont fondateurs.

Le troisième a été prononcé, fin 2003, après l'écriture (2002-2003) et la remise au président de la République d'une charte de l'environnement dont il m'avait chargé, devenue *La Charte de l'environnement,* entrée dans le préambule de la Constitution française un peu plus d'une année plus tard et fournissant la base du fameux « Grenelle » plus bruyant.

Cette ouverture de *Pré-ludes* voudrait montrer que l'environnement est nécessaire à la vie (c'est le couple vie-environnement qui importe) et, par suite, le rôle des changements de l'un dans l'évolution de l'autre.

Hypothèses

La vie, sans doute apparue sur Terre et seulement sur Terre, en tout cas dans notre « quartier cosmique », y accuse environ 4 milliards d'années. Aussitôt apparue, elle se multiplie de manière impressionnante (stromatolithes), se déploie sur l'ensemble de la planète et se diversifie en fonction des milieux dans lesquels elle s'installe en s'y adaptant.

Très longtemps unicellulaire, elle va se faire en partie pluricellulaire (dès 2 milliards d'années peut-être), répondant ainsi aux lois qui régissaient déjà avant elle la matière inerte, laquelle matière nous avait montré qu'avec le temps, elle se compliquait, mais ne s'en organisait pas moins. Née dans l'eau, rappelons que cette vie s'y développera de manière exclusive les 3,5 premiers milliards d'années de son existence sur 4 !

C'est dans l'eau qu'apparaîtront ainsi les premiers vertébrés (Chine, 535 millions d'années) qui nous intéressent particulièrement ici, et il nous faudra attendre probablement un peu plus d'une centaine de millions d'années pour les retrouver, après des végétaux et des invertébrés, équipés à la fois de branchies et de poumons, lancés à la conquête des continents.

Et la vie, chargée de ce nouveau couple paradoxal de caractères, très grande inventivité (spéciation) dans une très stricte régulation (génétique), ne va pas moins s'épanouir dans une extravagante collection de formes à la recherche permanente de stratégies économiques de survie et d'adaptations habiles aux milieux qui ne cessent de changer.

Cet immense arbre phylétique que nous venons de voir pousser en arrive aux alentours d'un peu plus de 200 millions d'années à une branche qui nous importe, celle des premiers vertébrés à pelage (meilleure régulation de la température), les mammifères, d'abord ovipares, puis, 100 millions d'années plus tard, dans les mêmes frondaisons de l'arbre généalogique, placentaires. Et c'est au sein de ces derniers qu'émergent vers 70 millions d'années les primates dont nous faisons partie, ordre issu d'insectivores que la niche écologique disponible, des arbres à fleurs (et par suite à fruits), a séduit. Ces petits mammifères, nés en Euramérique alors tropicale (l'Atlantique n'était pas ouvert), s'étendent vite à l'Asie puis à l'Afrique ; ils développent, avec des orbites en façade et un œil plus compliqué, une vision stéréoscopique et en couleurs et, avec une aptitude au grimper et une saisie meilleure (développement de la clavicule, 5 doigts déliés, des ongles à la place de griffes, une opposabilité des premiers rayons), un système nerveux central plus élaboré et une vie en société.

BIG BRANCHING (BB)

Notre arbre des primates prospère et se ramifie comme il se doit et, dans cet épanouissement, un carrefour, parmi d'autres, nous importe plus que les autres ; c'est évidemment celui qui, à partir d'une population ancestrale unique d'une petite dizaine de millions d'années vivant dans un milieu forestier d'Afrique tropicale, va donner naissance à deux voies, celle des préchimpanzés et des chimpanzés (paninés), celle des préhumains et des humains (homininés).

Si une population en donne deux, c'est, bien sûr, parce qu'elle y est contrainte ; et cette contrainte, si on en connaît mal le moteur événementiel (sans doute le refroidissement né du développement de la calotte glaciaire antarctique), on peut en imaginer les conséquences environnementales grâce aux adaptations différentielles des deux populations filles. Ces deux environnements nouveaux sont tous deux forestiers, mais l'un est certainement plus couvert que l'autre ; l'un voit évoluer la population des paninés, très spécialisée (grimpeurs et *knuckle walkers* – marche sur les membres inférieurs et en appui sur le dos des extrémités des membres supérieurs) et l'autre, celle des homininés, réalisant le redressement permanent du corps et associant la première bipédie au grimper, sans doute parce qu'elle associait pour la première fois la consommation des fruits dans les arbres à celle des tubercules au sol. L'ouverture incontestable des paysages pour parvenir à cette adaptation révolutionnaire – ce n'est pas rien que de se mettre debout... pour longtemps – a pu être démontrée grâce au développement des plantes en C4 (que l'on trouve en effet dans le régime alimentaire de plusieurs groupes de mammifères dans ces années-là). La station érigée ressemble ainsi à une stratégie acquise dans l'urgence dans un environnement dangereux parce qu'il se découvre et découvre les primates qui s'y cachaient.

Toujours est-il que les homininés d'alors, les plus anciens connus, *Sahelanthropus tchadensis* de 7 millions d'années du Tchad, *Orrorin tugenensis* de 6 millions d'années du Kenya et *Ardipithecus kadabba* de 5,8 millions d'années et *Ardipithecus ramidus* de 4,4 millions d'années d'Éthiopie, sont tous les quatre tropicaux et africains, debout en permanence, bipèdes et probablement grimpeurs (double locomotion démontrée chez *Orrorin tugenensis* et *Ardipithecus ramidus*). *Ardipithecus ramidus* est le préhumain de ce stade évolutif qui a été le plus étudié ; haut de 1,20 mètre, d'un poids d'environ 50 kilos, il montre une petite face projetée, une petite canine, un petit cerveau (300 à 350 cm^3), un basi-crâne court, un bassin dont la partie haute est adaptée à la marche et à la course, la partie basse à l'arboricolisme, un pied rigide pour marcher, un gros orteil opposable pour grimper, une main robuste pour l'appui, flexible pour la saisie ; son port nouveau et sa locomotion nouvelle, de même que son alimentation et, par suite, son genre de vie ont naturellement entraîné des changements majeurs dans sa vie sociale, sa vie sexuelle et un changement certainement important dans la structure de son cerveau, mais qu'on ne se trompe pas, ces changements sont les conséquences de cette nécessité d'adaptation à ce milieu qui se découvre, et non l'inverse. *Orrorin tugenensis* dont on possède trois fragments de fémur et un fragment d'humérus montre aussi cette station debout et sa bipédie consécutive (col du fémur allongé, tubérosité glutéale développée, précurseur de la ligne âpre), en même temps que son arboricolisme (développement de la crête d'insertion du *brachioradialis* le long de la diaphyse de l'humérus).

L'East Side Story

Pendant une vingtaine d'années, les années 1940 et 1950, *Oreopithecus bambolii* des lignites de Toscane faisait figure de fossile fondateur de la lignée humaine qu'on qualifiait de premier hominidé, mais on ignorait à l'époque l'approche cladistique. Daté de 12 millions d'années, puis de 7 à 8 millions d'années, il avait l'avantage pour un de ses inventeurs et descripteurs, le Suisse Johannes Hürzeler de Bâle, d'être européen, ce qui comptait plus qu'on imagine chez un certain nombre de paléontologues de ce continent, mais il avait aussi la terrible tare d'avoir des membres supérieurs démesurés.

C'est la découverte en 1958 d'un squelette complet ou presque dans une mine de lignite à Bacinello qui entraîna la découverte de ses membres et l'abandon du fossile en tout cas pour cette fonction enviée.

Dès le début des années 1960, Elwyn Simons et David Pilbeam promurent le tandem *Ramapithecus-Sivapithecus* des monts Siwaliks de l'Inde et du Pakistan daté de 12,5 à 8,5 millions d'années, très proche, disaient-ils, si ce n'était synonyme, de *Kenyapithecus* de 15 à 14 millions d'années du Kenya, prétendant donc, à son tour, au titre de premier homininé.

On en était là, vingt ans après, au début des années 1980, en 1982 exactement, lorsque l'Académie pontificale des sciences convia un certain nombre d'entre nous à Rome.

Nous entrâmes donc en congrès avec l'idée que le berceau de l'humanité était l'ensemble des tropiques de l'Asie et de l'Afrique réunis, que le plus vieil homininé était *Ramapithecus-Sivapithecus* et qu'il avait environ 15 millions d'années. Or, durant ce colloque, deux collègues nous obligèrent à réfléchir à nouveau à cette fameuse origine des homininés. Le premier de ces auteurs, Jerold Lowenstein, un biochimiste de Californie, avait injecté de la poudre de dents de *Ramapithecus* à des lapins qui avaient fabriqué des anticorps. Il avait testé ces anticorps vis-à-vis d'antigènes d'hommes, de gorilles, de chimpanzés et d'orangs-outans, et c'est avec ceux d'orangs-outans qu'ils avaient réagi préférentiellement.

Et le deuxième collègue était David Pilbeam lui-même qui, un nouveau fossile en main (la toute première face connue de *Ramapithecus-Sivapithecus)*, venait nous annoncer que devant l'incontestable ressemblance entre cette face et celle d'orang-outan, il faisait de son primate l'ancêtre des orangs.

Il fallait donc désormais réfléchir en termes d'Afrique seule et de 7 à 8 millions d'années au lieu de 15. Le soir même, fort de cette nouvelle donne, j'ai regardé une carte d'Afrique. Le problème était simple et la solution avait l'air de s'imposer.

Il y a 8 millions d'années, les ancêtres communs des paninés – préchimpanzés et chimpanzés – et des homininés – préhumains et humains – se trouvaient dans cette Afrique tropicale couverte de forêts de l'océan Atlantique à l'océan Indien.

Or il y a 8 millions d'années précisément, la Rift Valley, certes très ancienne dans ses premières secousses, avait repris une sérieuse activité : effondrement du nord au sud, mise en place d'un chapelet de lacs et orogenèse, sur la lèvre occidentale de la faille, d'une vraie muraille d'au moins 700 kilomètres de long et plusieurs milliers de mètres de hauteur.

Il était évident que cet accident ne pouvait être passé inaperçu dans la destinée climatique, pluviométrique, écologique, de cette région. Les pluies n'avaient pu que se briser sur cette dorsale n'accédant plus à l'est, soumis par suite désormais aux moussons saisonnières.

Or il se trouvait que devant mes yeux la Rift Valley séparait les paninés dans leur forêt à l'ouest de tous les plus vieux homininés dont on disposait alors, clairement adaptés à la savane, à l'est ; nous venions en effet pendant vingt ans d'en recueillir des milliers sans reconnaître parmi eux, le moindre morceau d'os, le moindre chicot de dent de préchimpanzé ou de chimpanzé.

Je me suis laissé tenter par cette explication simpliste et, le lendemain, au même congrès, j'ai suggéré le scénario simple suivant : les ancêtres communs étaient là dans la forêt d'un océan à l'autre. Et puis l'Afrique s'était cassée et avait coupé la population des ancêtres communs en deux populations, l'une à l'ouest dans ses forêts, l'autre à l'est dans un paysage qui se découvre, ces deux populations ont dû évidemment s'adapter à des environnements différents et sont devenues les paninés à l'ouest, les homininés à l'est (Coppens, 1983).

Et j'ai appelé l'hypothèse, exemple classique de cladogenèse, l'East Side Story (Coppens, 1994).

Avec mon appui et celui de David Pilbeam, Michel Brunet est parti, dès 1984, à l'ouest de la Rift Valley, pour tester mon hypothèse. Cette aventure l'a conduit au Cameroun d'abord, au Niger, puis au Tchad, sur mes traces (j'y étais de 1960 à 1966) et sa ténacité, à laquelle je rends hommage, à la découverte, dans ce dernier pays, en 1994 d'*Australopithecus bahrelghazali*, dit Abel et en 2001 à celle de *Sahelanthropus tchadensis*, dit Toumaï, le premier vieux de 3,5 millions d'années le second de 7 millions d'années.

Adieu donc l'East Side Story, du moins dans sa précision géographique.

Il y a donc bien eu, à l'origine des préhumains et des préchimpanzés, l'émergence de deux niches écologiques contrastées, l'une très arborée et l'autre moins. Mais cela ne s'est pas spécialement passé dans l'est de l'Afrique. Quant à la Rift Valley, elle n'est certainement pas neutre dans l'histoire des écosystèmes africains, mais si elle a fonctionné parfois comme barrière, il a dû aussi lui arriver de fonctionner comme filtre, voire comme passoire !

GRASS GROWING (GG)

L'ouverture discrète mais incontestable du paysage, survenue donc aux alentours de 8 millions d'années, s'accuse encore tout aussi incontestablement aux environs de 4 millions d'années (en liaison probable avec le développement de la calotte antarctique). Les proboscidiens, *Stegotetrabelodon orbus, Primelephas gomphotheroides* et *Anancus kenyensis*, aux molaires basses de folivores, disparaissent en effet, tandis que *Palaeolodoxon ekorensis,* ancêtre de *Palaeolodoxon recki*, et *Mammuthus subplanifrons*, ancêtre de la fameuse lignée des mammouths, aux molaires de plus en plus élevées et aux lames d'émail de plus en plus nombreuses d'herbivores, apparaissent et se développent généreusement.

Les homininés marquent le changement de manière tout aussi radicale ; *Ardipithecus*, *Orrorin* et *Sahelanthropus* cèdent la place aux australopithèques et aux kényanthropes plus agressifs (dimorphisme sexuel important), à la consommation à terre plus importante (rubans d'émail dentaire plus épais), à la marche et à la course meilleures, toujours associées au grimper (sauf, on le verra, pour l'un d'entre eux).

Leur aire de distribution, installée jusque-là en auréole autour de la forêt du golfe de Guinée (au centre et à l'est de l'Afrique tropicale), s'élargit à l'Afrique méridionale. Citons *Australopithecus bahrelghazali* du Tchad (Brunet *et al.*, 1996), *Australopithecus afarensis* (Johanson *et al.*, 1978), *Australopithecus anamensis* (Leakey *et al.*, 1995), *Kenyanthropus platyops* d'Éthiopie et du Kenya et *Australopithecus prometheus* – « Little Foot » – d'Afrique du Sud.

Australopithecus afarensis, représenté notamment par le squelette adulte dit de Lucy et par celui juvénile dit de Selam, montre une face prognathe, de grandes prémolaires et molaires, un petit cerveau et la double locomotion que l'on a déjà décrite dans le stade évolutif antérieur (pelvis de bipède, membre inférieur de bipède aux aptitudes au grimper présentes chez l'adulte, membre supérieur très arboricole).

Australopithecus anamensis, par contre, représenté au Kenya et en Éthiopie, montre une grande stabilité du genou et une instabilité du coude, caractéristiques d'articulations modernes signifiant évidemment une locomotion exclusivement bipède. C'est la première fois que cette locomotion qui est encore la nôtre apparaît ; elle a donc 4 millions d'années.

Le petit squelette récemment extrait de niveaux anciens du remplissage de la grotte de Sterkfontein en Afrique du Sud, appelé provisoirement Little Foot et désormais attribué par son inventeur à *Australopithecus prometheus* (déjà décrit mais invalidé dans sa première attribution), pourrait bien représenter la première expansion des homininés vers le sud ; sa datation, incertaine, tournerait autour de 3 millions d'années. C'est un petit préhumain, comparable par certains traits à *Australopithecus afarensis*, doté, comme cette espèce, de la double locomotion et d'une denture post-canine de taille importante.

HOMO HUNTER (HH)

Entre 2 et 3 millions d'années, l'ouverture du paysage s'accentue encore et cette fois de manière beaucoup plus marquée, en liaison avec le développement de la calotte arctique.

Toute la faune et, bien sûr, la flore, en portent témoignage, et les homininés qui nous intéressent ne font pas exception. C'est la course à l'adaptation pour la survie. Notre famille va trouver trois solutions à la crise : une solution robuste et deux solutions graciles.

La solution robuste (ou dissuasion physique à la prédation, évidemment plus importante en milieu très découvert) est merveilleusement représentée par les formes australopithéciennes dites « robustes », *Australopithecus garhi* (Asfaw *et al.*, 1995) en Afar éthiopien, *Zinjanthropus (Paranthropus) aethiopicus* et *Zinjanthropus (Paranthropus) boisei* (Leakey *et al.*, 1959) dans le sud de l'Éthiopie, le Kenya, la Tanzanie et le Malawi, *Paranthropus robustus* en Afrique du Sud. Ces trois destinées, très comparables sans être semblables, ressemblent à des solutions d'autant plus intéressantes qu'elles nous paraissent indépendantes phylogénétiquement, liées à trois provinces biogéographiques bien différentes. Les trois « solutions » partagent une mégadontie postcanine impressionnante (apparemment liée à la consommation de végétaux fibreux d'environnements aquatiques), mais seules les solutions *Zinjanthropus* (*Paranthropus*) et *Paranthropus* développent les superstructures crâniennes, avec l'importante pneumatisation compensatrice, la face plate ou légèrement concave, le front bas, la constriction postorbitaire forte, le palais profond et la capacité endocrânienne de 450 à 550 cm^3, responsables de leur étrange image.

Les formes graciles en fonction des niches écologiques, proposent deux stratégies, une sud-africaine, l'autre est-africaine.

La solution sud-africaine a été ce qui a été précisément appelé autrefois l'australopithèque gracile, en l'occurrence la séquence *Australopithecus africanus, Australopithecus sediba. Australopithecus africanus* d'un peu plus de 2 millions d'années, fameux parce qu'il a été la première espèce préhumaine reconnue, décrite et nommée, et *Australopithecus sediba*, son descendant, d'un peu moins de 2 millions d'années, ont des crânes globuleux d'un peu plus de 400 cm^3, des membres antérieurs à grimper et postérieurs à marcher de plus en plus efficacement.

La solution est-africaine, ou dissuasion intellectuelle à la prédation, n'est ni plus ni moins que le genre *Homo*, le genre humain, l'homme. Le genre *Homo* se distingue des autres homininés qui le précèdent ou l'accompagnent par un cerveau plus volumineux (de 500 à 800 cm^3), plus compliqué (empreintes des circonvolutions plus plissées), mieux irrigué (empreintes des vaisseaux méningés plus ramifiées) et un nouvel équipement dentaire, traduisant une alimentation omnivore (végétaux et viande). Ce n'est donc d'une part qu'un préhumain qui, comme les autres mammifères de son écosystème, a été contraint de s'adapter à ce changement climatique et y est parvenu en réfléchissant mieux et en mangeant de tout, mais c'est aussi un préhumain qui, en « choisissant » ces stratégies de défense et d'acquisition de nourriture, a vu se développer une poussée cérébrale qui va lui apporter un degré nouveau de conscience et l'environnement technique mais aussi intellectuel, spirituel, symbolique, esthétique, éthique consécutif. Pour la première fois, un être vivant taille la pierre – tape sur un caillou avec un autre de manière volontaire et délibérée pour obtenir une forme nouvelle, correspondant à la fonction à laquelle il le destine. Quant à l'aménagement de l'appareil respiratoire supérieur pour son adaptation à la sécheresse, il va faire descendre le larynx et permettre, comme un produit dérivé, l'articulation du langage.

Et le dialogue cerveau, langage, main ne cessera plus de se développer et de développer ses produits au point de nous envelopper dans cet environnement culturel nouveau, né après 4 milliards d'années de vie dans un environnement naturel.

C'est, dans un continuum, une sorte de seuil. Parfois, un peu plus de quelque chose fait autre chose : *more is sometimes different !*

L'homme est donc né il y a un peu moins de 3 millions d'années en Afrique tropicale (peut-être bien exclusivement en Afrique de l'Est) pour s'adapter à un changement climatique, en retenant par sélection naturelle, des dents pour un régime alimentaire opportuniste élargi et un cerveau plus performant. À stress climatique, comme chaque fois dans l'histoire de la vie, réponse bricolée mais réponse qui ne fut pas si mauvaise puisque nous sommes toujours là et en pleine forme !

L'(H)Omo Event

Camille Arambourg, paléontologue au Muséum national d'histoire naturelle de Paris, s'était rendu dans le Sud éthiopien en 1932 et 1933 au bord du fleuve Omo, et il avait interprété la formation géologique qui y affleure comme la répétition, grâce à un jeu de failles, d'une même séquence sédimentaire de quelques dizaines de mètres de puissance (au mieux) et avait collecté 4 tonnes de vertébrés fossiles en vrac en les interprétant comme étant à peu près du même âge.

Or nous sommes retournés, Camille Arambourg et moi-même, en 1967 sur les bords du fleuve Omo en compagnie de collègues kényans (R. Leakey) et américains (F. C. Howell), dans une grande expédition internationale, invités par l'empire d'Éthiopie. L'expédition a duré dix ans (1967-1976).

C'est donc dès 1967 que nous avons réalisé que la prétendue répétition de même bloc était en fait une merveilleuse succession (de sédiments et de niveaux volcaniques) représentant un peu plus de 1 kilomètre de dépôt et plus de 2 millions d'années de durée.

Nous nous sommes donc mis à recueillir les vertébrés fossiles qui y étaient légion, en notant soigneusement provenance dans l'espace et situation dans le temps. Et il nous est apparu très vite que le long de ces 2 millions d'années (d'un peu plus de 3 millions d'années à un peu moins de 1 million d'années) les faunes changeaient, qu'elles changeaient incontestablement d'affinités plus humide à moins humide et que ces changements ne semblaient pas être affectés d'une vitesse constante, mais de stases et d'accélérations.

Nous allons prendre quelques exemples dans la paléontologie des vertébrés, puisque c'est la paléontologie des vertébrés qui nous a appris ceci la première, aidée ensuite par la palynologie, la paléobotanique, la sédimentologie, etc.

Les proboscidiens (éléphants), les équidés (chevaux), les suidés (cochons) illustrent par exemple très bien les changements morphologiques nécessités par les changements d'environnement ; les molaires du genre *Palaeoloxodon* accroissent leur hauteur relativement à leur largeur, augmentent le nombre de leurs lames dentaires et la quantité de cément qui les lie tandis qu'elles diminuent l'épaisseur de leur ruban d'émail ; les incisives et les molaires des hipparions (préchevaux) accroissent de même la hauteur de leur couronne tandis qu'elles développent des tubercules supplémentaires (ectostylide des molaires inférieures) : les pattes de ces préchevaux réduisent en même temps le nombre de leurs doigts et l'hipparion se fait cheval (*Equus*). Quant aux suidés, ce sont les molaires de quatre genres (*Kolpochoerus, Nyanzachoerus, Notochoerus, Metridiochoerus*) qui, de manière indépendante, s'allongent et se chargent de nouveaux tubercules. Ces changements de pattes pour courir plus vite, ces changements de dents pour manger plus coriace ont évidemment la même signification : le paysage s'est découvert, exposant davantage les animaux aux prédateurs et l'herbe (riche en phytolithes) a remplacé les feuilles, nécessitant une mastication plus importante et entraînant une usure beaucoup plus grande et plus rapide des dents.

Quelques exemples écologiques peuvent être aussi retenus pour consolider cette démonstration. Prenons-les chez les rhinocérotidés, les bovidés et les primates (à l'exclusion des homininés). On trouve deux rhinocéros dans les sédiments de l'Omo : le rhinocéros noir (*Diceros*) et le rhinocéros blanc (*Ceratotherium*) : le premier fréquente plus volontiers la savane boisée, le second la prairie. Comme on peut désormais s'y attendre, le premier est largement majoritaire dans les niveaux inférieurs des environs de 3 millions d'années et le second dans ceux des environs de 2 millions. Parmi les 22 genres et 37 espèces d'antilopes reconnus dans nos sédiments durant ces campagnes des années 1960 et 1970, retenons deux tribus qui suffiront pour appuyer notre démonstration : la tribu des *Tragelaphini*, de brousses plus ou moins épaisses et de forêts ouvertes, et celle des *Alcelaphini*, de terrains découverts sans beaucoup d'eau. Les restes de *Tragelaphini* représentent 33 % des antilopes vers 3 millions d'années, les *Alcelaphini* 9 % ; puis, vers 2 millions d'années, les *Tragelaphini* 3 % et les *Alcelaphini* 29 %. Quant aux petits singes, nous avons simplement compté les ossements ou les dents recueillis au kilomètre carré d'affleurement prospecté, ce qui est évidemment une quantification extrêmement approximative et qui ne fonctionne que parce que ces sédiments sont d'une très grande richesse en fossiles. Nous avons obtenu 367 spécimens au kilomètre carré vers 3 millions d'années et 39 vers 2 millions d'années, dix fois moins !

J'arrêterai là l'exercice, mais j'aurais pu y ajouter les listes d'espèces végétales déterminées grâce aux pollens et aux bois fossiles récoltés ou aux empreintes de feuilles collectées ; j'aurais pu aussi compléter les faunes par les exemples fournis par les rongeurs, les insectivores, les chiroptères, les carnivores, etc.

Des travaux ont repris dans la vallée de l'Omo trente ans après les nôtres, sous l'autorité de Jean-Renaud Boisserie ; ses premiers résultats viennent appuyer ceux ci-dessus ; citons par exemple les pourcentages de primates (moins les homininés) dans les collectes nouvelles : 40 % de l'ensemble de la récolte de vertébrés (sur 68 pièces) aux environs de 3 millions d'années, 16 % (sur 90 pièces) aux environs de 2 millions d'années.

Cet événement que j'ai appelé l'(H)Omo Event pour que l'on se souvienne du rôle pionnier de la recherche des années 1960 et 1970 au bord du fleuve Omo pour la compréhension de l'origine du genre *Homo*, je l'ai donc décrit en 1975 et, si c'est moi qui l'ai décrit, c'est tout simplement parce que les sédiments de l'Omo (formation de Shungura) étaient alors les seuls à offrir la lecture de la séquence de 3 à 2 millions d'années. Des fouilles étaient à cette époque conduites en Afrique de l'Est, en Tanzanie (Olduvai), au Kenya (Est-Turkana), ailleurs en Éthiopie (à Hadar, en Afar), en Afrique du Nord et en Afrique du Sud, mais à Olduvai la séquence sédimentaire ne commençait qu'à 2 millions d'années, à Hadar en Afar elle se terminait aux environs de 3 millions d'années, dans l'est du Turkana une lacune stratigraphique coupait les dépôts précisément entre 3 et 2 millions d'années et les sites d'Afrique du Nord comme ceux d'Afrique du Sud n'offraient ni bonnes datations ni bonnes séquences.

Mais cette hypothèse dont je suis fier n'a pas eu le sort de l'East Side Story, mais un autre sort tout aussi intéressant. Pour la faire connaître, j'ai organisé en 1981 un colloque à Paris ; les actes ont été publiés, mais jamais cités[1]... et ses résultats se sont envolés sous d'autres signatures. L'idée de la corrélation entre l'origine de l'homme et un changement climatique est ainsi aujourd'hui tout à fait admise, et même à la mode, mon hypothèse timide des années 1970, totalement oubliée au bénéfice de son « emprunt » dix ans plus tard.

ROBUST RETREATING (RR)

Entre les deux événements que nous avons nommés de manière caricaturale « HH » et « RR », le genre *Homo* a merveilleusement réussi son adaptation ; comme il a ajouté de la viande à son menu végétarien, il est devenu chasseur et par suite plus mobile ; son anatomie nous avait montré cette aptitude à mieux marcher et à marcher plus longtemps que ses prédécesseurs, encore empêtrés dans des souvenirs d'arboricolisme ; ses comportements, lisibles sur les sols de ses campements riches en reliefs de repas carnés et partagés, confirment, si c'était nécessaire, son omnivorie et sa mobilité. Son cerveau plus performant qui l'a fait accéder, on l'a vu, à un certain niveau de conscience et à une anticipation incontestable des événements l'a certainement rendu plus réfléchi, plus « malin », mais aussi plus curieux. Les outils

1. Le texte suivant en provient.

que désormais il taille, en changeant la forme de certains objets en fonction de ce à quoi il les destine, lui permettent, en prolongeant son corps, de conquérir aussi de nouvelles niches écologiques, de nouveaux territoires, de nouvelles sources alimentaires. Sa réussite doit par ailleurs faciliter suffisamment son développement démographique pour que cette croissance l'oblige à « s'agrandir ». Quand on est carnivore, on élargit déjà de toute façon considérablement sa niche écologique. Tout cela joint à des conditions climatiques favorables l'a sûrement fait bouger très vite, géologiquement parlant ; ce n'est pas pour rien que des dates égales ou supérieures à 2 millions d'années pour des outils incontestables, voire des restes humains, se rencontrent dans l'ensemble de l'Afrique jusqu'à ses rives méditerranéennes, au Proche-Orient et en Europe d'une part, au Moyen-Orient, en Orient et en Extrême-Orient d'autre part.

Pendant ce temps où le genre humain s'égaillait à travers tout l'ancien monde, l'autre « formule » de l'adaptation des préhumains au changement climatique, le préhumain robuste, très inféodé à sa niche écologique, poursuivait sur place sa vie sereine et, dans une certaine mesure, tout à fait réussie. Mais cette vie était quand même précaire puisque, au premier rafraîchissement, il y a un tout petit peu plus de 1 million d'années (date qui varie un peu en fonction des formes robustes), *Zinjanthropus (Paranthropus)*, *Paranthropus*, *Australopithecus garhi*, plus fragiles qu'on ne les aurait imaginés, s'éteignent. De tous les homininés que l'on égraine depuis 10 millions d'années, ne survit donc désormais que le genre *Homo*.

Et après 2 millions d'années de déploiement et de diversification (attendue lorsqu'un effectif faible se « mesure » à un espace gigantesque), il est amusant de constater que les 7 milliards d'hommes contemporains appartiennent non seulement à un même genre, mais à une même espèce, et à la même sous-espèce !

Il faudra donc attendre notre déploiement dans l'Univers pour retrouver la diversification des premiers temps du peuplement humain de la Terre ; cela ne devrait pas tarder !

Le milieu (accueil du colloque de 1981 sur l'environnement)

Ce colloque a pour objet l'environnement des hominidés au plio-pléistocène. Il ne concerne donc pas les hominidés eux-mêmes, mais seulement leur milieu. Il y a eu un colloque de la Wenner-Gren Foundation qui s'est appelé *Après les australopithèques* ; on aurait pu nommer celui-ci *Autour des australopithèques*[1].

Et si j'ai annoncé une communication sur les hominidés, ce n'est pas pour avoir seul le privilège de traiter de ces fossiles, mais c'est bien évidemment pour tenter de les mettre en place du point de vue de leur classification, de leur phylogénie et

---

1. « Nous ne pouvons vraiment comprendre cette évolution humaine qu'en la replaçant dans son cadre physique et biologique. Sans la Terre y aurait-il des hommes, sans l'homme, la Terre garderait-elle ses formes et ses couleurs ? C'est à la résurrection des images de ces milieux disparus qui abritèrent nos plus anciens ancêtres que vous allez consacrer vos efforts. Tel sera l'objet du présent colloque, organisé par Yves Coppens. » (Jean Piveteau, allocution préliminaire, colloque *L'Environnement des hominidés au plio-pléistocène,* p. 14.)

« Aujourd'hui ce n'est pas tant l'homme lui-même dont vous suivrez les transformations depuis 3 à 4 millions d'années, que son environnement, et l'influence de cet environnement sur sa propre évolution. M. Yves Coppens, qui a été l'organisateur de ces journées, vous révélera dans quelques instants l'idée qui est à l'origine de notre rassemblement. Il a fait appel à tous les spécialistes du milieu où l'homme a évolué depuis 3 millions d'années : milieu minéral, milieu vivant, végétal et animal, depuis les minuscules grains de pollen jusqu'aux grands mammifères : rhinocéros, proboscidiens, hippopotamidés et équidés. Et l'on évoquera longuement les changements de climat qui ont affecté nos ancêtres dans leur milieu naturel, et peut-être influé sur leur évolution. » (Étienne Wolff, allocution de bienvenue, colloque *L'Environnement des hominidés au plio-pléistocène,* p. 12.)

de leur répartition dans le temps et dans l'espace. Il faut bien savoir autour de quoi nous allons tourner.

Pour les auditeurs, qui ne sont pas familiarisés avec notre jargon, plio-pléistocène est utilisé depuis quelques années dans l'acception particulière de fin du pliocène-début du pléistocène, autrement dit la période de 1 à 4 millions d'années environ. Or, mis à part quelques hominidés trouvés en Chine et en Indonésie et considérés par leurs inventeurs comme âgés de 1,5 à 2 millions d'années[1], l'ensemble de la récolte est africaine, est- et sud-africaine, et comporte plus de 2 000 pièces au total, dont plus de la moitié a été « cueillie » entre 1960 et 1980.

Que ressort-il de ces 2 000 échantillons ? La très grande majorité des auteurs s'accorde sur un premier point très important ; les espèces d'hominidés que l'on appelle *habilis, erectus* et *sapiens* partagent un certain nombre de traits qui se distinguent nettement des traits des espèces que l'on appelle *afarensis, africanus, robustus* ou *boisei*. Ce qui veut dire que le genre *Homo* paraît bien être une réalité, applicable dès *Homo habilis* et qu'il y a entre *Homo* et *Australopithecus* la distance que l'on trouve dans d'autres familles de vertébrés entre deux genres. On ne parle plus guère sérieusement d'*Homo africanus* ou d'*Australopithecus habilis*, pas plus que de *Pithecanthropus* ou de *Sinanthropus*.

En 1978, Donald Johanson, Tim White et moi-même avons décrit une nouvelle espèce d'hominidé, que nous avons rattachée à *Australopithecus* : *Australopithecus afarensis*. Je me demande aujourd'hui, devant le nombre et l'importance des traits qui séparent cette forme des autres espèces d'*Australopithecus* si nous n'avons pas plutôt à faire à un autre genre, mais je n'engage, en cela, que moi-même.

Rappelons qu'il s'agit d'une forme au palais long et peu profond, à l'arcade dentaire supérieure longue, étroite, aux bords rectilignes, aux incisives centrales supérieures grandes, à la première

1. Écrit en 1981.

prémolaire inférieure à une seule cuspide (vestibulaire) parfois, à diastèmes entre la seconde incisive et la canine supérieure et entre la canine et la première prémolaire inférieure, à l'échancrure intercondylienne du fémur au contour rectangulaire et à la faible saillie de sa trochlée et au contour faiblement elliptique de son condyle externe. Autant de caractères qu'il faudrait ajouter à la diagnose d'*Australopithecus* pour faire entrer l'espèce *afarensis* dans ce genre, qu'il s'agisse de la diagnose de Le Gros Clarke de 1955, de celle de Tobias de 1967 ou de celle de Francis Clark Howell de 1978, publiée dans le volumineux ouvrage de Maglio et Cooke sur l'évolution des mammifères d'Afrique.

Donald Johanson et Tim White maintiennent le statut spécifique de cet hominidé au sein du genre *Australopithecus*. Quant à Phillip Tobias, il prend l'autre contre-pied et considère *afarensis* comme une ou même deux sous-espèces d'*Australopithecus africanus*.

Nous voici de toute façon au plio-pléistocène d'Afrique en présence de deux genres, peut-être trois : l'un que l'on peut appeler préaustralopithèque pour la démonstration, avec une seule espèce, l'autre, *Australopithecus*, avec au moins trois espèces : *Australopithecus africanus*, la plus ancienne, *Australopithecus robustus* et *Australopithecus boisei*, les plus récentes, et la troisième *Homo*, avec également trois espèces, qui ont d'ailleurs l'allure de grades successifs : *Homo habilis*, *Homo erectus* et *Homo sapiens*.

Le premier, *Australopithecus afarensis* ou préaustralopithèque, a entre 2,7 et 3,7 millions d'années et peut-être plus si on lui attribue des pièces très anciennes comme la demi-mandibule de Lothagam datée de 5,5 millions d'années et la dent de Lukeino datée de 6,5 millions d'années[1].

Australopithecus africanus peut avoir entre 2 millions et peut-être plus de 3 millions d'années. *Australopithecus robustus* est souvent daté de 2 millions à 2,5 millions

1. Devenue *Orrorin tugenensis*.

d'années et *Australopithecus boisei* de 1,5 à 2,2 ou 2,3 millions d'années.

Des travaux effectués dans mon laboratoire révélant les traits modernes de certains os longs, humérus, radius, tibia de spécimens de Hadar en Éthiopie ou de Kanapoi au Kenya, il n'est pas impossible que le premier *Homo*, peut-être *Homo habilis*, ait 4 millions d'années[1]. Mais disons que les datations les plus anciennes habituellement admises pour cette espèce ne dépassent guère 2 millions d'années (à l'Omo, à l'Est-Turkana, à Swartkrans I et Sterkfontein V), 1,5 à 1,6 million d'années représentant la fin de ce stade aussi bien à Olduvai qu'à l'Omo ou à l'Est-Turkana. *Homo erectus* apparaît alors et se prolonge, comme l'on sait, jusqu'à des périodes très basses, ce qui, du coup, dépasse notre propos.

Par de nombreux caractères, ne serait-ce que la bipédie ou la morphologie dentaire, ces deux ou trois genres d'hominidés plio-pléistocènes ont d'évidents rapports entre eux.

Pour Donald Johanson et Tim White, *Australopithecus afarensis* représente le tronc commun et ancestral de deux lignées : une lignée latérale, *Australopithecus africanus, Australopithecus robustus* et *boisei*, et une lignée centrale, *Homo habilis, Homo erectus, Homo sapiens*. Pour Phillip Tobias, le schéma n'est pas très différent, puisqu'il a toujours placé dans le pliocène supérieur un gros tronc commun australopithèque et ancestral (*cf. africanus*) avec trois lignées filles, deux d'entre elles australopithèques, l'une uniquement robuste avec *Australopithecus boisei, Australopithecus robustus*, l'autre uniquement gracile avec *Australopithecus africanus* et la troisième *Homo* avec *Homo habilis, Homo erectus, Homo sapiens*.

---

1. Je pense toujours aujourd'hui (2014) qu'il y a deux espèces d'homininés présentes à Hadar, mais je pense que la seconde n'est pas *Homo*, mais *Australopithecus anamensis* décrit depuis ailleurs.

Ma proposition est un peu plus compliquée. Je vois dans la forme *afarensis* un rameau sans descendance mais dont la souche encore inconnue pourrait être à l'origine de la lignée australopithèque, lignée *Australopithecus africanus, Australopithecus robustus* et *boisei* que j'emprunte à Johanson et White ; et je vois la lignée humaine se brancher près de la souche encore inconnue de la lignée australopithèque. Vous me direz qu'il est facile d'échafauder des constructions sur des origines inconnues et que je n'ai pas les moyens de démontrer ce schéma. C'est tout à fait vrai. Mais je trouve dans les espèces d'hominidés connues à la fois assez de caractères communs pour être certain de leur parenté et assez de caractères spécialisés pour penser que ce ne sont pas tout à fait les ancêtres les uns des autres. Ce type de raisonnement et de constat se rencontre d'ailleurs à travers toute la paléontologie et bien souvent, comme les origines trop peu représentées manquent, on en est réduit à ces jeux de constructions.

Mais vous n'êtes pas venus ici pour entendre discuter les paléoanthropologues, mais pour tenter de faire revivre les paysages, les faunes, les températures, les climats.

Les travaux de géologie, de sédimentologie, de paléontologie des vertébrés et des invertébrés, de palynologie, de paléobotanique et de taphonomie ont en effet révélé une certaine évolution des paysages et des climats au long de ces quelques millions d'années, en même temps qu'ils dessinaient, pour chaque période, des mosaïques variées de milieux juxtaposés.

Or il m'a semblé que cette évolution du climat, des faunes et des flores pouvait être mise en corrélation avec l'évolution des hominidés (j'ai proposé cette hypothèse pour la première fois à la Geological Society de Londres, en février 1975) et il m'a semblé aussi que ces hominidés se rencontraient préférentiellement dans certains niveaux et certaines associations. Le but de cette rencontre est donc bien évidemment de faire le point de l'information que l'étude de ces données sur le milieu a permis de réunir à ce jour.

Quelles que soient les divergences d'opinions des paléoanthropologues, nous ne nous accordons pas moins pour dire que les périodes de 2,5 à 2,7 millions d'années (remplacement possible d'*afarensis* par *africanus*), de 2 à 2,3 millions d'années (apparition ou développement d'*Homo habilis* et d'*Australopithecus boisei*) et de 1,5 à 1,6 million d'années (passage *Homo habilis-Homo erectus*) représentent, pour l'évolution des hominidés, des moments privilégiés où il se passe quelque chose. C'est donc, en particulier, pour ces périodes charnières que nous souhaiterions avoir plus de réponses des paléoécologistes.

Nous attendons par ailleurs beaucoup des taphonomistes. Un des grands résultats de ces expéditions a été en effet la constatation indubitable de la sympatrie évidente d'au moins deux hominidés, *Australopithecus boisei* et *Homo habilis* pendant un demi-million d'années, *Australopithecus boisei* et *Homo erectus* pendant peut-être un autre demi-million d'années. Et si notre hypothèse de l'existence d'*Homo* à Hadar et Kanapoi est confirmée, la contemporanéité d'*Homo* et d'*Australopithecus afarensis,* puis *africanus* peut être soulignée de la même manière. Deux hominidés si différents, côte à côte, dans les mêmes régions, doivent évidemment vivre dans des niches écologiques différentes ; l'analyse des matériaux qui leur sont associés, compte tenu naturellement de la nature du sédiment qui les livre, est à cet égard extrêmement précieuse.

Enfin si nous avons tenté de confronter géologues et paléontologistes, acteurs de cette cueillette, à des zoologistes, botanistes, écologistes, c'est évidemment pour tenter de mieux préciser encore, si cela est possible, la signification de nos découvertes, de chacune des espèces, de leurs fréquences, de leurs associations (assemblages).

Le milieu (conclusions du colloque de 1981 sur l'environnement)

Nous voici au terme de notre rencontre. Nous avons appris beaucoup de choses, sur les grands ongulés, sur les carnivores, sur les arbres, sur les graminées, sur les drupes même, sur l'oxygène, sur les bassins ; nous avons appris, je crois, à mieux nous comprendre aussi, en allant plus loin dans la réflexion sur nos méthodes et en en mesurant ensemble à la fois la signification importante et les limites. Nous avons réalisé qu'il fallait définir la notion d'unité de temps de notre discours. Nous avons sûrement mieux apprécié la relativité de nos interprétations, au milieu des paysages en mosaïque, où seule change parfois la prédominance d'un élément ou celle d'un autre.

Mais nous avons tout de même jeté de véritables ponts entre l'Afrique et l'Asie, entre l'Afrique orientale et l'Afrique méridionale, entre le miocène et le plio-pléistocène. Et nous avons aussi, tant bien que mal, gravé quelques dates dans notre calendrier : des dates paléomagnétiques, des dates biostratigraphiques, des dates de rafraîchissement climatique à 5 millions d'années peut-être, à 2 millions d'années sûrement. Et nous avons constaté une fois de plus qu'il y avait d'étranges coïncidences, entre la transformation de ces températures, de ces climats, de ces milieux et celle des êtres vivants qui les habitaient et auxquels appartiennent nos ancêtres. Notre plus grande satisfaction a sans doute été de constater que nos collègues sud-africains étaient arrivés, à cet égard, aux mêmes conclusions que nous-mêmes, les chercheurs d'Afrique orientale : le genre *Homo* et les australopithèques robustes ont vécu dans des milieux moins humides que les australopithèques graciles. Cette conclusion à laquelle je suis parvenu pour ma part dans les années 1972-1973 en étudiant les faunes et les flores de l'Omo a été la raison pour laquelle j'ai souhaité réunir ce colloque. Voici donc une hypothèse brillamment confortée.

La charte

Il y a 3 millions d'années un rafraîchissement du climat de la planète a fait s'assécher les tropiques. La savane arborée s'est dégradée, les arbres se sont faits rares, le tapis graminéen s'est développé et tout le monde animal que cet environnement contenait a dû s'adapter au nouveau milieu, ou disparaître. Le préhumain, bipède et arboricole, végétarien et à petit cerveau, s'est fait humain, bipède exclusif, omnivore à gros encéphale. Il a suffi d'un dérèglement du climat, d'un changement consécutif de l'environnement pour que la matière vivante se fasse pensante.

Qu'est-il donc ce genre nouveau, le genre *Homo*, armé d'un plus large spectre alimentaire et d'une dissuasion intellectuelle ? C'est un être qui, au lieu de se contenter de savoir bien des choses, va pour la première fois savoir qu'il sait. Et cette réflexion de la conscience va pour la première fois lui faire entreprendre des actions délibérées et forcément responsables. La caractéristique de l'homme va ainsi devenir ce binôme paradoxal, liberté et responsabilité, liberté d'entreprendre, liberté totale d'agir sur l'environnement à son profit jusqu'aux « balises » plantées par la responsabilité de limiter cette liberté juste avant qu'elle ne cause de dommages aux autres, voire à terme à lui-même.

Ce temps particulièrement important de l'émergence de la conscience, bien situable dans le calendrier géologique entre 3,5 millions d'années et 2,5 millions d'années, est aussi celui, pour l'homme, de la perception pour la première fois de l'épaisseur du temps. Pour la première fois, l'homme saura regarder derrière lui pour apprendre et anticiper l'avenir. Cela est si vrai qu'un psychiatre a créé il y a quelques années ce qu'il a appelé le complexe de Lucy[1], une sorte de schizophrénie caractérisée par l'absence de perception de l'épaisseur du temps, l'absence d'hier et de demain ou leur mélange.

Cette anticipation se traduit d'ailleurs aussi par le progrès du projet ; un homme de 2 millions d'années taille sa pierre pour un usage quasi immédiat ; l'homme de 500 000 ans taille avec soin son biface pour s'en servir quelque temps, quelques mois peut-être ; celui de 50 000 ans va s'appliquer à peindre les parois de certaines de ses grottes en mêlant les couleurs végétales et minérales de sa palette à un liant, pour fixer son œuvre et faire en sorte qu'elle tienne quelques années peut être.

Tout cela démontre, à l'envi, que principe de précaution et principe de prévention sont par excellence des caractéristiques de l'homme, ce qui le distingue de l'animal et lui donne son appréhension du temps.

La Charte de l'environnement a donc été une commande du président de la République par précaution devant les dommages portés par l'homme à sa planète.

Après avoir été pressenti pour présider la commission de préparation de ce projet de charte, j'ai dû commencer par la constituer, ce qui fut fait en juin 2002.

Cette commission s'est vite dotée d'un certain nombre de comités, comité scientifique, comité juridique, comité d'éthique, pour accroître ses consultations et enrichir son information.

Un site Internet a été créé et un forum s'y est développé.

Un questionnaire a été établi et il a été adressé à 55 000 correspondants choisis parmi les personnes les plus sensibilisées aux problèmes d'environnement.

Enfin 14 assises territoriales ont réuni dans la France métropolitaine et les départements d'outre-mer, entre janvier et

1. En référence au petit squelette de préhumain de 3,2 millions d'années, découvert en 1974 en Afar éthiopien et devenu un peu emblématique de l'histoire africaine de l'origine de l'homme.

mars 2003, 500 à 800 personnes chaque fois pour des débats, des tables rondes sur les problèmes liés à l'environnement plus spécifiques de chacune des régions visitées.

Toutes ces données, ces humeurs aussi, ont été dépouillées au fur et à mesure de leur entrée ; c'est dire que la Commission de préparation de la Charte de l'environnement a pu disposer de l'ensemble de cette quête, pour rédiger son projet de loi constitutionnelle.

Ledit projet a été remis au président de la République en avril 2003, est passé devant le Conseil d'État en mai, devant le Conseil des ministres en juin ; il a été présenté à l'Assemblée nationale en première lecture par le garde de Sceaux et Mme Nathalie Kosciusko-Morizet son rapporteur, le mois dernier. Il est actuellement au Sénat[1].

SOURCES

Texte (inédit en français) pour le catalogue de l'exposition *La Cuna de la Humanidad* des musées archéologique d'Alcála de Henares et de l'évolution humaine de Burgos, tome I, p. 68-79 et 286-290, publié sous la direction de Manuel Dominguez-Rodrigo et Enrique Baquedano en 2014, en espagnol et en anglais.

« Allocution » (p. 15-19) et « Remerciements » (p. 466), *in L'Environnement des hominidés au plio-pléistocène,* Fondation Singer-Polignac, Masson, 1985, 468 p.

Discours d'Yves Coppens, fin 2003, inédit.

1. Votée par les chambres réunies en Congrès à Versailles le 28 février 2005, la charte est alors entrée dans le préambule de la Constitution française.

Chapitre 1

CE AUX ENVIRONS
DE QUOI TOURNERA LE LIVRE

Il m'a semblé utile de commencer par raconter une nouvelle fois autour de quoi, autour de qui, on allait tourner avant de vraiment tourner autour ! C'est donc de l'homme préhistorique qu'il va être question dans ce premier chapitre, toujours montré dans une perspective immense, pour en souligner la modestie, et dans ses facettes nouvelles de liberté et de dignité, pour en souligner la grandeur.

Présenter l'homme préhistorique peut se faire de différentes manières, sous différentes lumières, dans différents styles, y compris le plus poétique, la diversité n'ayant d'autres fonctions que de mieux mettre en valeur l'essentiel. L'homme est, bien sûr, d'origine animale, issu, au sein des vertébrés et des mammifères, du monde des primates ; il est d'origine tropicale et sa famille, notre famille, est plus précisément issue, à l'horizon de 10 millions d'années, d'une histoire africaine. Comme tous les êtres vivants, il est soumis à la pression des changements climatiques et à la nécessité de s'y adapter pour survivre, ce que ses ancêtres feront et qu'il fera lui-même (d'ailleurs avec succès) jusqu'à ce qu'une des stratégies qu'il adoptera, par sélection naturelle, il y a 3 millions d'années pour s'en sortir (développement du cerveau), le fasse basculer vers une dépendance plus complexe, la première naturelle, la seconde, nouvelle, dite culturelle et qui se fera peu à peu indépendance.

Il y a moins de deux cents ans que l'origine de l'homme, sa descendance du monde animal, son cousinage d'avec les grands singes se sont révélés, à contrecœur, en en racontant l'histoire et en en montrant que, comme il avait changé, il changeait et qu'il allait, bien sûr, changer encore.

Il y a bien moins de cent ans que l'homme a trouvé les moyens malins de dater ce récit et d'en reconstruire l'agenda, donnant à l'humanité le frisson de l'immensité (relative) des temps après celle des espaces, la satisfaction de la fixation de son « année » de naissance et la prise de conscience consécutive de l'épaisseur des temps, mais aussi de la relativité de ces épaisseurs.

Du ciel à l'homme

Rien n'est stable. Le ciel, ses galaxies, ses étoiles et leurs planètes naissent, vivent et meurent comme naissent, se transforment et meurent, sur celle de ces planètes dont la destinée nous intéresse parce que c'est la nôtre, les contours et les emplacements des continents et des océans, les climats, les milieux et les êtres qui les fréquentent. De même qu'il y a 400 millions d'années, plantes, arthropodes et vertébrés s'adaptaient à la vie dans l'air, après 3,5 milliards d'années passées dans l'eau, parce que là où ils se trouvaient, il n'y avait parfois plus d'eau, de même que vers 65 millions d'années disparaissaient dinosaures, ammonites et bélemnites tandis que se développaient les primates parce qu'une importante régression marine faisait émerger le plateau continental et se développer les plantes à fleurs, vers 3 millions d'années un frissonnement de la Terre fit s'assécher les tropiques et naître un primate supérieur qui avait trouvé une parade à cette crise, le genre humain. Il y a 3 millions d'années en effet, la savane arborée africaine, berceau de notre famille, s'était brusquement dégradée, le tapis graminéen développé et tout le monde animal que cet environnement contenait avait dû « se faire » à ces nouvelles conditions pour survivre. Les éléphants avaient agrandi le fût de leurs molaires, les cochons le nombre de cuspides de leurs dents de sagesse, les chevaux réduit le nombre de leurs doigts et accru la hauteur de leurs dents jugales ; les antilopes de brousse étaient parties, les antilopes de prairies étaient arrivées et le préhumain, bipède et arboricole, végétarien et à petit cerveau, s'était fait homme, bipède exclusif et omnivore à gros encéphale. Il avait suffi d'un changement climatique et du changement environnemental consécutif pour que, pour la première fois, la matière vivante se fasse pensante. Notre famille, on l'a bien compris, au même titre que celle des éléphants, celle des cochons ou celle des chevaux, n'avait pas eu alors d'autre solution que de subir le changement et de s'efforcer de s'y adapter. C'est véritablement l'environnement qui a fait l'homme.

Mais l'homme, le genre *Homo*, armé d'un plus large spectre alimentaire et d'une dissuasion « intellectuelle », était et demeure un être étrange qui, au lieu de se contenter de savoir bien des choses, allait, pour la première fois, savoir qu'il savait. Et ce caractère nouveau, la conscience, allait lui faire entreprendre des actions délibérées, paradoxalement libres et responsables ; il devenait totalement libre d'agir sur son environnement, mais il était aussi responsable de cette liberté. Tout a bien sûr continué à changer dans l'Univers comme sur la Terre, et l'homme à développer le produit de sa nature consciente, la culture. D'abord discrète, un peu à l'ombre de l'évolution naturelle, cette évolution culturelle (intellectuelle, spirituelle, technologique, esthétique, éthique) n'a en effet cessé de prendre de l'importance au point de rétroagir sur l'évolution biologique en se plaçant en écran entre le corps et le milieu. L'homme s'est peu à peu libéré de sa soumission au climat. Il y a dix millénaires, par exemple, un nouveau changement climatique important survint : la dernière glaciation (avant la prochaine) s'acheva ; les glaces (inlandsis, banquises, glaciers) fondant, la mer monta et l'environnement naturellement s'en ressentit. En bien des endroits de la planète, des graminées sauvages que cette douceur du climat enchantait se développèrent avec générosité. Et c'est au Proche-Orient que l'homme s'en aperçut pour la première fois et arrêta son nomadisme ancestral pour mieux les cueillir, inventant le développement durable. Il prendra alors vite conscience que pour mieux contrôler sa récolte, il lui sera avantageux de semer lui-même. Vont ainsi se succéder l'invention de l'agriculture et du stockage de végétaux, la naissance de l'élevage et du stockage de viande sur pied et le baby-boom qui accompagnera sédentarisation et alimentation garantie. Notre famille, on l'a bien compris, n'a plus eu cette fois à subir le changement climatique ; elle l'a conquis.

Et tout a bien sûr continué à changer dans l'Univers comme sur la Terre et l'homme à développer sa culture, sa société, ses communications, son économie, sa technologie. Quelques millénaires plus tard, au début de ce qu'on appelle le XIXe siècle dans le calendrier grégorien, les technologies progressèrent au moment d'un nouveau baby-boom qui fit atteindre à l'humanité son premier milliard d'individus. Et nous sommes encore aujourd'hui, deux siècles plus tard, sur cette lancée technologique et démographique au point que, pour la première fois en ce début de troisième millénaire, le genre *Homo* se demande si l'exploitation de son environnement n'est pas en train parfois de se faire à son détriment. Pour être honnête, il ne sait pas encore bien quelle est la part qui lui est due dans le changement climatique qui semble se dessiner, car l'Univers comme la Terre, bien sûr, continuent de changer. Mais par précaution, il est certes bon qu'il s'en préoccupe.

C'est la raison pour laquelle j'ai accepté d'écrire en 2002 et 2003, à la demande du président de la République française, la Charte de l'environnement, entrée dans notre Constitution en 2005. C'est aussi la raison pour laquelle j'ai accepté, avec enthousiasme, d'écrire cette préface et je l'ai fait parce que Tim Flannery, scientifique et, qui mieux est, naturaliste (zoologue), m'est apparu brillant, compétent, raisonnable, fiable ; il m'a paru mériter toute notre écoute attentive. Il n'est guère besoin en effet de pénétrer très loin dans son livre pour mesurer la densité de sa documentation et l'honnêteté de l'interprétation de son information. Je n'en demeure pas moins sceptique devant celles de ses déclarations qui me semblent trop alarmistes et optimiste devant l'avenir de la planète, convaincu de la sagesse à terme de l'humanité.

Lisez donc comme moi avec le même plaisir ce passionnant et immense travail de Tim Flannery, au titre si joliment poétique, et tenez-en le meilleur compte ; si ce n'est pas par prévention, faites-le, au moins, comme je le fais moi-même, par précaution.

Les vertébrés[1]

Il était une fois, il y a 400 millions d'années, un gros poisson heureux que surprit, tout autour de lui, l'assèchement inattendu de sa douce rivière natale ; qu'à cela ne tienne, se dit-il malin, et de ses branchies il se fit des poumons et de ses nageoires, des pattes. Mais tout le monde le reconnut car, étourdi, il oublia de transformer la nageoire de sa queue ! Il portait le joli nom d'*Ichthyostega* et c'est au Groenland, dans la vase, qu'il fit ses premiers pas.

Il était une fois, il y a 50 millions d'années, un petit mammifère heureux que surprit, tout autour de lui, la pousse inattendue des premiers arbres à fleurs ; qu'à cela ne tienne, se dit-il malin, et il se fit des dents à manger des fruits et des mains à saisir les branches. Mais tout le monde le reconnut car, étourdi, il oublia de transformer ses griffes ! Il portait

1. Écrit en 1993.

le joli nom de *Plesiadapis* et c'est en Champagne, dans les palmiers, qu'il fit ses premières grimpettes.

Il était une fois, il y a 5 millions d'années, un grand primate heureux que surprit, tout autour de lui, l'ouverture inattendue de sa luxuriante forêt d'origine ; qu'à cela ne tienne, se dit-il malin, et il se redressa sur ses pattes de derrière et se fit de grosses molaires à mâcher des racines. Mais tout le monde le reconnut car, étourdi, il oublia de mettre son gros orteil dans l'alignement des autres ! Il portait le joli nom d'*Australopithecus* et c'est en Tanzanie, dans la cendre, qu'il fit ses premières enjambées.

Il a donc fallu 395 millions d'années pour qu'une patte toute fraîche sortie d'une nageoire devienne une main toute fraîche dégagée d'une patte. Et ce sont ces premiers moments de liberté qui ont permis à ces curieuses pinces désormais inoccupées de ramasser des pierres, de taper dessus et de fabriquer le premier outil du monde. Premier artisan, le pré-humain, debout de temps en temps, commençait à apprendre, commençait à savoir.

Les outils furent donc d'abord anecdote et puis très vite nécessité ; permanents, abondants, divers, ils sont devenus inséparables d'*Homo*, fils *d'Australopithecus*. Et l'homme aux mains habiles va les développer au point de bientôt, sans s'en rendre compte, s'en envelopper. Premier bavard, l'humain, debout tout le temps, commençait à comprendre, commençait à savoir qu'il savait.

Mais ce n'est que depuis 100 000 années que l'homme moderne, isolé de sa nature innée par sa culture acquise, a perdu ses instincts, gagné sa liberté, sa responsabilité, sa dignité. Il a dû tout apprendre et puis tout enseigner. L'*Homo sapiens sapiens* aux mains savantes va dessiner, sculpter, graver, peindre, et puis écrire et bientôt taper. Premier artiste, le superhumain, souvent assis, commençait à projeter ses pensées, commençait à faire savoir qu'il savait qu'il savait.

La main, l'esprit, l'outil façonnent ainsi ce monde vivant si nouveau dans l'histoire de la vie ; et le surhumain, malin, que sa culture destine à la conquête de l'Univers, va bientôt naître à son tour. Mais tout le monde le reconnaîtra – pour quelque temps encore – car étourdi, il aura oublié de réduire le nombre des rayons de sa patte antérieure, celui d'*Ichthyostega*, ou d'arrêter en marchant le balancier de ses membres supérieurs, celui de *Plesiadapis*.

Et de la queue de l'un aux griffes de l'autre, de la patte du troisième à la main du dernier (à ce jour), le paléontologiste heureux entre ainsi dans le mystère du passé, sa route semée de petits ossements de couleur. C'est un bonheur pour l'un d'entre eux d'avoir eu ici, à l'ombre fascinante de mains photographiées[1], le privilège de raconter les siennes.

Primates

La découverte la plus étonnante du XXe siècle a certainement été celle de l'existence d'une évolution de l'Univers : le ciel que l'on croyait immuable avait en effet une histoire. Le XIXe siècle nous ayant convaincus du fait que la vie elle-même avait subi une longue transformation, il ne restait plus qu'à lier le second constat au premier dans une sorte de théorie universelle, une de ces théories unitaires auxquelles tout savant rêve un jour. Et ce fut fait, sans bruit, comme aurait dit Teilhard, il y a moins de cinquante ans, et énoncé comme une évidence à laquelle on était, bien sûr, étonné de ne pas avoir songé plus tôt. La matière inerte s'est incontestablement transformée dans le sens de la complexité et de l'organisation au fil des 15 derniers milliards d'années ; la matière vivante a suivi le même chemin durant les 4 milliards d'années de son

1. Ce texte accompagnait 8 photographies de mains de l'artiste Ian Paterson.

histoire. Et l'homme étant un être vivant, son histoire, qui fait partie de l'histoire de la vie, s'inscrit aussi dans l'histoire de la Terre, dans celle de l'Univers : la matière inerte s'est transformée, en partie, en matière vivante, qui s'est transformée, en partie, en matière pensante.

Un riche bouquet extrême-oriental de petits primates tout récemment mis au jour préfigure déjà, il y a 40 millions d'années[1], ce que va être, en Afrique, 30 millions d'années plus tard, le bouquet des préhumains ; à sollicitations voisines, réponses comparables.

Le vivier des formes suivantes, tant eurasiatiques qu'africaines, apparaît alors dans toute la diversité de ses adaptations et des morphologies qui leur correspondent. L'ancêtre commun des grands singes africains et des hommes doit se trouver là, parmi elles, ou en tout cas ressembler fortement à l'une d'entre elles.

Et puis vont s'épanouir les préhumains dans l'île est-africaine, contraints de se satisfaire d'un moindre couvert. Port dressé et bipédie vont être les reparties rapides, quelque peu bricolées mais efficaces, de ces grands ancêtres à une crise climatique et écologique globale (latitudinale) et locale (longitudinale et altitudinale). C'est cette crise qui a permis au rameau qui nous porte de se démarquer anatomiquement. Si, au milieu des multiples origines successives, nous nous cherchons une origine de proximité, nous la trouverons là, en Afrique tropicale, il y a moins de 10 millions d'années.

L'assèchement ne cessera plus à l'est[2] de l'Afrique équatoriale, mais il se poursuivra par crises et stases successives de durées variables. La crise de 4 millions d'années permettra à la savane et aux préhumains qui y sont désormais inféodés de se déployer ensemble vers le sud et vers l'ouest, et à la bipédie exclusive de faire, chez certains d'entre eux, son apparition.

1. On dit aujourd'hui au moins 50.
2. Écrit en 2001.

La crise de 3 millions d'années, elle, donnera naissance au gros australopithèque à la dissuasion physique (*Paranthropus* en Afrique du Sud, *Zinjanthropus* en Afrique de l'Est) et au genre *Homo* à la dissuasion intellectuelle.

Conscience oblige mais environnement aussi, *Homo* se déploiera à son tour – immédiatement, géologiquement parlant –, mais dépassera vite les limites de sa première expansion, atteignant le Levant par le Sinaï, l'Europe jusqu'à l'océan, l'Asie jusqu'à l'Extrême-Orient dès 2 millions d'années, voire plus tôt.

Deux laboratoires naturels, l'Europe et Java, joueront alors l'isolement, la première fermée de glaces, la seconde fermée de mers, et fabriqueront les dérives génétiques que l'on pouvait attendre. C'est l'émergence progressive de Neandertal en Europe et celle du pithécanthrope à Java. Trois humanités vont alors coexister, une patrique en Afrique et en Asie qui s'achemine lentement, là où elle se trouve, vers *Homo sapiens*, et deux péripatriques qui vont atteindre le niveau spécifique pour la première, celui sans doute subspécifique pour la seconde.

Il y a 50 000 ans, peut-être un peu plus sur les fronts de l'est, un peu moins sur ceux de l'ouest, *Homo sapiens* va ressentir de nouvelles fièvres de conquête. Ce seront ses mouvements vers l'Amérique à pied, vers l'Australie en bateau ; ce seront aussi ses mouvements vers l'Europe et vers Java, où il va découvrir qu'il a eu des prédécesseurs. Des milliers d'années de cohabitation en apparence paisible vont conduire, dans les deux cas, à la prévalence, vers 25 000 à 30 000 ans d'*Homo sapiens* et à la disparition apparemment pure et simple des hommes de Neandertal et de ceux de Java.

Les sciences des fossiles sont les seules à pouvoir disposer directement d'objets qui viennent du temps et de toute leur précieuse charge de données. Mais bien des sciences s'exerçant sur les objets d'aujourd'hui – de la biologie moléculaire et de la cytogénétique à l'hématologie ou à la linguistique – ont appris à lire les différences en termes de chronologie. Ces résultats d'horizons variés sont évidemment d'un intérêt considérable pour les paléontologues puisque obtenus par des voies qui leur sont interdites. Il devient en outre possible aux disciplines de l'« infiniment » petit, grâce aux développements de leurs techniques d'investigation directes ou simulées, d'accéder de plus en plus facilement, sur le fossile même, aux lectures qu'ils ne pratiquaient jusqu'alors que sur le vivant.

De tout cela résultent plusieurs modèles d'histoire des hommes et de leurs prédécesseurs. Le scénario relaté plus haut est évidemment celui du préfacier, mais la paléontologie, la paléoprimatologie, la paléoanthropologie sont des sciences à part entière, bien vivantes, des sciences qui débattent donc toujours beaucoup des interprétations de leurs penseurs. Ainsi, les éditeurs que nous sommes ont respecté toutes les propositions émises, et le lecteur d'un pareil monument ne pouvait s'attendre à ce qu'on lui présente une solution et une seule à chacune des questions en discussion.

Le grand embranchement

Il était une fois deux chercheurs et un chimpanzé. Les deux chercheurs tentaient de montrer, s'il en était besoin, que le chimpanzé était incontestablement intelligent et jusqu'à quel point il l'était. La « manip », comme on dit, était simple et son protocole bien connu, mais les chercheurs jugèrent qu'il n'était pas inutile de la reproduire afin d'en étudier les étapes, d'observer les comportements qu'allait adopter le singe pour les conduire, d'apprécier la rapidité de leur déroulement et que sais-je encore.

Ils installèrent donc, dans deux coins opposés d'une pièce, une table et une chaise et accrochèrent un régime de bananes au plafond. La hauteur de la pièce était telle que le chimpanzé ne pouvait atteindre les bananes, ni en se tenant debout, ni en sautant, ni en grimpant sur la chaise, ni en grimpant sur la table. En revanche, s'il avait l'idée de se hisser sur la chaise après l'avoir placée sur la table, il accéderait aux fruits que l'on avait estimés convoités.

Le chimpanzé fut introduit dans la pièce ainsi équipée et les deux chercheurs en sortirent après avoir fermé la porte. L'un d'eux, chronomètre en main, commença l'observation par le trou de la serrure tandis que l'autre tenait cahier et crayon, prêt à tout prendre en note. Passèrent quelques secondes dans une atmosphère tendue. Puis le premier chercheur se releva retirant son œil du trou de la serrure, à la fois étonné et inquiet, interrogateur et déçu. « Je ne vois rien, dit-il. – Ce n'est pas possible, répliqua l'autre, on a ôté la clef et vérifié la béance du trou avant de fermer la porte... Regarde encore. » Le premier chercheur plaqua de nouveau son œil au trou et, presque aussitôt, bondit en arrière avec une sorte de haut-le-corps. « Tu sais ce que j'ai vu ? s'écria-t-il. L'œil du chimpanzé ! » Jamais démonstration n'avait été si convaincante !

Les chimpanzés, les bonobos, les gorilles sont nos cousins. Cette parenté a été pressentie avec quelque angoisse dès le XVIIe siècle, et Vanini a été brûlé pour l'avoir énoncée. Aujourd'hui nous savons avec certitude que nous partageons avec ces espèces des ancêtres qui n'ont pas 10 millions d'années. Il est donc logique de s'attendre à retrouver chez elles quelques-uns des caractères qu'on présente habituellement comme « naturellement » propres à l'homme. Ces grands cousins n'étant véritablement observés dans leur milieu que depuis un petit demi-siècle, l'étonnement ne cesse de grandir face à ce que l'on découvre et porte naturellement à l'exagération, comme lorsqu'on déclare : « Le singe est un homme » ou « L'homme est un singe », deux propositions tout aussi abusives l'une que l'autre. Certes, 10 millions d'années, c'est peu en termes géologiques, mais c'est tout de même suffisant pour que des adaptations différentes aient pu se développer.

Qu'est-ce donc que le propre de l'homme ? Primatologues, éthologues, psychologues, sociologues, écologistes, philosophes ont été réunis ici pour tenter de répondre à cette question ou, du moins, pour avancer des arguments susceptibles de nourrir une réflexion et de laisser entrevoir une réponse. La même exigence que pour le premier volume a d'ailleurs présidé au choix des auteurs, à savoir la recherche de l'excellence en vue d'obtenir des articles de la plus grande qualité possible.

Je déclinerais, quant à moi, la réponse de la manière suivante.

On a longtemps dit : « L'homme, c'est l'outil. » Et puis l'on s'est rapidement aperçu que les outils en pierre, en bois, en os appartenaient aussi à la famille voisine, comme d'ailleurs à d'autres. Alors, cherchant à tout prix à établir une frontière, on a affirmé : « L'homme, c'est l'outil aménagé. » Mais l'effeuillage des rameaux pour pêcher des fourmis ou des termites, la mastication de feuilles pour éponger l'eau au fond des cailloux ou la cervelle au fond des crânes ont montré que nos cousins étaient eux aussi, incontestablement, capables d'aménager certains de leurs outils. Cette limite – comme bien d'autres que l'esprit de l'homme souhaiterait tant voir absolues – devenait donc fragile. J'ai proposé, il y a quelques années, une définition faisant appel conjointement à la notion de permanence et à celle de quantité, mais ce n'était qu'un pis-aller.

On a dit : « L'homme, c'est la culture », recourant à cette vieille notion – « éculée », affirme Pascal Picq – d'acquis se rapportant à une connaissance enregistrée, enseignée, transmise. Or on a rencontré des traditions culturelles dans plusieurs populations de grands singes, et observé d'ailleurs qu'elles différaient entre populations voisines.

On a dit : « L'homme, c'est la société », c'est-à-dire un certain degré d'organisation sociale. Mais il n'est pas simple, lorsqu'on travaille en préhistoire sur le terrain, de tracer la frontière qui sépare les sociétés humaines des autres. Et les éthologues s'émerveillent chaque jour du degré d'élaboration des sociétés de grands singes qu'ils s'attachent à observer et à comprendre.

On a dit : « L'homme, c'est la parole. » L'aménagement des voies respiratoires supérieures dans un environnement devenu, vers 3 millions d'années, particulièrement sec, a fait descendre le larynx et s'installer une précieuse caisse de résonance entre les cordes vocales et la bouche – nantie d'un palais plus profond et d'une symphyse plus verticale. Les grands singes, qui n'ont pas eu à affronter une telle nécessité, ont donc développé une communication poussée, mais dépourvue de langage articulé. Pourtant, lorsqu'on leur enseigne le langage des signes, ils ont une impressionnante quantité de choses à nous raconter.

On a dit : « L'homme, c'est la conscience. » Après tout, « savoir que l'on sait » est un préalable à la culture. Et si ce mot implique l'idée de technologie, il englobe aussi les aspects intellectuels, spirituels, éthiques et esthétiques des porteurs. Mais au moment où l'on croit avoir délimité notre territoire, voilà que l'on parle de tabou de l'inceste, de morale et de rites du côté de l'autre famille...

Alors où est l'homme ? Il est là, bien installé dans sa culture extravagante qui se développe au point de l'envelopper, bien établi dans l'exploitation de la planète et de ses environs, bien assis dans sa dignité que caractérisent à la fois sa liberté et sa responsabilité.

Ma grand-mère me disait : « Si toi tu descends du singe, moi pas ! » Mais si, Grand-mère, toi aussi, et le chimpanzé auquel tu pensais est bien de ta famille ! Mais ta dignité d'humaine pensante est sauve puisque, à partir d'un même potentiel nerveux, en un même laps de temps, les singes et nous avons accompli des destins bien séparés. Divergence génétique et pressions environnementales spécifiques ont aussi, incontestablement, donné à nos cousins de la forêt une dignité, mais c'est une dignité qui leur est propre.

Notre branche

Je vais me permettre de proposer en guise de préface le point des connaissances de l'histoire de l'homme depuis la « déclaration d'indépendance » de son rameau, mais aussi le point de la pensée du paléontologue que je suis sur l'état actuel de ces connaissances.

Il y a une dizaine de millions d'années en effet, quelque part en Afrique tropicale, une population de primates supérieurs s'est trouvée, pour des raisons que l'on ignore, coupée en deux ; l'une des deux est demeurée dans des paysages couverts (qui étaient probablement ceux de ses ancêtres) ; quant à l'autre, elle a été confrontée à un paysage nouveau, en partie découvert ; il lui a donc fallu pour survivre continuer à s'alimenter en l'air comme avant (de fruits dans les arbres), mais, comme il y avait moins d'arbres, s'adapter en outre à une alimentation au sol (des racines et des tubercules). L'émail de ses dents s'est alors épaissi, et, peut-être pour être plus dissuasif dans un milieu un peu plus exposé, le corps s'est redressé ! Pour la première fois s'est mis en place ce port debout en permanence avec toutes ses conséquences, en commençant par l'acquisition de comportements nouveaux et l'aménagement du cerveau qui préside à ces changements. Comme souvent dans ces évolutions biologiques d'urgence, notre installation durable sur nos pattes de derrière a tout de même ressemblé à un bricolage : varices, hémorroïdes et arthropathies variées, sciatiques, lordoses, cyphoses, hernies discales se sont multipliées chez ces aventuriers du port érigé. Mais il faut croire que cette bien drôle de solution a été avantageuse puisque, 10 millions d'années après, nous sommes toujours debout.

Or nous avons de bien précieux témoins de ces temps anciens tellement importants pour notre histoire puisque ce sont les temps des grands choix adaptatifs.

Une première grande époque est celle de Toumaï (Tchadien de 7 millions d'années), d'Orrorin (Kényan de 6 millions d'années) et d'*Ardipithecus* (Éthiopien de 4 à 6 millions d'années). Ces trois personnages étaient debout en permanence et deux sur trois ont donné les preuves de leur locomotion bipède et arboricole à la fois. Les fémurs et l'humérus d'*Orrorin*, d'une part, l'étrange bassin et les membres d'*Ardipithecus*, d'autre part, ont fait en effet se régaler les anatomistes et les biomécaniciens chargés de décrire ces structures originales qui venaient d'inventer un système pouvant se déplacer efficacement dans les arbres (surtout) et sur le sol (un peu). Ce système reflétait d'ailleurs lui-même un environnement encore « abrité », forestier (clair) bien que parsemé de clairières, ce que confirme le faible dimorphisme sexuel de ces pionniers de la préhumanité.

Il y a 4 millions d'années, l'environnement de ces très vieux ancêtres s'ouvre un peu plus qu'il ne l'avait fait aux environs de 10 millions d'années. On le sait grâce à la faune (c'est l'époque de la naissance des éléphants mangeurs d'herbes par exemple et celle de l'extinction des proboscidiens précédents) et grâce aux préhumains, partie de la faune, qui n'ont, comme les autres, d'autres choix que de s'y adapter. C'est en effet le temps des australopithèques plus agressifs, au très grand dimorphisme sexuel (*Australopithecus afarensis*), qui marchent, bien sûr, mais grimpent encore (*Australopithecus afarensis*) ou, pour la toute première fois, ne grimpent plus (*Australopithecus anamensis*). Comme ils sont à la fois centre-, est- et sud-africains, leur diversité géographique se traduit certainement par une diversité anatomique et certainement par de nombreuses variations autour du thème de la locomotion.

Il y a un peu moins de 3 millions d'années, le climat qui, décidément, s'entête, s'assèche encore. L'environnement s'ouvre de manière spectaculaire (dans le sud de l'Éthiopie où j'ai étudié ce nouveau changement climatique, le rapport du nombre de pollens d'arbres sur le nombre de pollens d'herbes passe de 0,4 à 3 millions d'années à 0,01 à 2 millions d'années !). Toute la faune réagit bien sûr à cette crise, avec succès ou pas, comme chaque fois. Et les préhumains n'y échappent pas. La diversité de leurs adaptations est d'ailleurs brillante ; on peut dire, pour en faciliter la lecture qu'elle est robuste ou gracile. Trois solutions robustes et deux graciles ont été jusqu'ici identifiées, *Paranthropus* en Afrique méridionale, *Zinjanthropus* en Afrique orientale (Éthiopie, Kenya, Tanzanie, Malawi), *Australopithecus garhi* dans le triangle de l'Afar (Éthiopie), d'une part, *Australopithecus sediba* et *Homo* d'autre part, le premier en Afrique du Sud, le second en Afrique de l'Est. Diversité de morphologies, diversité de locomotions, dues évidemment à une diversité de niches écologiques et de comportements et, parmi ces cinq solutions pour le moment découvertes et décrites, n'oublions pas qu'il y a l'homme. Le genre humain, avec sa denture à manger de tout et son cerveau plus volumineux et plus élaboré, n'est ni plus ni moins qu'un préhumain contraint de s'adapter à un changement de climat, changement d'environnement et changement d'alimentation pour survivre.

Inféodés jusqu'alors aux environnements tropicaux, les hominidés en « la personne » du genre *Homo* vont pour la première fois s'en libérer. Pour des raisons de comportements nouveaux (l'homme, devenu omnivore, chasse et donc bouge ; et, devenu réfléchi, anticipe et donc aménage l'outil), pour des raisons de réussite adaptative (son effectif grandit) et pour des raisons de contrainte environnementale aussi, les humains vont se déployer à travers leur continent d'origine d'abord jusqu'à ses rives de la Méditerranée et puis d'un bout à l'autre de l'Eurasie ensuite, avant de faire le tour de la Terre enfin. Dès le stade eurasiatique de cette conquête du monde, on comprend aisément que la surface parcourue était immense pour une population beaucoup trop faible pour l'occuper tout entière. Il s'est ensuivi l'installation de poches de peuplements, isolées suffisamment longtemps pour fabriquer à terme des espèces différentes, l'homme de Neandertal, l'homme moderne, l'homme de Sibérie (Denisova), l'homme de Java, l'homme de Florès et beaucoup d'autres que l'on n'a pas encore découverts. En dehors de l'homme de Florès qui a développé un nanisme insulaire, facile à comprendre mais inattendu, la locomotion des autres humanités ne s'est, elle, guère diversifiée, bien installée désormais dans sa bipédie exclusive.

Et puis, comme il y a 2,5 millions d'années, une seule espèce s'est détachée de cette diversité et cette espèce élue est l'espèce *sapiens*. Certainement plus entreprenante au départ, peut-être plus performante par la suite, elle a fini par prévaloir sur toutes ses contemporaines et c'est elle qui a terminé la visite et le peuplement de la Terre par le Nouveau Monde, l'Océanie et un certain nombre d'autres îles.

Son redressement

Un jour, dans le grand Sud marocain, un jeune collaborateur qui fouillait sur mon chantier, me dit : « Aujourd'hui je suis venu le pied la route » (d'habitude il venait à chameau) et d'ajouter en riant : « On dit en berbère : "Pour pouvoir marcher, il faut se mettre debout." » Tout était dit ! En une expression et un proverbe, il avait circonscrit le propre de l'homme, son port permanent, sa locomotion et, en même temps, la plus extravagante des aventures qui soient, celle de quelqu'un qui, de quadrupède, se fait bipède, de grimpeur, se fait marcheur, de velu, devient nu et, de malin (« comme un singe ») devient savant !

On pourrait commencer cette belle histoire par : il était une fois, il y a 10 millions d'années, en Afrique tropicale, une fraction des descendants des ancêtres que nous partageons avec les chimpanzés – c'est le temps des *Sahelanthropus* (Toumaï), des *Orrorin*, des *Ardipithecus* que vous aimez bien –

se trouvèrent confrontés à des milieux très nouveaux, incontestablement plus ouverts que ceux de leurs parents, offrant du même coup une nourriture en l'air comme avant et à terre pour la première fois. Et que pensez-vous qu'il leur arriva ? Pour s'adapter à ces toutes nouvelles conditions, cette population se redressa ! Quelle drôle d'idée, n'est-ce pas, Christine, d'« oser la bipédie », comme vous dites, en allongeant démesurément les membres postérieurs devenus inférieurs et en réduisant tout aussi démesurément les membres antérieurs devenus supérieurs et qui désormais pendouillent ! Il lui a fallu, à cette population, bousculer l'architecture quadrupède ancestrale et bricoler « en urgence » (géologique) une bipédie.

Mais je ne saurais critiquer les choix de nos ancêtres et tiens à chanter volontiers l'hymne à la gloire de la marche sur les pattes de derrière, la sélection naturelle qu'elle présuppose et la « gravité » qu'elle a dû affronter : « La meilleure façon de marcher, c'est encore la nôtre, c'est de mettre un pied devant l'autre et de recommencer ! »

Et puis il était une autre fois, il y a 4 millions d'années d'abord – c'était le temps des australopithèques –, il y a 3 millions d'années ensuite – c'est le temps des premiers hommes au gros cerveau et à la mâchoire à manger de tout –, l'humeur du climat ne s'arrangea pas, l'ouverture du paysage s'accentua, les arbres se firent rares et l'assèchement gagna toute l'Afrique des tropiques. Que pensez-vous qu'il se passa ? Les australopithèques, plus agressifs, marchèrent mieux, plus vite et plus longtemps et les humains, comme vous l'expliquez joliment, régulèrent la température de leur cerveau et celle de leur corps, réduisirent leur pilosité, développèrent leur transpiration et accentuèrent leur pigmentation.

Et c'est, équipés de la sorte, que nos ancêtres se sont déployés très tôt à travers notre planète d'abord, toujours soumis à la sélection, et puis se sont risqués au-delà, « osant l'apesanteur ».

L'humanisme

Humanisme (ou humaniste) est un mot superbe ; il se rapporte bien sûr à l'humanité ; il qualifie aussi bien une action, qu'une idée, un courant de pensées, une politique et, par extension, la personnalité qui le ou la porte ; c'est donc un mot de très grande ampleur et, en même temps, de très grande imprécision ; c'est aussi un mot « bien-pensant », du bon côté de la réflexion.

L'humanisme (ou humaniste), on l'a bien compris, est donc un grand mot ; presque un gros mot.

J'ai ainsi tenté de réfléchir à ce qu'était pour moi, naturaliste, l'humanisme, réflexion bien rude, sans envol, au ras des données. Mais, après tout, « la plus jolie fille du monde, dit-on, ne peut donner que ce qu'elle a » !

Les sciences que je sers ont un avantage : elles voient naître l'humanité et elles la voient émerger d'une immense histoire d'une belle douzaine[1] de milliards d'années, l'histoire d'une matière qui, d'abord inerte dans l'Univers, se fait en partie vivante sur la Terre et puis bientôt en partie pensante sur la même planète. Cette dernière complication survient il y a 3 millions d'années en Afrique tropicale par obligation d'adaptation à un milieu qui change. Le primate, devenu préhumain il y a 10 millions d'années sur ces mêmes terres, se fait en effet cette fois humain ; un seul genre l'illustre, le genre *Homo*, et un joli mot en recouvre l'effectif, celui d'humanité. Rendu de plus en plus curieux grâce au développement de son système nerveux central et en particulier de son cerveau, ce premier humain va très vite bouger, non pas quitter son berceau géographiquement et écologiquement étriqué, mais l'étendre en se déployant à travers toute l'Afrique d'abord, à travers toute l'Eurasie dès 2,5 millions d'années et puis, à

1. On dit aujourd'hui 14.

partir d'une centaine de milliers d'années ou un peu moins, à travers toute l'Amérique et le Groenland d'une part, l'Australie, la Mélanésie, la Micronésie et la Polynésie, d'autre part.

La réflexion a donné à l'homme la conscience, conscience de lui-même, des autres, de son milieu, de sa mort et cette conscience lui a fait inventer la culture. Après 12 milliards d'années d'histoire du milieu naturel surgit soudain ce nouveau milieu, le milieu culturel, de croissance d'abord discrète, presque insidieuse, mais puissante et qui, à force de se développer, enveloppe l'homme, son créateur, et bientôt l'environnement de l'homme. Mais l'étude des 3 millions d'années de l'humanité peut être neutre comme la science ; elle se nomme paléoanthropologie si elle s'occupe du corps des hommes, préhistoire si elle s'occupe de leurs cultures, et l'étude de l'humanité contemporaine, se nomme anthropologie, anthropologie physique ou anthropologie biologique si elle se limite à en étudier le corps, anthropologie sociale, anthropologie culturelle ou ethnologie si elle se penche sur ses productions, ses inventions, son organisation, ses conceptions intellectuelles et spirituelles du monde ; il n'y a donc pas vraiment, ou, en tout cas, il se peut qu'il n'y ait pas vraiment d'humanisme là-dedans !

Mais on dit, par contre, que la grande belle époque que l'on nomme Renaissance – et ce n'est évidemment pas pour rien – et qui fleurit en Europe il y a un demi-millénaire se caractérise par son humanisme et on le dit parce que cette époque s'est trouvée alimentée par la redécouverte des littératures latines, grecques, hébraïques, oubliées quelques siècles. C'est donc la production ancienne et brillante de quelques hommes d'à côté qui vient, en fécondant la pensée et la créativité des hommes d'ici, enclencher un mouvement que l'on qualifie d'humanisme. Alors, saisissons-nous de cet exemple, même si nous sommes bien conscients de ne l'avoir compris que de manière très grossière, et appliquons-le à notre époque. Nos mots froids d'anthropologie, de préhistoire, d'ethnologie, se mettent soudain à briller de l'habit humaniste qu'ils cachaient ; ce sont en effet les sciences que ces mots recouvrent qui, en nous apportant la connaissance de tous les gens d'avant – il y en a eu 100 milliards – et de tous les gens d'ailleurs, et celle de leurs innombrables cultures, nous inondent de tout ce que l'humanité a produit depuis sa naissance, à travers tous les temps qui lui ont appartenu et tous les espaces qu'elle a successivement conquis.

C'est soudain un merveilleux feu d'artifice de créations autant intellectuelles, spirituelles qu'artisanales et artistiques. Pour la première fois dans son histoire, l'humanité peut bénéficier, d'un seul regard, de la totalité de ce qu'elle a produit et ce, d'autant plus et d'autant mieux, que les technologies nouvelles lui offrent le luxe d'en recueillir l'ensemble sur des supports aux dimensions si réduites qu'on n'en connaît pas encore les limites minimales. Voici donc enfin mes sciences parées de leur bel atour humaniste.

Mais alors que l'humanité, par sa croissance démographique, par le développement de ses inventions, par l'ambition de son déploiement hors de sa planète, montre toute sa bonne santé, la voilà qui s'en veut d'être dans une pareille forme ; comme sa planète n'est pas sans limites, il est vrai que toutes ses croissances cumulées ont un peu bousculé sa Terre avant qu'elle n'ait eu le temps de s'en préparer d'autres. On appelle ça « mettre la charrue avant les bœufs » ! Elle doit donc faire un effort de contrôle de ses croissances, ce que son génie, bien sûr, saura faire. Mais elle doit surtout ne pas culpabiliser. Mes belles sciences historiques ont montré comment notre humanité était née du monde animal, de la simple nécessité d'une adaptation, au même titre et de la même manière que chevaux, éléphants, cochons ou antilopes de la même époque et pour les mêmes raisons ; elles ont montré comment cette adaptation-là était passée par la complication du cortex cérébral en entraînant l'émergence d'un état nouveau, l'état conscient ; « *more is different* », disent les Anglais ; on pourrait préciser :

« *more is sometimes different* » et, cette fois, ce fut en effet le cas. Elles ont montré comment cette conscience, étrangement définie par le double qualificatif de libre et de responsable, avait permis à l'humanité de changer la forme des choses et l'aspect de ses environnements à son profit. Elles montrent que l'humanité, aujourd'hui capable de changer la forme des êtres et la mécanique des climats, doit désormais réfléchir à ce que cela peut induire et, comme on dit en politique, « en tirer les conséquences ». En tout cas, l'humanisme peut tout à fait réapparaître ici, dans cette confiance qu'il convient de renouveler à cette drôle d'humanité, brillante et agitée, pleine d'idées, d'audace et de contrition et qui se prépare, malgré toutes ses contradictions, à un avenir encore plus extravagant que n'a été son passé.

C'est tout ce que mon expertise m'autorise à déclarer. J'espère qu'elle aura pu peut-être réconcilier certains lecteurs avec l'humanité à laquelle ils doivent être fiers d'appartenir et qu'elle les aura en tout cas chaleureusement incités à mieux circonscrire le si joli mot d'humanisme.

Le symbole

Les astrophysiciens disent qu'ils perçoivent pour la première fois la matière aux alentours de 13,7 milliards d'années. Ils disent aussi qu'à partir du moment où ils la perçoivent, ils la voient se transformer avec le temps dans le sens de la complication croissante et dans le sens d'une organisation meilleure. Les quarks s'organisent en nucléons, les nucléons en atomes, les atomes en molécules. Première conclusion, l'histoire de la matière, l'histoire tout court, a un sens et donc du sens et elle se caractérise par un amusant paradoxe : elle s'organise certes, mais elle ne s'en complique pas moins ; ou bien elle se complique certes, mais elle ne s'en organise pas moins.

Les chimistes et les paléontologues, prenant le relais des astrophysiciens, disent que très peu de temps après la naissance de la Terre – planète du système solaire apparu il y a 4,6 milliards d'années –, la matière s'y est compliquée et organisée, dans l'eau, et est passée des molécules aux cellules et cela dès 4 milliards d'années ou peut-être un peu moins. La matière inerte s'est ainsi faite en partie vivante, matière dotée cette fois d'une caractéristique particulière nouvelle, celle de se reproduire et d'un couple de caractères paradoxaux nouveaux s'ajoutant au premier et que l'on peut exprimer ainsi : « la vie se diversifie mais sa reproduction n'en est pas moins contrainte », ou bien de cette manière : « la vie est tenue par son code génétique à une reproduction très contrôlée, mais elle n'en est pas moins extrêmement souple, extrêmement plastique et, par suite, merveilleusement inventive, créatrice et diversifiée. »

Et puis les paléoanthropologues, cette fois, et bientôt les préhistoriens, prenant le relais des chimistes et des paléontologues, disent – nous disons – que, au sein de l'immense arbre phylétique de la vie, vers 70 millions d'années sont nés les primates qui ont inventé avec leurs yeux pour la première fois en façade, la vision binoculaire en trois dimensions et en couleurs, que vers 10 millions d'années sont nés les préhumains qui ont inventé avec le redressement de leur corps, pour la première fois, la station debout et avec elle le regard vers l'horizon et le ciel et que vers 3 millions d'années sont nés les humains qui ont inventé, avec le développement de leur encéphale et sa complication, pour la toute première fois, la conscience réfléchie, le regard vers l'intérieur et le regard vers l'avenir. Et la matière vivante s'est ainsi, en partie, faite pensante, matière capable cette fois de savoir qu'elle sait et d'user de cette réflexion pour anticiper toute situation se présentant à elle, pour se charger de l'angoisse d'exister et se poser les questions fondamentales sur son origine, son état actuel et sa destinée, c'est-à-dire sur sa nature et sur sa mort. « Nulle part, dans aucune société, la mort est la fin de la vie », dit Maurice Godelier, illustrant parfaitement le traitement spécifiquement humain de cette angoisse. Cette toute nouvelle matière pensante va naturellement ajouter un paradoxe aux deux précédents : elle sera de mieux en mieux organisée, mais de plus en plus compliquée ; elle sera de plus en plus inventive, mais de plus en plus génétiquement dépendante ; elle sera de plus en plus libre, mais de plus en plus responsable, y compris de sa liberté.

Le naturaliste que je suis voit donc *a posteriori* les événements s'enchaîner de manière logique et merveilleuse, de manière à la fois continue – je veux dire, sans véritable rupture – mais avec des seuils changeant brusquement la nature des choses et des êtres, tout le long de ces 14 milliards d'années qui nous sont accessibles –, ce qui finalement est très peu.

« L'homme est entré sans bruit ! », écrit Pierre Teilhard de Chardin. Et je suis le chercheur privilégié qui l'a vu entrer. J'ai en effet fouillé dix années durant les dépôts sédimentaires de la basse vallée de l'Omo, en Éthiopie, et ce gisement s'est révélé être le premier et le seul à offrir alors (dans les années 1960) la succession des sédiments de 3 à 2 millions d'années et de leurs contenus, la période durant laquelle le premier homme apparaît et, avec lui, la première conscience réfléchie, le premier environnement culturel prolongeant son environnement naturel. 50 tonnes d'ossements d'animaux et quelques centaines d'ossements de préhumains et d'humains fossiles m'y ont permis de comprendre que de 3 millions d'années à 2 millions d'années s'était déroulé un changement climatique, un assèchement et que tous les êtres composant les écosystèmes d'alors s'étaient efforcés de se transformer pour s'adapter à cette nouvelle situation. Cette adaptation, qui passait par les dents chez les éléphants, les rhinocéros, les chevaux, les cochons (augmentant leur volume, parce qu'il n'y avait plus guère d'arbres et que la consommation d'herbes est plus exigeante en usure de matière dentaire que la consommation de feuilles), qui passait par les pattes chez les chevaux (augmentant leur efficacité dans la course, parce que dans un terrain plus découvert, la visibilité des prédateurs est plus grande mais la vulnérabilité des proies l'est aussi), passait par les dents (plus omnivores) et par le cerveau (plus gros, plus compliqué et mieux irrigué) chez les hominidés faisant se transformer certains préhumains en humains.

L'homme apparaît ainsi, au même titre que tous les animaux de l'écosystème auquel il appartient, comme le résultat de la nécessité d'une adaptation à un changement climatique, pour survivre dans un milieu qui changeait de manière rapide et violente.

À partir de 3 millions d'années donc, en Afrique tropicale, nous « tenons » l'homme, le genre *Homo*, le genre humain.

Et je pense que l'homme, dès qu'il est, est tout de suite chargé de sa grande caractéristique, la réflexion à ce degré qui lui est propre, et de ses conséquences, la perception de l'infini peut-être, de l'immortel, de l'éternel, du sacré par suite et du symbole qui le représente ou l'accompagne. Je pense, en d'autres termes, que l'homme dès qu'il est homme est religieux. « Le corps de l'homme est bien petit par rapport à l'esprit qui l'habite », dit un proverbe africain. Je suis conscient d'employer des mots à mauvais escient, des mots qui ne me sont pas familiers, sans les nuances qui conviendraient mais ce que je veux dire ici, c'est que, même si l'homme, au fil de ses 3 millions d'années d'histoire, va affiner toutes les qualités qui sont les siennes et qui ne sont que les siennes, il ne les possède pas moins toutes dès qu'il est. Quand il devient humain, il est tout de suite humain à part entière.

Il y a un certain nombre d'années, ici même, je veux dire à Milan, j'avais eu une conférence à donner sur « l'origine et l'évolution de l'homme » et Julien Ries[1], que je ne connaissais pas, était au premier rang, très attentif, se demandant ce

1. Grand théologien belge, auteur notamment d'un fameux *Traité du sacré*.

qu'allait dire de l'homme, sujet lourd d'une connotation philosophique qu'on ne manipule pas impunément, un scientifique, par définition rude et peu cultivé dans les domaines de l'esprit. Et j'avais alors dû dire quelque chose comme : « L'homme, tel que les paléontologues, les biologistes le définissent, et l'*Homo religiosus* tel que certains philosophes le présentent, c'est le même ; il ne peut être l'un sans être l'autre. »

Et je vis un monsieur distingué, particulièrement heureux, souriant, épanoui, se taper sur les cuisses de bonheur en déclarant bien fort : « Je jouis, je jouis ! » Ceux qui connaissent bien Julien Ries se l'imagineront ainsi facilement.

Comprenez, à la fois, ma joie d'avoir intéressé et plu à ce monsieur et mon embarras devant ses déclarations intempestives de satisfaction.

Le préhistorien va devoir bien sûr attendre un certain nombre de milliers d'années avant de rencontrer d'incontestables preuves de fabrication d'objets dont on ne perçoit pas les fonctions et de traces de cérémonies utilisant ces objets, autrement dit de preuves, à proprement parler, de symboles et des rituels le célébrant. Mais déjà pour moi, l'appréhension de la forme que l'homme a l'audace de fabriquer, en changeant celle des objets que la nature lui offre, est une première preuve de symbole.

Mais déclinons tout de même quelques preuves tangibles postérieures : la présence « inutile » d'ocre (par exemple, de colorants à base de minerai de fer) dans des habitats de plusieurs centaines de milliers d'années, est notée dans un certain nombre de sites de plusieurs continents, Europe, Afrique, Asie.

Il semble encore que les cadavres humains, ou en tout cas leurs squelettes, aient été l'objet depuis longtemps de certains traitements particuliers, dès le million d'années, en Afrique (Tanzanie) ou en Asie (Indonésie, Chine) ; découpage possible des bases et des faces des crânes par exemple.

Vers 500 000 ans, des puits funéraires reçoivent cadavres et objets de qualité, confortant l'idée du réceptacle que l'on vénère plutôt que du trou dans lequel on se débarrasserait des morts.

Vers 100 000 ans, beaucoup de morts sont enterrés et ils le sont alors avec de multiples soins, accompagnés d'objets variés (précieux parfois par leur matière première et leurs traitements, choisis d'autres fois pour leurs couleurs [des fleurs par exemple] ou, d'autres fois encore, pour leur consommation), comme destinés à un usage *post mortem*.

Des marques que l'on ne traduit pas se lisent sur des os : à Bilzingsleben, 300 000 ans, ou au Pech de l'Aze, 200 000 ans, par exemple ; une sorte de figurine a été recueillie en Israël dans un site de 280 000 ans ; un morceau d'ocre à Blombos, en Afrique du Sud, porte un dessin géométrique et il a 75 000 ans ; deux petits os de 20 000 à 25 000 ans à Ishango au Congo sont marqués d'incisions en colonnes ; on parle de calendrier.

Mais 100 000 ans, c'est aussi l'époque de l'apparition de parures du corps, coquilles, dents et petits os percés, évidemment destinés à être enfilés pour la fabrication de bracelets, chevillères, colliers ou pendentifs (Oued Djebbana, Algérie ; Skhül, Israël). C'est encore l'époque de récolte de coquilles fossiles ou de minéraux, donc d'objets particuliers, apparemment « pour rien ». Et c'est évidemment ce « rien » qui est essentiel.

Vers 50 000 ans, dans plusieurs régions du monde, des objets ou des supports rocheux reçoivent des marques gravées et des signes peints, représentant la projection des mondes de l'esprit des hommes qui les ont tracés. On compte 45 millions de peintures et de gravures immobilières dans 70 000 sites de 160 pays et 500 000 peintures ou gravures mobilières à travers le globe.

Les symboles sont donc partout et il est probable que, comme dans les petites communautés humaines contemporaines, tous les gestes, toutes les actions ont eu à la fois la fonction pratique à laquelle ils sont destinés et la fonction symbolique qui est liée à chacun de ces gestes, à chacune de ces actions ; l'un ou l'une ne peut aller sans l'autre. Et il est difficile d'imaginer que cette attitude, si caractéristique de l'esprit humain, ne fasse pas partie de cet esprit, le nôtre, ne soit pas née avec lui.

« Le comportement spirituel affecte tous les actes de la vie », disent les Wolof du Sénégal.

Quant à l'homme contemporain, il ne me paraît pas différer, fondamentalement, du premier des humains. Il cultive toujours les symboles qui envahissent sa vie et représentent l'essentiel de sa communication.

L'écriture, les tags, les logos, les codes, les uniformes, les drapeaux, les gestes, les signes évoluent certes, mais habitent toujours nos vies, nos images et nous sont si familiers que nous ne les considérons plus, parfois, comme des symboles.

Quand les Américains ont envoyé un message aux extraterrestres par une fusée, c'était un concentré de symboles, certainement illisible d'ailleurs pour quiconque, si quiconque existe et l'a reçu.

Bien sûr que nous changeons et que nous changerons d'espèce un jour. Mais, pour le moment, nous sommes toujours, et ce depuis 3 millions d'années, le genre humain et il n'est d'humains sans symboles, il n'est de symboles sans humains.

L'autre

« Toi, l'archéologue, creuse ton trou (individuel) plus profond que tes camarades, tu en as l'habitude », me disait avec un humour un peu « militaire » mon adjudant durant le service du même nom que l'humour ! Et, ma foi, il n'avait pas tort, mon adjudant ; il était vrai que j'en avais déjà l'habitude, cette sale habitude d'aller chercher les premiers contacts avec les Autres, en prenant le dur chemin de la profondeur de la terre. Mon imagination s'est en effet mise en marche très tôt à la recherche de ces Autres d'avant et puis bientôt de ces autres Autres d'avant avant et n'a eu de cesse de les rencontrer au creux des archives du sous-sol. Tous ces face-à-face ont été jubilatoires, est-ce nécessaire de le préciser, riches de l'information qu'ils portaient pour de vrai, et glorieux de ce que l'imaginaire y ajoutait pour de vrai(semblable).

Est donc Autre quiconque n'est pas soi. Il y a 6 milliards et demi[1] d'Autres d'ici et d'ailleurs et il y a eu 100 milliards d'Autres d'avant, sans compter les petits Autres du monde vivant et les drôles d'Autres du monde minéral pas si inerte que ça. L'Autre est donc particulièrement divers dans son âge, individuel ou géologique, son sexe, son contenant physique, son contenu moral, ses us et sa culture. Cette étonnante altérodiversité fait la fascination de chacun, intellectuelle si l'Autre est un Étrusque, un Inca, voire un *Homo erectus* dont on a reconstitué la silhouette, émotionnelle, si l'Autre est une Autre (je parle pour moi) dont le sourire a séduit, critique si l'Autre est un parent, un voisin, un étrange « étranger » dont on n'aime pas qu'il « suive une autre route que soi », passionnelle si l'Autre a l'outrecuidance d'imaginer avoir raison en ne croyant pas à ce en quoi l'on croit. L'Autre est ainsi l'abcès de fixation du meilleur et du pire, l'objet du plus grand désir ou celui de la plus incroyable haine.

C'est en outre pour se défendre de l'Autre que chacun protège son moi, son moi prolongé (ses petits), son moi élargi (son groupe), au point parfois de se sacrifier soi-même. Mais c'est grâce à l'Autre que l'un existe, grâce aux Autres mondes que celui-ci se distingue, grâce à l'Autre d'avant que je peux aujourd'hui secouer à l'infini la dualité des uns et des Autres. Que serions-nous donc sans lui, l'Autre à nul Autre pareil ?

De toute façon « nous sommes les branches d'un même arbre » ; du premier quart d'il y a 15 milliards d'années au dernier-né des humains, nous sommes tous issus de cette

1. Écrit en 2005.

même matière de notre Univers qui n'a fait que se compliquer, s'organiser, se déployer depuis son commencement et continuer de le faire. Mais sans doute, au-delà de cet espace que nous percevons, au-delà de ce temps que nous mesurons, existe-t-il d'Autres univers, d'Autres matières, d'Autres Autres, d'Autres premières rencontres...

Prémonition

Jack London pour moi, c'était la « Bibliothèque verte » de mon enfance, l'aventure dans le Grand Nord, les traîneaux, les fourrures, les chiens, les infinis de neige et les bivouacs glacés. Du creux de ma Bretagne aux douceurs atlantiques, je me suis souvent identifié à un des héros de son monde polaire empreint de rigueur et de beauté.

Et puis, cinquante ans plus tard, voici Jack London de nouveau sur ma route, un Jack London qui, dans un paysage de falaises, de grottes, de forêts et de rivières, se promène en compagnie cette fois des hommes préhistoriques que d'ordinaire je fréquente. Amusantes retrouvailles avec un auteur plus éclectique que je ne l'imaginais, mais aussi étonnamment visionnaire.

Avant Adam a cent ans ou presque ; Jack London ne s'y inscrit ni en préhistorien ni vraiment en préhistorique ; il est curieusement acteur et spectateur ; son moi et son autre moi vivent les deux mondes, celui d'aujourd'hui et celui d'hier, et rejoignent la réalité d'autrefois il y a un millier de siècles – dit-il – par le truchement du rêve. Mais le rêve ici n'est pas véritable, il est transfert.

Et que rencontre notre jeune héros chaque fois qu'il fait le voyage ? Des êtres « mi-singes, mi-hommes (...), ni singes ni hommes », en pleine évolution de la vie arboricole à la vie terrestre ; le peuple des Cavernes auquel il appartient, contemporain des derniers de leurs ancêtres, le peuple des

Arbres et les premiers de leurs descendants, et puis le peuple du Feu. Si l'on ajoute à cela la description de son père, la poitrine vaste et la face large sous un front fuyant et un cou épais, on est bien sûr impressionné par la clairvoyance de l'auteur. On se demanderait presque ce que nous avons fait, nous autres scientifiques, pendant le siècle qui nous sépare de ces descriptions.

Quel surprenant récit en effet, quatre-vingts ans avant le constat de la double locomotion de certains ancêtres (Lucy), trente ans avant la mise au jour des premiers feux (Zhoukoudian), vingt ans avant la découverte du premier pré-humain (Taung) ! Certains auteurs, génies de l'imaginaire, sont ainsi parvenus au tour de force de précéder la science. Jack London est parmi ceux-là, plus étonnant encore que ses confrères, un H. G. Wells ou un S. Waterloo en Angleterre, un J. H. Rosny Aîné en France.

Il faut dire que Jack London est convaincu par les idées de Darwin, de Huxley et de Spencer ; il est fasciné par les théories de l'évolution, celles qui conduisent du ver de terre à la vie « grouillante des mammifères minuscules », celles qui nous mènent des reptiles ailés aux singes féroces, celles encore, ici « vécues », qui nous entraînent du peuple des Cavernes à celui des hommes modernes. On ne peut s'empêcher de penser à ce que serait la richesse de son imagination aujourd'hui et peut-être de sa prémonition avec tout ce que nous connaissons désormais – ce bouquet d'ancêtres bien décrits, bien datés, aux destinées diverses, et le déploiement planétaire extravagant de l'un d'entre eux !

Saluons la belle curiosité de l'éditeur Noël Mauberret, qui a déniché ce texte peu connu et a eu l'idée de le faire découvrir aux lecteurs du début de ce nouveau siècle ; je suis certain qu'ils y trouveront comme moi le double intérêt d'un vrai roman et d'une incroyable prémonition.

SOURCES

« Préface », *in* T. Flannery, *Les Faiseurs de pluie*, Héloïse d'Ormesson, 2006, p. III-VI.

Usitilia, photographies de Ian Paterson I-VIII, texte d'Yves Coppens, Éditions *In Extremis*, « Rémanences », 1993, p. 1-8.

« Préface », *in* Y. Coppens et P. Picq (éd.), *Aux origines de l'humanité. De l'apparition de la vie à l'homme moderne*, Fayard, 2001, p. 9-11. © Librairie Arthème Fayard, 2001.

« Préface », *in* P. Picq et Y. Coppens (éd.), *Aux origines de l'humanité. Le propre de l'homme*, Fayard, 2001, p. 10-11. © Librairie Arthème Fayard, 2001.

« Préface », *in* J.-P. Magnol, *Anatomie comparée du membre pelvien des primates actuels et fossiles. L'acquisition de la bipédie par le primate humain*, 2011, inédit.

« Préface », *in* C. Tardieu, *Comment nous sommes devenus bipèdes*, Odile Jacob, 2012, p. 7-9.

« Préface », *in* M.-H. Vidot, *L'Humanisme éthique et ses fondements historiques*, L'Harmattan, 2008, p. 7-10. © Éditions L'Harmattan, 2008.

« Pas d'homme sans symbole », *Il vento, lo spirito, il fantasma, Archivio Julien Ries per l'antropologia simbolica*, Jaca Book, Milan, 2012, p. 15-21.

« Préface », *in Premiers contacts*, Mango, 2005, p. 7-9.

« Préface », *in* J. London, *Avant Adam*, Phébus, « Libretto », 2002, p. 9-10. © Phébus, Paris, 2002.

Chapitre 2

LE CONTENANT

Rivages et failles, sols et sous-sols, érosion et remplissage

L'homme préhistorique est un homme fossile et, comme tous les fossiles, pour parvenir jusqu'à nous, il lui a fallu être protégé, c'est-à-dire emballé. Et cet emballage s'appelle sédiments (détritus de roche ou roche recomposée, dite « détritique » : sables, argiles, limons, graviers mais aussi grès, marnes, poudingues, brèches, etc.). Le fossile est donc contenu dans cette enveloppe géologique qui en est le contenant, appelé plus joliment roche encaissante.

La recherche paléontologique commencera donc par une recherche géologique, celle de bassins sédimentaires, de dépôts, des remplissages et se poursuivra par leur cartographie, l'analyse de leur nature, de leur composition et de leurs conditions de dépôts, de leur histoire donc pour en comprendre la raison d'être là et l'origine du contenu.

Quand on est paléontologue et que l'on souhaite étudier de nouveaux fossiles pour mieux éclairer une problématique, il faut aller les chercher et, bien sûr, les trouver. Comme ces fossiles sont dans le sol ou le sous-sol, il faut se rendre sur le terrain. Il faut donc apprendre le terrain (le contenant) et le comprendre avant d'avoir le droit (moral, c'est-à-dire scientifique) de lui retirer son contenu. Pendant des milliers, des millions, parfois des milliards, d'années, ce coffre a en effet précieusement conservé ce trésor patrimonial qu'est le fossile, porteur en lui-même, mais aussi dans ses conditions de dépôt de mille informations. Il convient donc de lire tout ce qui aujourd'hui est accessible, déchiffrable, quantifiable de son contenant avant d'en prélever le contenu, car il s'agit de toute façon d'une destruction par définition non renouvelable.

Mais le contenant est souvent compliqué ; dans le meilleur des cas, les couches sédimentaires s'empilent dans l'ordre de leur dépôt, le sens du temps. Mais les choses, bien sûr, sont rarement aussi simples ; l'histoire du dépôt est souvent succession de dépôts et d'enlèvements (d'érosion), de glissements et de remplacements ; les dépôts se cassent, se soulèvent ou s'effondrent, plissent parfois au point d'inverser l'ordre d'installation des couches (charriage), etc. Un charriage et une érosion ou un encadrement de failles, cela peut faire successivement un temps normal et un temps à l'envers ! La géologie parfois charrie !

Ce chapitre s'impose donc et son emplacement aussi ; quand on déballe, on commence par le conditionnement !

Le quaternaire

Je saisis l'honneur qui m'est fait d'introduire les actes de ce colloque international (Q5) sur le quaternaire, ses limites et ses spécificités, pour dire d'entrée mon attachement au concept de quaternaire. Comme il s'agit d'un temps particulier, dont la définition échappe à la règle de définition des autres époques, il est normal que la recherche de ses nouvelles limites, puisqu'elles ont déjà été bousculées, fasse discussion. Le rôle d'une préface n'est évidemment ni de proposer ni, à plus forte raison, de choisir, mais d'annoncer avec satisfaction au lecteur qu'il assistera lui-même, au fil des études et des pages, à l'installation d'un bon consensus – la base du gélasien ou, de manière moins rigide, entre 3 millions (plutôt 2,8) et 2,5 millions d'années (plutôt 2,6) – pour la pose du plancher, encore un peu flottant, de notre sub-ère ou sub-erathème.

Au-delà de ce débat que les instances officielles trancheront à la majorité et pour un certain temps – il faut bien se mettre d'accord sur la définition de ce dont on parle –, ce volume est extrêmement agréable à « consommer » tant sa matière est riche, dense, généreuse et diversifiée, tant ses auteurs sont actifs, créatifs, toniques et précis.

Le domaine du quaternaire – le contenu qu'il offre à la science – est observé, testé, mesuré, quantifié par toutes les méthodes possibles, méthodes anciennes et classiques, toujours précieuses, ou méthodes nouvelles et parfois seulement tentées, ce qui est la preuve de la bonne santé de la recherche quaternariste.

Je ne ferai pas un inventaire, mais je voudrais, pour le plaisir, citer par exemple l'étude des cernes des récifs coralliens et la signature du bore 11 aux côtés de la lecture de celles des arbres et des signatures du carbone 13 et de l'oxygène 18 de leur cellulose, la recherche des carbonates, silicates et phosphates des eaux de percolation et de leur évolution au côté de celle de la lithologie, la granulométrie, l'exoscopie, la micromorphologie, la minéralogie, la spectrométrie de tous les sédiments et des implications de ces recherches. Les mammifères, bien sûr, sont là, aux premières places, pour raconter les changements climatiques, comme le sont les mollusques, les ostracodes, les foraminifères, en fonction des contenants, mais aussi parfois les insectes. N'oublions pas pour autant les diatomées, les macrorestes végétaux, les pollens ou les phytolithes, d'exploitation plus récente. Quant aux méthodes de mesure du temps, toujours aussi essentielles dans ces travaux d'historiens, elles se multiplient pour se croiser et se contrôler elles-mêmes en permanence. Citons, aux côtés de l'ESR devenue classique, la luminescence stimulée optiquement (OSL), d'emploi plus rare, et l'uranium 238 et le radium 226 au secours du carbone 14, qui n'en a d'ailleurs pas forcément besoin.

Je voudrais revenir le temps de quelques lignes, sur la paléontologie des vertébrés, ma chapelle. C'est tout de même de bonne guerre – sans complaisance – que j'utilise cette tribune pour souligner son rôle fondamental dans l'établissement de l'histoire de l'homme, intimement liée à l'idée même de quaternaire. C'est en effet dans la basse vallée de l'Omo, en Éthiopie, parce que la puissante séquence sédimentaire généreusement fossilifère et merveilleusement étalonnée y dépassait des deux bouts le plancher et le plafond de la limite que l'on s'efforce ici de fixer (plus de 3 millions d'années en bas, moins de 1 million d'années en haut) et parce qu'elle était alors (1960-1980) la seule séquence connue à le faire, qu'est apparue pour la première fois l'existence d'une corrélation serrée entre l'évolution des mammifères et de leurs associations quantifiées (autrement dit de l'environnement) et l'évolution des hominidés, en autres termes l'évidence d'une corrélation entre un assèchement sévère du climat et l'émergence de l'homme (Coppens, 1975).

L'homme – et son aptitude à fabriquer des outils (sa conscience) – apparaît ainsi comme un produit d'un changement climatique.

Nous voici peut-être retombés sur nos pieds. « Les temps quaternaires s'inscrivent dans une biosphère influencée... par une seule espèce, l'homme », écrivent en ouverture du colloque G. S. Odin, N. Limondin-Lozouet et J.-P. Brugal. Je fais volontiers de leur introduction ma conclusion. Même si une grande rigueur géologique et géochronologique s'impose dans la définition de notre époque préférée, il est agréable de voir le quaternaire s'appuyer sur l'homme pour se circonscrire et l'homme artisan (même s'il y a quelques débats sur la définition du genre *Homo* et sur la recherche de l'artisan ou des artisans de l'outil) s'appuyer sur le quaternaire, c'est-à-dire sur le changement climatique qui en sonne l'ouverture, pour se définir[1] !

---

1. Mais, par pitié, qu'on oublie l'*Anthropocène* qui n'est que l'expression complexe de ceux qui condamnent l'humanité sans connaître l'histoire, indigne de géologues !

La géologie

Ces treize excellents articles, telles treize jolies « nouvelles », où l'on parle de pierres et de tissus, de déserts et de pluies, de bouquetins et de tahrs, illustrent tous avec la même élégance, la beauté de la démarche scientifique, celle du choix des méthodes, de l'élaboration des technologies, de la « magie » des résultats, de l'intelligence de leur lecture, en d'autres termes le « merveilleux » de la logique qui a tant séduit mon enfance. Les fossiles sont partout, réels ou enregistrés, mais il faut les reconnaître, les débusquer ; leur approche est variée, qualitative, quantitative, statistique, comparée, et il faut retenir la bonne, celle qui est significative. La science est difficile, très difficile, les pièges sont multiples et chaque fois connaissance, réflexion, travail et discernement sont nécessaires pour les déjouer. Moyennant quoi, au terme de l'analyse, les données s'ordonnent comme par « enchantement » ; elles racontent l'histoire d'un climat, d'un rivage, d'un paysage et l'étalonnent ; elles décrivent la structure d'une poterie, d'un os, d'un bois et la datent, parfois même à l'année près.

L'ouvrage est fait de deux parties ; l'une traite du contenant, l'autre du contenu.

La première partie est en effet celle des sédiments et des sols, géologie oblige : granulométrie, calcimétrie, minéralogie, mais aussi pétrographie, géochimie, pédologie se partagent ainsi une demi-douzaine de chapitres ; ils se succèdent comme battent les nappes du sous-sol de Mauritanie, ils font le Tigre et l'Euphrate prolonger leurs cours jusqu'en Oman ou se jeter dans le golfe à Bagdad, ils jouent avec le Sahara, tantôt plus au nord, tantôt plus au sud, et avec la Caune de l'Arago, tantôt sous l'influence du plateau du dessus, tantôt sous celle de la plaine du dessous, ils gèlent les lœss de l'Europe moyenne qui cryoturbent et cryorampent comme ceux du Spitzberg et démontrent l'origine du noyau de calcite du rempart gaulois du camp d'Affrique, sur la côte de Moselle, près de Nancy. C'est encore la pétrographie jointe à l'analyse chimique des traces que l'on va retrouver dans l'article charnière sur la céramologie, mais elle y est associée cette fois à l'étude très archéologique de la forme des vases, de leurs décors, de leurs fonctions.

Une seconde partie, celle-là purement paléontologique, va suivre ; elle réunit une autre demi-douzaine de chapitres ; y prennent place l'étude de la grande faune en général, l'excellent exemple des *Caprinae* en particulier, l'étude de la petite faune si spéciale des amphibiens et des reptiles, celle des phénomènes complexes de la fossilisation, et puis l'étude de la flore, avec les bois, leur histologie et leurs cernes, le décor végétal reconstitué par les uns et les calendriers enregistrés par les autres.

La puissance des techniques – diffractométrie, microscopie et microsonde électroniques, spectrométrie dispersive en énergie – et l'habileté du raisonnement qui interprète leurs résultats représentent d'un bout à l'autre du volume l'alliance indispensable que toutes ces disciplines partagent ; chaque problème exposé oblige à une nouvelle réflexion, un nouvel éclairage, un nouveau regard ; l'ingéniosité des treize solutions est comme une palette de treize couleurs, toutes brillantes et différentes. C'est un plaisir à lire et à démonter, comme on regarderait se dérouler un film à l'envers.

Je n'oublie pas le sens de l'ouvrage qui fait que se trouvent réunis ces vingt-deux auteurs ; son titre est suffisamment explicite. Et je le saisirai pour finir pour dire une nouvelle fois combien l'étude du milieu, naturel – géographique, climatique, écologique, biologique – ou culturel – social, technique, artistique, spirituel –, étude que j'ai appelée ailleurs environnementaliste, est essentielle pour comprendre l'histoire de la vie en général et celle de l'homme en particulier.

Si ce milieu n'avait pas changé, à certains endroits, à certaines époques, notre famille d'abord, notre genre ensuite n'auraient eu, par exemple, aucune raison d'apparaître. À chaque moment, un lieu est un milieu.

Merci à Jean-Claude Miskovsky – chef d'orchestre et interprète – d'avoir eu l'idée de réunir ces auteurs et leurs travaux autour du thème qui lui est cher, celui des applications de la géologie à la connaissance de l'environnement de l'homme fossile.

La géographie...

Dans la tête de bien des petits et de bien des grands qui ont été petits, la géographie est attachée à l'histoire, l'espace est attaché au temps ; cette liaison est facile à comprendre et demeure tout à fait justifiée lorsque le temps s'allonge et que l'histoire devient préhistoire ou paléontologie et lorsque l'espace se transforme et que la géographie devient paléogéographie.

Rien n'est stable en effet et la découpe des continents, des océans, des reliefs et son histoire sont souvent sources d'explications, d'éclaircissements, de compréhension de beaucoup de problèmes liés à la faune, à la flore, aux climats, aux écosystèmes.

J'adore géographer, dessiner la Terre, dessiner le bout de terre que j'étudie en le situant latitudinalement, longitudinalement, altitudinalement par rapport à ses voisins, par rapport à la planète tout entière. Combien de solutions jusque-là obscures, cachées, codées, j'ai vu ainsi jaillir de la carte, éblouir d'évidence.

Dans un congrès à Rome en 1982, paléontologues, cytogénéticiens et molécularistes s'entendirent pour la première fois pour situer en Afrique, aux alentours de 8 millions d'années, le grand carrefour d'où partirent le rameau qui allait porter les grands singes africains et celui qui allait porter les hommes.

La carte d'Afrique regardée le soir même de cet accord parut m'expliquer tout, tout d'un coup. Les grands singes africains et les plus anciens des préhumains n'occupaient pas les mêmes aires géographiques et ces aires étaient séparées par un grand accident tectonique, la Rift Valley, faille et muraille, qui, comme par hasard, s'était mise en place il y a 8 millions d'années. Les ancêtres communs des hommes et des grands singes africains avaient donc pu occuper, avant 8 millions d'années, l'ensemble des aires périéquatoriales qui de l'océan Atlantique à l'océan Indien étaient alors couvertes de forêts. À partir de 8 millions d'années, le rifting avait divisé un occident demeuré humide d'un orient devenu sec, et de plus en plus sec. La population des ancêtres communs divisée elle-même en deux sous-populations s'était ainsi développée vers une adaptation encore plus performante à la forêt à l'ouest, vers une adaptation à la savane à l'est. Et c'est peut-être ce qui aurait fait le redressement du corps des préhumains, le développement de leur système nerveux central, la transformation de leur denture, et puis l'apparition de la conscience, des outils, du langage et de l'organisation sociale complexe des derniers des préhumains et des humains. J'ai appelé ce phénomène naturel particulièrement important puisqu'il a fait l'homme, l'East Side Story[1], pour le rendre plus facile à retenir ; l'intitulé lui-même est géographique.

Entre 1960 et 1966, j'ai prospecté les immenses steppes et déserts de Borkou, entre le lac Tchad et les massifs du Tibesti et de l'Ennedi. J'y ai fait des prélèvements d'objets – essentiellement des poteries – dans plus de 300 sites archéologiques rencontrés. Pour un congrès réuni à Fort-Lamy (aujourd'hui N'Djamena) en 1966, je me suis efforcé de ranger mes sites dans le temps

1. Écrit en 2000. Le rôle du différentiel climatique est toujours retenu pour l'émergence des préhumains ; la Rift Valley et l'Est africain gardent un rôle privilégié dans l'émergence de l'homme. Mais le lien préhumains/Est africain s'est élargi à l'ensemble des tropiques de l'Afrique circonscrivant la forêt, à la suite de découvertes réalisées au Tchad.

(une demi-douzaine de cultures successives) et dans l'espace. Et quelle ne fut pas ma surprise de constater qu'alors que ces sites ne couvraient qu'un carré de 300 kilomètres de côté et les trois derniers millénaires, ils n'occupaient pas les mêmes aires géographiques et leur déploiement avait l'air de se faire dans le sens du temps ! Or, après beaucoup de réflexion, la solution s'est imposée lorsque j'ai superposé à mes cartes archéologiques, des cartes topographiques. « L'homme avait suivi l'eau », dit un proverbe local ; les sites « descendaient » en effet au fur et à mesure de l'assèchement du Sahara ; les plus anciens étaient tous au-dessus de la cote 320 mètres ; les suivants au-dessus de 280 mètres ; les suivants encore au-dessus de 250 mètres, etc., et, grâce à l'archéologie et aux cartes de répartition des implantations des hommes d'avant, je m'offrais le privilège de deviner les rives successives de l'ancien lac Tchad qui, de 300 000 km^2 (comme la Caspienne), était devenu un joli lac à îlots de papyrus de 20 000 km^2 en 1966 avant de se réduire à la dramatique mare de 3 000 km^2 d'aujourd'hui ; je m'offrais le luxe de mesurer la vitesse de désertification de ce grand bandeau latitudinal et d'envisager par suite son évolution à moyen terme. C'était là encore une révélation de la carte, un cadeau de la géographie.

Comment mettre plus en valeur la magie de la géographie et saluer l'intelligente initiative de son festival ? En multipliant les exemples sans doute, ce qui ne manquera pas d'être fait lors de la prochaine réunion de Saint-Dié, rendez-vous à l'anniversaire des fous de la carte dont je serai cette année – et je n'en suis pas peu fier – le grand témoin.

... et son avenir

Je voudrais, d'entrée, dire toute ma reconnaissance amusée pour le courage de ces personnalités du monde de la géographie et du festival réunis, qui ont osé me choisir, moi, le paléontologue, pour parler de l'avenir de leur grande réunion de Saint-Dié ; ils partagent d'ailleurs cette audace, et ce n'est sans doute pas un hasard, avec les jeunes lecteurs du *Journal de Mickey* qui, il y a quelques années, avaient eu le même genre d'idée en m'attribuant, à moi, le préhistorien, le Mickey d'or du futur ! Ça veut sûrement dire quelque chose, quelque chose de « culotté », comme l'écrit Yves Lacoste, culotté comme de nommer du « fond » des Vosges *Amérique* le nouveau monde ou de choisir Saint-Dié pour le centre de la géographie. Mais saluons volontiers ces audaces puisque, cinq cents ans après l'initiative de Martin Waldseemüller et vingt ans après celle de Christian Pierret, l'Amérique s'appelle toujours Amérique et Saint-Dié, le FIG.

Mais qu'est-ce donc que ce fameux FIG ? Toutes les pages précédentes ont su le décrire par-dessus, par-dessous, par-dedans, avec toute la chaleur qu'il mérite, bien mieux que je ne saurais le faire. Mais comme je dois en envisager l'avenir, il me faut quand même poser ici moi-même mon propre point de départ. Le FIG est un festival. Et, comme le dit Armand Frémont, un festival est une fête : c'est d'ailleurs étymologiquement le même mot. Et c'est bien une fête en effet que l'on y ressent. Et comme toute la ville y participe, c'est une fête qui se décline en mille lieux et de mille manières, sans jamais perdre de vue le concept de base, la géographie, et le thème de l'année et le pays invité. La facette scientifique ayant incontestablement la priorité, ce sont les conférences, débats, tables rondes (qui ne le sont jamais) qui prévalent, et c'est bien cela l'essentiel ; c'est ce qui a fait accepter d'y venir toutes les personnalités invitées et c'est ce qui a fait bouger la discipline honorée. Je n'irai pas jusqu'à dire que le reste n'est qu'une broderie : ça lui donnerait une couleur de superflu alors que cette broderie très précieuse est l'élément qui ajoute, par sa diversité et son accès facile, la dimension grand public à un événement qui pourrait, sans elle, ressembler à une réunion entre pairs, un grand congrès, une grande convention.

La géographie, pour beaucoup, c'était, avant Saint-Dié, le souvenir scolaire d'une discipline curieusement mariée à l'histoire (l'espace et le temps), au mieux subdivisée en physique et humaine, en un mot une discipline scolaire « bonasse », comme dit Yves Lacoste, un peu « figée », comme dit Paul Claval, quelque peu « enfermée sur elle-même », comme dit encore Armand Frémont. Je ne l'ai personnellement jamais perçue si recroquevillée, mais il est vrai que, comme la géologie que j'ai mieux connue, elle a vécu une crise de croissance avant d'en renaître toute parée des nouveaux habits de l'informatique, du numérique, de la télédétection, des nouvelles dimensions de la communication et, du même coup, de la mondialisation et des nouvelles alliances avec la sociologie (la géopolitique), l'écologie (la climatologie), la paléontologie (la paléogéographie), la tectonique (la géodynamique), l'astronomie (la « géographie » des planètes) qui me sont proches ; mais aussi avec tout ce qui concerne les problèmes de société, la santé, l'alimentation, les migrations, les énergies, les risques, l'eau, les religions qui me le sont moins. Il suffit de lire la liste des thèmes du FIG pour se convaincre de l'extraordinaire part qu'a prise le festival de Saint-Dié dans l'ouverture et l'évolution de cette discipline.

Qu'envisager donc pour l'avenir du festival ?

Bien sûr, que cela continue (« suivez la route actuelle », dit le GPS) et que cela se développe dans la même direction ! Mais vous n'aviez pas besoin d'un postfacier pour trouver cela. Alors je dirais « devenir plus culotté encore », en faisant de Saint-Dié la capitale mondiale de la géographie – ce qui est déjà un petit peu le cas –, en y stockant toute l'information du monde ; banque de données géologiques, géomorphologiques, géographiques, économiques, technologiques, environnementales, photothèques, cartothèques, iconothèques satellitaires, vidéothèques et toutes les thèques possibles, d'autant plus « facilement » que toutes ces précieuses données peuvent être désormais numérisées et engrangées sur des supports de volumes insignifiants et de consultation automatique.

Le prix Chanoine-Vautrin-Lud, du nom du supérieur de Martin Waldseemüller intelligemment institué et attribué dès 1991, doit lui aussi grandir, accroître sa notoriété (en augmentant son montant) au point que ce soit son nom qui soit désormais pris comme modèle suprême des récompenses de Stockholm et d'Oslo (le Nobel, dira-t-on, est une sorte de Vautrin-Lud scandinave !) ; sa remise pourrait d'ailleurs s'accompagner d'une conférence de prestige (à nom) du genre *Martin Waldseemüller Memorial Lecture on Geography* donnée par le récipiendaire (ou par un autre collègue choisi par le jury du prix). Je pense qu'une telle conférence, bien diffusée, agirait à la fois fortement sur sa propre notoriété, mais aussi sur celle du prix. Et on peut toujours envisager de créer à Saint-Dié un Institut mondial de géographie (il peut être sans murs ; les lecteurs royaux de François Ier, après tout, ont attendu des lustres avant d'être réunis dans un Collège dit « royal de France »), une Académie de géographie, avec membres nationaux et membres étrangers, ou internationale tout de suite (elle aussi peut-être virtuelle avant de disposer d'une base en dur) ; la création de l'agence va d'ailleurs dans ce sens, de manière peut être plus pragmatique, mais moins prestigieuse et souvent la dernière caractéristique renforce la première. On pourrait faire classer Saint-Dié par l'Unesco, ne serait-ce que comme lieu où a été « inventée » Amérique (patrimoine immatériel) et où s'est tenu et se tient toujours le Festival de géographie (patrimoine matériel). Et je vois d'ici l'image, sur les hauts de Meurthe, de l'immense institut Christian-Pierret (toute la mémoire stockée) construit par un architecte célèbre pour ne pas endommager la toujours si coquette et si tonique ville de Saint-Dié-des-Vosges.

Il est bon pour la discipline d'accentuer par ailleurs l'effort de déploiement du festival de Saint-Dié (la première décentralisation du FIG ailleurs dans les Vosges a eu lieu en 1992, et une directive UGI/FIG a déjà encouragé en 2005 la création d'autres festivals), mais il convient d'être vigilant et de ne pas y perdre de l'énergie dans un excès de dispersion. Il faut que Saint-Dié demeure le sigle.

On peut bien sûr envisager aussi de nouvelles publications collectives et internationales à tendance encyclopédique (qui peuvent ne pas dépasser le Net), comme celle de 1992. On doit naturellement développer les relations avec les enseignements de géographie supérieurs, secondaires et primaires, en France, en Europe et au-delà.

Que la ville et les Déodatiens ne soient jamais oubliés ; le festival est d'abord le leur, même s'ils ont accepté de le partager généreusement avec le monde entier. Peut-être qu'une multiplication de jumelages simples et judicieux, comme il en existe partout et sans doute à Saint-Dié, pourrait contribuer à inoculer de bons éléments au concept du festival et dédommager la population de son investissement par de petits tours, à leur tour, chez les autres.

Au terme de ce programme, permettez-moi d'avoir enfin une pensée – ce n'est pas cher payé – pour l'équipe qui, souvent sous la houlette de Marie Pierret, a assuré et assure encore une logistique extrêmement lourde et qui n'a aucune raison de s'alléger. Formulons le souhait que cette équipe discrète puisse être renforcée, très renforcée : c'est tellement facile de l'écrire !

Revenons à 2009 et disons toute notre admiration aux auteurs des idées, des actions, des réalisations de ce FIG après vingt ans d'existence. La géographie qui manquait d'air n'a plus peur de rencontrer quelque autre discipline consœur, écrit Armand Frémont, et je trouve que c'est là la plus belle des reconnaissances au Festival international de géographie de Saint-Dié-des-Vosges. Mon compliment ne peut être aussi expert mais il est aussi sincère, aussi chaleureux, aussi vigoureux.

L'argile

Ce fascinant recueil sur l'argile (ou les argiles), son origine, sa composition, ses gisements, ses qualités, ses usages est complet. On y apprend que l'argile est partout, sur la Terre et dans le cosmos, et que ce matériau aurait même participé à l'élaboration du phénomène de la vie sur notre planète. On y apprend que c'est sa structure en très petits cristaux, eux-mêmes en lamelles, qui lui donnerait son exceptionnelle plasticité ; on y découvre que c'est la raison pour laquelle Dieu l'aurait choisie pour modeler l'homme, et les hommes, pour représenter leurs dieux, mais aussi pour construire, écrire, contenir, créer, fabriquer, manufacturer.

Je ne peux par suite rien ajouter de fondamental à cette présentation d'un bilan extraordinaire ; je n'userai de cette tribune que pour raconter, en guise d'introduction, quatre de mes rencontres personnelles avec l'argile, que j'ai choisies parmi les plus surprenantes.

La première est celle d'une dalle cinéritique, d'origine volcanique, dans un site nommé Laetoli, quelque part dans le nord de la Tanzanie. De nombreux animaux étaient en effet passés par là un beau jour de pluie d'il y a 3,5 millions d'années (peut-être un peu plus) ; et, comme la saison sèche avait débuté le lendemain, la dalle avait conservé de manière quasi miraculeuse les percussions des dernières gouttes de pluie et les empreintes des éléphants, chalicothères, girafes, antilopes, pintades et préhumains qui avaient emprunté ce chemin la veille ; deux australopithèques, en effet, un grand et un petit, avaient marqué de leur pas sur près de 25 mètres ce sol argileux, nous révélant de manière émouvante leurs pieds plats à l'appui externe et au gros orteil opposable, témoignage d'une époque où ces ancêtres pratiquaient encore un arboricolisme alerte, mais déjà une bipédie, même si elle était maladroite.

La deuxième, à Dolni-Vestonice, en Moravie, est celle d'admirables petites statuettes de mammouths, de chevaux, de rennes, de rhinocéros, de lionnes, d'ours, de renards, de loups, de gloutons, mais aussi de femmes – d'ailleurs généreuses – en terre modelée et cuite ; or les datations au radiocarbone situent ces œuvres aux alentours de 30 000 ans (peut-être un peu moins), à une époque du paléolithique supérieur que l'on nomme le gravettien, soit 20 000 ans avant que les avantages de la cuisson de l'argile ne soient véritablement redécouverts et que les récipients en poterie ne soient par suite fabriqués et définitivement adoptés.

La troisième s'est faite de l'Indus au Nil, du Pakistan au Soudan, à travers tout le Moyen- et le Proche-Orient, et elle concerne de petits jetons en argile, vieux, pour les plus anciens, d'une douzaine de milliers d'années. Ces petits jetons, symboles probables, suivant leur forme, d'unités, de leurs multiples ou de leurs sous-multiples, devaient être utilisés dans le négoce, accompagnant un achat ou une vente ; ils étaient d'ailleurs souvent enfermés dans des bulles, elles-mêmes en argile. Or ces bulles-factures ont d'abord, pendant des millénaires, été nues ; puis elles ont été marquées, par pression sur leur surface des jetons qu'elles contenaient. Enfin, lorsque, quelques nouveaux millénaires plus tard, leurs utilisateurs ont réalisé qu'imprimer dessus ce qui était dedans, c'était donner deux fois la même information ; ils ont alors supprimé les jetons et les bulles pour se contenter désormais de tracer la forme des jetons disparus sur de simples tablettes (en argile elles-mêmes !), donnant naissance à l'écriture.

Quant à ma quatrième rencontre avec l'argile, elle risque d'être encore plus surprenante que les autres, mais elle n'a pas encore eu lieu ; elle sera peut-être en effet sonore. Imaginons par exemple le sculpteur gravettien de 30 000 ans incisant sa Vénus en chantant, l'exportateur épipaléolithique de 10 000 ans tamponnant sa bulle en confiant à un collaborateur la difficulté des affaires du moment, ou le potier néolithique de

8 000 ans décorant son vase en déclarant à un ami sa passion pour le travail de la céramique, les vibrations de leurs modulations ou de leurs articulations ont très bien pu s'inscrire au cœur de l'argile qu'ils marquaient, et ces vibrations, les physiciens nous promettent de bientôt pouvoir les lire...

Mais le lecteur va découvrir au fil des pages de bien plus étonnantes histoires encore de cette pâte magique que la nature nous fabrique chaque jour sans compter, et que notre culture emprunte en permanence pour soigner, pour construire, pour inventer ou pour écrire.

Le Rift

Rift, terme anglais utilisé également en français, signifie « faille », « fossé », « cassure ». Mais lorsqu'on lui adjoint un simple article, qu'il soit d'ailleurs masculin ou féminin (le Rift ou la Rift, sous-entendu la Rift Valley, ou vallée du Rift), il s'agit toujours du Grand Rift est-africain.

Ce Rift dont nous parlons s'étend du Mozambique (de l'océan Indien donc) à l'Éthiopie, ses deux bras s'épanouissant autour du lac Victoria. La cassure par la mer Rouge, qui n'est déjà plus totalement est-africaine, se poursuit quant à elle par le golfe d'Akaba, la mer Morte, le Jourdain, l'Oronte, qui ne sont plus du tout est-africains, et voilà notre Rift jeté à la mer, mais à la mer Méditerranée !

Lors d'une émission à la télévision suisse, un cosmonaute américain me dit un jour : « Tu sais, ton Rift, je l'ai vu de la Lune... » ; une balafre de 6 000 kilomètres sur une planète qui n'en fait que 20 000 en projection, ça ne m'a pas étonné mais ça m'a plu ! J'en ai été très fier et très fier qu'il le fasse mien...

Quelle belle idée de faire un livre sur la Rift, un sujet dont la cohérence apparaît immédiate dans ses parties géophysique, géologique et par suite paléontologique, moins évidente à première vue dans ses parties écologique, archéologique, ethnologique. L'essentiel a été de faire écrire ensemble les meilleurs connaisseurs du Rift, c'était là sans doute le plus bel élément unificateur que l'on puisse imaginer. Il faut saluer ici les initiateurs de ce projet, Yves de La Croix du ministère des Affaires étrangères et, à sa suite, Thomas Mourier, de l'IRD, qui a porté le projet éditorial.

Je ne vais évidemment pas résumer ce traité sans précédent, mais je voudrais en saluer les quatre parties en commençant par la très belle, très érudite, première partie géophysique et géologique que ses cinq auteurs, grâce à leurs démonstrations, ont rendue si intelligemment accessible.

Je voudrais y mettre mon « petit grain de séisme » sans prétention aucune. J'ai présidé quelques années le Comité scientifique international de l'État djiboutien ; je me suis alors rendu assez souvent dans cette corne de l'Afrique (que je préfère pour ma part appeler « hanche ») ; j'ai eu plaisir alors à rendre visite aux collègues de la station géophysique de Harta, une très belle installation à l'écoute de la Terre. Zone de confluence de trois grands systèmes de failles, dorsale du golfe d'Aden, dorsale de la mer Rouge et Rift est-africain, Djibouti est en effet joliment placé pour mesurer les tensions de la région et ma curiosité a été chaque fois comblée : aux alentours de cent secousses par jour et une concentration spectaculaire des secousses tout le long de la faille qui ouvre le golfe de Tadjourah d'environ 2 centimètres par an !

Consacrée à la paléontologie et à la paléoanthropologie, sciences si généreusement alimentées par les découvertes faites dans les dépôts sédimentaires fluvio-lacustres accumulés dans le Rift, la deuxième partie de l'ouvrage a été rédigée par deux « compagnons du Rift » de troisième génération. J'adresse ici à Brigitte Senut et à Martin Pickford, auteurs exclusifs de cette deuxième partie, un petit clin d'œil flatteur, complice et mérité. Cette Afrique de l'Est a vu défiler un certain nombre de grands anciens, allemands ou anglais en fonction des vicissitudes politiques de la région, qui ont véritablement ouvert la voie de la recherche des fossiles et des « pierres taillées » : citons Hans Reck, Ludovic Kohl Larsen, Arthur Tindell Hopwood, Camille Arambourg, Louis et Mary Leakey, les compagnons de la première génération. Et puis, sous l'impulsion de Louis et Mary Leakey, s'est déclenchée une deuxième vague, particulièrement active vingt ans durant et dont j'ai eu l'honneur et le bonheur de faire doublement partie (dix ans de campagne dans la vallée du fleuve l'Omo, six ans dans les déserts de l'Afar, tous deux en Éthiopie) ; Bill Bishop, Yves Coppens, Francis Clark Howell, Glynn Isaac, Donald Johanson, Richard Leakey, Maurice Taieb, nous tous, nous avons été ces compagnons du Rift de la deuxième génération. Brigitte Senut – qui m'a dit combien de fois, étudiante, elle rêvait devant nos récits d'expédition –, Martin Pickford, Friedemann Schrenck, Yohannes Hailé Sélassié, Berhane Asfaw, Tim White, Hélène Roche, Meave Leakey, Henry de Lumley, ont pris notre relais, représentant donc, depuis les années 1980-1990, la troisième génération. La quatrième génération avec Jean-Renaud Boisserie, Alemseghed Zeresenay... se met en place.

Après avoir introduit un petit grain de séisme, je voudrais cette fois mettre mon « petit grain de fossile ». D'abord saluer la mémoire de Louis Leakey et, par la même occasion, toute sa famille, sans qui l'Afrique de l'Est ne se serait pas offerte si généreusement à la recherche internationale et n'aurait pas livré en cinquante ans la moisson que l'on connaît. Je voudrais ensuite rappeler que l'East Side Story que j'ai proposée un jour de 1982 dans un congrès à Rome comme solution simple au problème qui se posait à nous est évidemment à abandonner. Selon cette hypothèse[1], née de

1. L'hypothèse demeure bonne, mais n'est plus géographiquement si précise et, en ce qui nous concerne ici, si liée à l'évolution du Rift.

l'inégale répartition des fossiles de grands singes et d'hominidés de part et d'autre du Rift, les populations de grands singes qui vivaient à l'ouest de la fracture, dans un milieu arboré, auraient donné naissance aux grands singes africains actuels, alors que les populations à l'est du Rift, qui vivaient dans un milieu de plus en plus sec, proche de la savane, auraient été contraintes de s'adapter en se redressant. Ces bipèdes auraient enclenché alors la longue ligne d'une évolution menant jusqu'à l'homme moderne. Les découvertes de Michel Brunet au Tchad montrent bien les limites de cette hypothèse. Le Rift, superbe monument tectonique qu'on ne peut certes pas barrer d'un trait de plume, a dû jouer successivement et simultanément le rôle d'une vraie barrière, mais aussi d'un filtre ou d'une mauvaise passoire, en fonction des époques et des groupes zoologiques considérés.

Une autre hypothèse, que j'ai appelée Événement de l'(H)Omo ou (H)Omo Event, est, par contre, toujours debout. Formulée à partir de données collectées dans les sédiments de la basse vallée de l'Omo, elle associe l'origine de l'homme et le Rift et démontre que l'émergence du genre *Homo* est due à la nécessité d'adaptation d'un préhumain à un changement climatique.

La troisième partie est, quant à elle, consacrée à la faune, à la flore et aux hommes dans leurs liens avec l'environnement. Des thématiques fascinantes pour moi parce que j'y ai retrouvé ce paradoxal mélange de liens et d'isolement à la fois que toute l'histoire des dix derniers millions d'années de ce pays m'a enseigné. Même si le Rift a subi des phases de tension qui remontent au trias (200 millions d'années), l'ouverture de la mer Rouge il y a 12 millions d'années, l'affaissement de 2 500 kilomètres de l'Éthiopie à la Tanzanie il y a 11 millions d'années et le début du rehaussement (1 000 mètres) de certains blocs il y a 8 millions d'années découpent en effet les écosystèmes, créent les isolats et les phénomènes d'endémisme qui en découlent, mais aussi le couloir qui parfois les réunit.

Je souhaite glisser ici un « grain de vicariance ». La mise en place des phylums modernes et la multiplication des espèces de *Suidae*, *Bovidae*, *Proboscidea*, *Hippopotamidae* et, dans une certaine mesure, *Homininae* – ce que j'appelle ailleurs des « bouquets » –, au cours du miocène, du pliocène et du pléistocène, trouve son explication dans cette enfilade de bassins et les coupures de flux géniques qui font les spéciations ; quant aux mouvements de ces espèces vers l'ouest (ou à partir de l'ouest) et vers le sud, ils trouvent leur explication dans le fait que ces bassins s'égrènent parfois en corridors. L'excellente et généreuse introduction et les communications de cette troisième partie dévoilent avec compétence et talent les endémismes botaniques et le rôle de barrière que joue parfois la topographie dans leur conservation, les endémismes animaux, celui extraordinaire des poissons par exemple, mais aussi la manière dont l'altitude (aux divisions classiques en étages mais parfois aussi « en lanières » perpendiculaires aux étages) est intervenue dans la distribution des espèces. Les hommes ont, bien sûr, comme souvent, subi ces situations naturelles, mais ont su aussi les mettre à profit dans leurs activités agricoles, horticoles, d'élevage, et dans l'écoulement de leurs productions. Pour beaucoup de sujets traités, la spécificité de la Rift, même si elle n'est pas aussi évidente qu'en géologie et en paléontologie, représente aussi ici une certaine réalité.

La quatrième partie est totalement consacrée à l'homme « culturel », à ses sociétés, ses langues, ses activités, sa protohistoire, son histoire politique, religieuse et intellectuelle, architecturale et artistique. Comme chaque fois que l'homme intervient apparaissent mouvements, luttes d'influence, conflits, débordements ou contractions de territoires. En un mot, il devient impossible de contenir l'homme dans le Rift et le Rift dans le livre ! Si on cherchait à colorier les niches ethnologiques, économiques, territoriales, on ne parviendrait pas à maîtriser à la fois les couleurs et leurs limites ; les unes déborderaient sur les autres comme dans une mauvaise édition. Pourtant la qualité de l'impression n'est pas en cause, les hommes ont bel et bien tendance à s'agiter au-delà des bornes que leur propose la nature.

Après avoir profité de ma position privilégiée de préfacier pour glisser mon grain de science, d'abord un tout petit grain de séisme, puis un plus gros grain fossile, un grain opportuniste de vicariance, je finirai par un nouveau petit grain fossile ou subfossile, comme on dit bien maladroitement. J'adore l'Afrique, j'adore l'Afrique de l'Est et je suis devenu « riftien » et « riftologue », mais je ne suis pas totalement convaincu par l'Ève africaine que l'on veut aussi offrir au Rift. Je ne vois pas bien *Homo sapiens* ou *Homo sapiens sapiens* partir du même berceau que le premier *Homo*, reprendre, il y a 200 000 ans, le même chemin que celui emprunté 2 millions d'années plus tôt et, cette fois, se trouver confronté dans tout l'Ancien Monde aux peuplements antérieurs. Cela dit, ce n'est là qu'un regard ; le débat n'est pas clos, même si la majorité plaide pour Ève à grand renfort de génétique[1].

Quoi qu'il en soit, allez voir la vallée du Rift, elle est somptueuse ! Allez la découvrir entre Nairobi et Nakuru et plongez dedans, allez voir la muraille qui jaillit le long du sombre lac Tanganyika, les immenses perspectives du lac Asal, tout blanc de sel et de chaleur, progressez vers l'ouest jusqu'à apercevoir les escarpements qui vous barreront la route, le somalien et l'éthiopien.

À l'issue de cet ouvrage, le Rift déborde de ses limites et en sort encore grandi. Il n'est plus simplement saignée de la Terre, mais décor, il n'est plus limite, mais horizon, il n'est plus effondrement, mais érection. C'est, n'en doutons plus, le plus beau de nos fuseaux, la plus belle de nos méridiennes.

1. Et cette majorité n'a sans doute pas tort.

Un bout du fossé

Ce monument collectif de paléontologie animale et végétale est le deuxième volet du bilan de l'immense travail accompli par l'Uganda Palaeontology Expedition de 1986 à 1992, en sept campagnes menées sous la double direction de Martin Pickford et de Brigitte Senut.

Un certain nombre de sites fossilifères de ce segment du Rift occidental était connu depuis longtemps, mais les récoltes y avaient été conduites sans les informations stratigraphiques suffisantes ; les collections ne pouvaient par suite pas être exploitées en termes de comparaisons avec leurs homologues des grands sites du Rift oriental. Pour mieux comprendre l'évolution paléoécologique de cette province sise entre le bassin du Congo et ceux de l'Omo et des lacs du fossé Gregory, il n'y avait qu'une solution, courageuse et ambitieuse : y aller. Et c'est ce que firent, avec détermination et discernement, Brigitte Senut et Martin Pickford, en s'accompagnant chaque fois d'équipes composées en fonction des sujets à traiter.

Le résultat est celui-ci : une étape magistrale dans la connaissance des dépôts sédimentaires de l'Ouest ougandais et de leurs contenus, 17 niveaux répartis tout le long des 15 derniers millions d'années et corrélés entre eux avec leurs contemporains des séquences grégoriennes, grâce aux datations relatives de la biostratigraphie mais grâce à de superbes datations isotopiques d'un volcanisme généreux.

Or en 15 millions d'années, bien des choses se sont passées, événements provinciaux ou phénomènes planétaires – mouvements des pôles par exemple ou orogenèse locale –, d'où une répartition et une alimentation différentielles des bassins hydrographiques, d'où une grande modestie ou, au contraire, une densité inattendue du couvert végétal, d'où des extinctions, des émigrations, des immigrations ou, mieux encore, une évolution sur place de certaines espèces animales ; chaque groupe animal ou végétal ainsi étudié apportera son témoignage à une histoire qui construit, déduction après déduction, comme par magie, une fresque qui s'avérera cohérente, nouvelle et fascinante et viendra s'intégrer, non sans en bousculer bien des aspects, dans ce que l'on avait précédemment bâti, à côté, plus à l'ouest, au Zaïre, désormais à l'ombre, ou plus à l'est, dans les grands espaces éclatés de l'Éthiopie, du Kenya ou de la Tanzanie.

J'ai rencontré Martin Pickford en 1963, au Kenya déjà... Il y faisait sa thèse sur un autre bassin, celui-là du Rift oriental ; j'ai rencontré Brigitte Senut plus tard, à Paris ; elle voulait faire une thèse sur les hominidés de ce même Rift oriental qu'alors je fouillais. Je suis d'autant plus fier du rôle qu'ils m'ont confié aujourd'hui, celui d'ouvrir cet important travail en lui-même, mais important aussi dans ses prolongements dans la reconstitution de l'histoire de la Terre, dans celle de la vie et dans celle de l'histoire de l'homme, dont le Rift Albert est peut-être une partie du berceau.

La colline du Dragon

Il convient de se souvenir de l'extravagante histoire qu'a été celle de la découverte de l'homme de Pékin. Lorsque, dans les années 1920, Johan Gunnar Andersson, prospecteur minier suédois, s'intéressa aux vertébrés fossiles chinois et fit venir un jeune post-doc de l'Université d'Uppsala, Otto Zdansky, pour rechercher de manière plus précise d'éventuels restes d'hommes fossiles, la paléoanthropologie ne connaissait, pour raconter notre histoire, que l'homme de Neandertal, l'homme de Cro-Magnon, l'homme de Java et l'homme de Piltdown qui s'avérera n'être qu'une supercherie. Ce fut donc une découverte de taille de mettre au jour, dès 1921, la première dent d'un autre hominidé, le cinquième. Otto Zdansky en sera d'ailleurs si conscient qu'il la cachera à Andersson et attendit 1926 pour en faire publiquement état. Quelques autres dents isolées suffirent ensuite au paléontologue canadien Davidson Black pour nommer *Sinanthropus pekinensis* ce nouveau maillon de notre phylogénie, le démarquant des autres, tout en le rapprochant en même temps de l'homme de Java plus volontiers que de tout autre. Mais l'éclairage le plus brillant vint en 1929, lorsque le paléontologue chinois Pei Wenzhong mit au jour, lors d'une fouille conduite par un nouvel étudiant suédois d'Uppsala, Birger Bohlin, le premier crâne de cet hominidé. Cette découverte eut évidemment le retentissement qu'elle méritait, puisqu'elle venait confirmer l'existence d'un très ancien homme fossile en Chine et que, pour la première fois, elle avait les moyens d'en dessiner les grandes caractéristiques. Bien d'autres restes suivirent ainsi que d'abondants outillages lithiques et restes de faunes probablement consommés par ces hominidés pour qui le site avait tenu lieu à beaucoup de reprises d'abri et de séjour. Lorsque Pierre Teilhard de Chardin, successeur de Davidson Black, mort prématurément, dut fermer le chantier de fouilles pour des raisons d'insécurité en 1937, le bilan pour un site paléoanthropologique était impressionnant et sans précédent puisqu'il comptait à son actif 14 crânes, 11 mandibules, 147 dents et quelques os postcrâniens. Grand site donc, immense bilan scientifique, puissant intérêt mondial (la Fondation Rockefeller, sollicitée par Davidson Black, avait généreusement aidé les fouilles), large participation internationale durant les dix-sept premières années de cette recherche : le site de l'homme de Pékin, certes préhistorique, était ainsi devenu historique, et ce notamment depuis cette découverte de Pei Wenzhong de 1929.

Après une interruption d'un quart de siècle durant laquelle la collection d'hominidés des années 1920 et 1930 disparut, les recherches ont repris avec succès sous l'autorité de Woo Rukang. Zhoukoudian est ainsi demeuré un des sept ou huit sites paléoanthropologiques les plus fameux du monde ; il a été déclaré « site protégé » par le State Council of China en 1971, inscrit sur la liste des « sites du patrimoine mondial » par l'Unesco en 1987 et choisi comme lieu de formation de la jeunesse de Beijing par la municipalité de cette très grande métropole en 1992.

Au début de 1994, les collègues chinois se sont inquiétés devant la dégradation naturelle de la localité 1 de Zhoukoudian fréquentée par plus 200 000 visiteurs par an et ils ont demandé à l'Unesco son aide pour l'entretien de ce « monument ». L'Unesco répercuta alors cette demande, pour la collecte des fonds, sur une société française privée, Mondial Assistance, qui créa pour la circonstance une société « antenne », Assistance Ethno. L'Unesco et son directeur général d'alors, Federico Major, me demandèrent d'être, pour cette question, consultant de l'institution tandis que Mondial Assistance et Assistance Ethno me prirent pour expert. Le 29 mars 1995, un accord bipartite pour la *Rehabilitation, Protection and Conservation of the Peking Man World Heritage Site* fut signé à Paris, à l'Unesco, entre l'Académie chinoise des sciences, l'United Nations Educational, Scientific and Cultural Organization, et l'association Assistance Ethno – la délégation chinoise était conduite par Mme Hu Gi Heng, vice-présidente de l'Académie chinoise des sciences. Le but de ce projet était en fait plus large qu'il n'avait été proposé à l'origine ; il concernait trois points : la restauration du site et sa conservation, le renouvellement de l'information scientifique du public, la reprise de la recherche scientifique.

Un ITC (comité technique international) de l'Unesco fut établi ; il se réunit une première fois à Beijing en 1996 sous la présidence de Mme Chang Meeman et traita des trois points proposés et une première campagne eut lieu juste après, menée par une équipe de géologues et de géophysiciens d'EDF (Électricité de France). C'est donc un plaisir pour moi de saisir cette tribune pour faire connaître les premiers résultats de cette toute récente recherche : des mesures micro-gravimétriques, électromagnétiques (EM 38, EM 31, EM 34), magnétiques et électriques ont été réalisées sur l'ensemble du site ; ont été pris 639 points microgravimétriques sur profils, 143 points microgravimétriques EMG, 834 points électromagnétiques EM 31, 985 EM 38 en position horizontale, 985 EM 38 en position verticale, 100 points électromagnétiques EM 34, 176 points magnétiques et faits 8 sondages électriques. Ce travail sous l'autorité de Marc Albouy, contrôleur général et responsable du mécénat technologique et scientifique d'EDF, a été réalisé par Pierre Delétie, Jean-Paul Blais, Patrick Allombert, Jean-Pierre Baron, André Cocquart, ingénieurs, et par Guinqi Xu, Dong Wei et Tong Haswen, universitaires de l'Institut de paléontologie des vertébrés de l'Académie chinoise des sciences. Je retiendrai quatre importants résultats : la colonne sédimentaire de la localité 1 s'est avérée puissante d'une cinquantaine de mètres au moins, alors que quarante seulement ont été fouillés, mais cela était connu depuis longtemps des collègues chinois ; l'entrée probable de la localité 1 s'est dessinée sous les escaliers d'accès au site et au-delà, dans cette même direction ; les localités 4 et 5, alignées le long de failles parallèles au grand axe de la faille principale de la localité 1, se révélèrent plus riches qu'elles n'étaient apparues à la fouille ; enfin, et surtout, une localité nouvelle très développée, repérée pour la première fois, est apparue sur le flanc ouest de la colline de Zhoukoudian avec débouché possible sur le thalweg limitant ce flanc au sud.

Je souhaite évidemment vivement que cette première phase de prospection non invasive s'achève par une campagne de forages, confirmant l'existence (ou non) de ces karsts et informant sur l'existence et la nature de leurs contenus. La phase suivante appartient évidemment aux collègues chinois.

La colline du Dragon encore

Les collines de Chou Kou Tien ou de Zhoukoudian et ses hominidés fossiles fameux connus sous le nom d'homme de Pékin (au singulier tel un type d'humanité) représentent, pour l'histoire de l'homme, mais aussi pour l'histoire de son histoire, un des cinq ou six hauts lieux des 3 millions d'années de parcours de l'une et des deux siècles de recherches de l'autre.

Le mérite de la découverte de leur potentiel paléontologique doit être honnêtement partagé entre les habitants de la région, qui, depuis des millénaires, ont donné à ce site le nom de collines des Os de dragon, et le géologue Johan Gunnar Andersson, passionné de paléontologie, qui, dans la fin des années 1910, a demandé à l'Université d'Uppsala d'envoyer là de jeunes chercheurs pour y effectuer des fouilles...

Mais le malheur a voulu que, pour les protéger de la tourmente de la Seconde Guerre mondiale et de ses préalables sino-japonais, les précieux restes de sinanthropes aient été mis en caisse en 1941 et expédiés aux États-Unis par chemin de fer d'abord, puis par bateau. Or ils n'y arrivèrent pas et on se demande même s'ils arrivèrent jusqu'au bateau.

Ce site était évidemment très important dans les années 1930, mais il garde aujourd'hui, au-delà de sa valeur historique, l'intérêt d'avoir offert, en association, les restes (en grande partie perdus) de l'*Homo erectus* de cet âge, mais aussi ses outils (conservés), les reliefs de sa nourriture carnée (conservés) et donc son environnement faunique et d'abondants témoignages de combustion qui sont parmi les premiers au monde.

La localité 1, qui a fourni l'essentiel de cette récolte, se présente après ces grands chantiers, comme un grand trou recouvert à une extrémité par un modeste lambeau de toiture qui lui donne une vague allure de grotte (dite grotte aux

Pigeons). La couverture d'origine a en fait totalement disparu depuis longtemps et ce toit nouveau n'est dû qu'à l'induration d'une coulée de boue géologiquement plus récente.

Cette topographie actuelle explique l'importance de l'érosion qui s'y exerce et, du même coup, l'inquiétude des collègues chinois.

Je ne ferai pas état, dans cette préface, du catalogue des réunions scientifiques et des conférences de presse à Paris et à Beijing, organisées et tenues pendant ces années, mais des campagnes effectives conduites sur le terrain et dont ce rapport établit très clairement le bilan.

En dehors de la conservation et de l'entretien du site et de sa promotion, envisagée surtout sous forme muséologique[1], il avait été décidé en effet par l'International Technical Committee, réuni à Beijing, de reprendre sous mon autorité une activité de recherches sur le terrain. De nombreuses réunions à l'Unesco, à l'Institut de paléontologie des vertébrés et de paléoanthropologie de Beijing et sur le site même de Zhoukoudian m'avaient alors confié la réalisation d'une première « tranche » de recherches qui devait consister en nouvelles reconnaissances géologiques et géophysiques non invasives des deux collines composant le site de Zhoukoudian et vérifications éventuelles par sondage. C'est cette tranche du programme qui vient de s'achever et dont il est rendu compte ici.

Pour réaliser cette première étape, trois campagnes ont été conduites sur le terrain, la première en septembre 1996 (Mécénat technologique et scientifique d'Électricité de France et Compagnie de prospection géophysique française). La deuxième en novembre 2003 (Fondation Électricité de France et Laboratoire central des Ponts et Chaussées, section Reconnaissance et Géophysique), la troisième en octobre et novembre 2004 (Fondation EDF, LCPC et Beijing Geotechnical Institute).

1. Un nouveau musée, construit au pied de la colline, vient d'être ouvert.

En 1996, une importante reconnaissance géologique (de surface et structurale) a précédé et accompagné une généreuse campagne géophysique qui a mis en œuvre des méthodes électromagnétiques, microgravimétriques et de susceptibilité magnétique pour mesurer les différents résistivités, conductivités, densités et gradients magnétiques des terrains auxquels ces mesures s'adressaient.

En 2003, les pratiques géophysiques ayant progressé, aux mesures magnétiques, électromagnétiques et microgravimétriques sont venues se joindre des mesures de tomographie géoélectrique, de radar géologique, des mesures sismiques (ondes de surface) et des mesures électriques. Elles ont complété de manière importante les résultats de 1996 en même temps qu'elles les confirmaient.

En 2004, enfin, quelques mesures géophysiques complémentaires ont surtout accompagné une importante campagne de forages, clôturant par une récolte de onze carottes les mois de mesures effectuées à partir de la surface.

Je ne me substituerai évidemment pas aux acteurs de ce gros travail pour la préservation des résultats ; je dirai seulement qu'ils ont fait faire un grand pas à l'étude de la structure de ces deux collines dont l'exploitation paléontologique, paléoanthropologique et préhistorique à venir prendra évidemment la mesure : mise en évidence de l'entrée de la grotte effondrée et remplie dite localité 1 ; mise en évidence d'un remplissage non fouillé de 10 à 15 mètres de puissance sous les 40 mètres déjà fouillés et, donc, sous le plancher actuel de la localité 1 ; mise en évidence de vides dans le massif calcaire au niveau de la localité 4 et de galeries liant la localité 1 à la grotte dite *upper cave,* de remplissage et de contenu paléoanthropologique plus récent ; mise en évidence de cavités de 70 mètres de long et 2 à 6 mètres de haut au nord de la colline ouest, de réseaux complexes de 80 mètres de longueur totale avec grottes de 2 à 2,5 mètres de hauteur au sud de la colline ouest, etc.

Le désert du Namib

Martin Pickford et Brigitte Senut ferment leurs recherches dans le désert du Namib (Namibie et Afrique du Sud) par un rapport de synthèse d'une rare densité, rapport d'au moins deux volumes dont celui-ci est le premier.

Particulièrement complète, ce qui n'étonnera personne, par son approche géologique et géomorphologique, tectonique et eustatique, paléoclimatique et paléoécologique, paléontologique et taphonomique, biostratigraphique et paléogéographique, etc., leur étude commence véritablement par le commencement, l'ouverture de l'Atlantique Sud, il y a 135 millions d'années, pour ne s'achever qu'avec les conditions actuelles. Cet impressionnant bilan leur a demandé sept années de prospection active, de révision sur le terrain de l'ensemble des conclusions ou des propositions de conclusions de la littérature existant sur ces divers sujets, de collectes d'échantillons de roches et de sédiments, de faunes continentale et marine, de macroflore et de pollens et l'analyse de ces documents en laboratoire. Il en ressort une remise en ordre nécessaire de la succession des événements affectant localement la terre, la mer et l'atmosphère et sa mise en correspondance avec l'histoire générale du globe grâce, en grande partie, aux données chronologiques précieuses fournies par la paléontologie – dont celles originales de l'évolution des coquilles d'œufs de grands oiseaux du groupe des autruches découvertes dans au moins sept niveaux différents.

Endémique pour un certain nombre d'espèces animales et végétales, ce grand sud-ouest de l'Afrique, aride depuis au moins les 15 derniers millions d'années, ne s'en intègre pas moins désormais, grâce à Martin Pickford et Brigitte Senut, par un grand nombre d'autres espèces, dans l'ensemble du continent auquel il appartient.

Comme il se trouve que ces régions ont été également très remarquées par les miniers, car particulièrement riches en diamants, il se trouve aussi que les auteurs, dans leur étude fondamentale, ont su apporter, à ces exploitations, tant dans l'explication de la minéralisation de ces pierres que dans celles de leur remaniement par des agents fluviatiles, éoliens ou marins, de très utiles informations. Bien que la paléontologie n'ait nullement besoin de justifier de son utilité, il est amusant parfois de montrer, comme dans ce cas précis, l'application à court terme de cette science dont d'aucuns se demandent, sans voir plus loin que le bout de leur nez, à quoi elle sert dans la vie quotidienne.

La Haute-Loire

Drôle de pays que ce massif qu'on appelle central ! Et drôle d'histoire que son parcours bousculé par l'agitation de deux géants, l'un s'efforçant de passer sous l'autre, l'autre étant précisément celui qui supporte le massif ! Le résultat est que ça monte à côté (les Alpes) et que ça chauffe en dessous (le magma). Et à force de chauffer, ça bout et ça déborde.

Et voilà fabriquée la Haute-Loire et ses paysages somptueux, aujourd'hui en période d'accalmie et, du coup, de rabotage. Pendant les millions d'années des péripéties évoquées, bien des plantes et bien des animaux ont aimé ce pays avant que nous l'aimions nous-mêmes et leurs restes s'y sont enfouis et parfois conservés, scellés par les coulées des débordements qu'on a dits. Et puis les hommes sont arrivés et ils ont mêlé leurs propres dépouilles et leurs modestes productions aux reliques de leurs environnements.

Pendant ce temps sous les tropiques du continent voisin se déroulait une autre drôle d'aventure ; pour s'adapter à des changements de climat, de grands primates s'étaient d'abord mis debout (10 millions d'années) et, non contents d'avoir inventé ce port étrange, s'étaient ensuite dotés d'un gros cerveau à penser (3 millions d'années). On les a appelés hommes. Et dès qu'ils l'ont été, ils ont bougé. Et c'est cette bougeotte qui les a conduits jusqu'ici aussi.

Eh bien, la Haute-Loire, grâce aux conditions de conservation exceptionnelle qu'elle a su fabriquer, a précieusement mis de côté les flores et les faunes de ces années-là, celles de la fabrication ailleurs des hominidés et des hommes. C'est là une collection unique et continue qui n'a pas de prix pour celui qui veut reconstituer ce temps privilégié du passage sur Terre de la matière vivante à la matière pensante.

Or, parmi ces fossiles si bien gardés par la Haute-Loire, se trouvent, en abondance et en superbe état, ceux de ces grands ongulés que l'on aime bien, parce qu'ils ont une silhouette sympathique, parce que évoluant vite, ils datent bien et parce que ce sont des merveilles de construction, tellement réussies dans leur masse dissuasive, dans leur stabilité sans égale et dans la sensibilité de leur nez préhensile qui n'en finit pas. Je veux évidemment parler des proboscidiens. Les derniers mastodontes sont là et ils portent même le nom de l'Auvergne, la voisine ; les éléphants antiques sont aussi présents, un peu, mais c'est surtout la séquence des mammouths, triomphante dans son adaptation aux fraîcheurs grandissantes, le méridional, le steppique et le laineux, qui s'y est épanoui quelques millions d'années durant. Quel pays de rêve pour un mammouthologue de vivre ici, sur ces sédiments conservateurs qui offrent à chaque pas, ou presque, un bout d'ivoire, par-ci, un morceau de molaire par-là, quelque fragment de vertèbre ou d'os long ici ou là, suffisamment pour que l'on soit sûr que ces bien beaux mammifères en troupeaux y avaient bien élu domicile de manière pour le moins durable.

La Haute-Loire est ainsi, par excellence, et je pèse mon mot, le conservatoire généreux de toute la vie de tout le temps géologique de l'homme, et cela est si rare qu'il faudrait d'une façon ou d'une autre, mieux se la garder ; lisez ce livre et vous en serez, j'en suis sûr, émerveillé et convaincu.

SOURCES

« Préface », *in Le Quaternaire, limites et spécificités, Revue de l'Association française pour l'étude du quaternaire*, 2007, vol. 18, 1, p. 7.
« Préface », *in Les Applications de la géologie à la connaissance de l'environnement de l'homme fossile*, mémoires de la Société géologique de France, mémoire N. S., 160, 1992, p. 5.
« J'adore géographer », *FIG Journal*, dimanche 8 octobre 2000, p. 1.
« Préface », *in* V. Huguenot (éd.), *La Géographie, quelle histoire ! Les grands témoins racontent le Festival international de géographie de Saint-Dié-des-Vosges*, Gérard Louis Éditeur, 2009, p. 160-161.
« Préface », *Argiles*, Beaufour, 1993, p. 4-5.
« Préface », *in* B. Hirsch et B. Roussel (éd.), *Le Rift est-africain, une singularité plurielle*, IRD/MNHN, 2009, p. 9-12.
« Préface », *in* B. Senut et M. Pickford, *Geology and Palaeobiology of the Albertine Rift Valley, Uganda-ZaireII, II, Palaeobiology-Paléobiologie*, Centre international pour la formation et les échanges géologiques, publication occasionnelle, 1994, 29, p. 3.
« Préface », *in Proceedings of 1999 Beijing International Symposium on Paleoanthropology, Acta Anthropologica Sinica*, 2000, vol. 19 (suppl.), p. III-IV.
« Préface », *in* J.-P. Blais, P. Cote, X. Derobert et S. Palma Lopes, *Site de l'homme de Pékin, colline ouest. Synthèse des reconnaissances géologiques et géophysiques depuis 1996*, Fondation Électricité de France, 2005, p. 9-11.
« Préface », *in* M. Pickford et B. Senut, *Geology and Palaeobiology of the Central and Southern Namib Desert, Southwestern Africa : Geology and History of Study*, Geological Survey of Namibia, 1999, 18, p. VI-VII.
« Avant-propos », *in* F. Lacombat, D. Mol, J.-N. Borget, E. Maguc, *Haute-Loire. Des volcans, des mammouths et des hommes*, Éditions Jeanne d'Arc, 2010, p. 9.

Chapitre 3

LE CONTENU

Petites bêtes, grosses bêtes, quelques fleurs et quelques senteurs

Nous voilà au cœur du sujet, le coffre est ouvert et le trésor est là qui brille de tous ses feux ; c'est à peine une image. Un jour de juillet d'une des premières années 1970, je prospectais seul dans les sédiments alluviaux et volcaniques de la rive droite de la basse vallée du fleuve Omo, dans le sud-ouest de l'Éthiopie ; nous avions déjà passé plusieurs années à étudier la géologie du kilomètre d'épaisseur de cet extraordinaire dépôt, à le cartographier et à en « étalonner » la succession ; je savais donc précisément quelle couche (dite B) je parcourais et quel âge (3 millions d'années) elle avait, et donc quelle antiquité aurait tout fossile que j'étais susceptible d'y découvrir. Le temps de juillet était au rendez-vous, soleil sans nuages, en général un peu plus de 40 °C sans beaucoup d'air dans ces affleurements de sables clairs et de cinérites blanches (cendres consolidées) – mais j'avais, bien sûr, sur moi, ma gourde d'eau « décantée » du fleuve ; un paysage superbe, de longues falaises nord-sud (*cuestas*), très découvertes, mais rafraîchies par la ligne de verdure à l'horizon oriental, grâce à quelques percées de « forêt » riveraine qui accompagne le fleuve. Un éclat de lumière soudain frappa mon œil ; je reconnus sans peine une petite dent, une molaire, aux cuspides joufflus, d'un hominidé ; la dent était, je dirais, brun très foncé, elle n'avait pas encore été utilisée par son porteur ; aucune surface occlusale n'en cassait donc l'éclat. Beaucoup plus qu'un diamant pour moi au fond de ce coffre entrouvert, c'était une mine d'informations qui m'arrivait du temps. Mais, bien au-delà de ce régal intellectuel d'anticipation raisonnée, c'était une merveilleuse rencontre : je me sentais « rempli », comblé d'une joie intense et contenue (je n'extériorise guère), une des plus belles confirmations de ma vocation. Je ne me suis d'ailleurs pas précipité pour la cueillir, mais agenouillé, non pas pour l'adorer (je n'en ai eu ni l'éducation ni l'appel), mais pour l'admirer, en faire le tour, m'assurer aussi, plus scientifiquement, qu'elle était bien encore en partie prise dans sa gangue sédimentaire, garantissant son origine et son âge. Voilà ce qui est pour moi le sens même du contenu et sa valeur inestimable de mémoire.

La gazelle

Lorsque je me trouvais, dans les années 1960, prospectant à travers les horizons démesurés des déserts de sables, de graviers ou de diatomites du nord du Tchad, la petite équipe d'Africains qui m'accompagnait m'avait appelé Ariel ! Comme ces gens avaient l'habitude de saisir particulièrement vite les traits – les travers – de la personne désormais surnommée, je me suis inquiété de cette dénomination, d'autant plus qu'elle désignait en arabe la *Gazella dama*, la biche Robert, avec laquelle je sentais bien que je n'avais, au premier degré, que de bien rares points communs. Je n'ai pas voulu questionner directement sur les raisons de leur choix les inventeurs de l'application à mon endroit de ce joli qualificatif, et ce n'est que bien longtemps après sa mise en service – d'ailleurs discrète, au moins devant moi – que, par recoupements, j'ai appris que, comme je fouillais souvent torse nu, j'étais devenu très brun dans le dos alors que j'étais demeuré très blanc sur la poitrine... C'était une jolie leçon de poésie, de zoologie, d'éthologie, de faune sauvage, d'intimité avec une nature somptueuse où couraient alors la *Gazella dorcas*, en abondance et, par ordre décroissant, la *Gazella dama*, l'*Oryx algazelle* et l'*Addax nasomaculatus*.

Toutes ces bêtes et tellement d'autres, superbes dans leur dignité d'êtres vivants, apparaissent tout au long de ces fiches savantes de Franck, Frédéric et Michel Maës, immense travail de description, qualitative et quantitative, de situation et de caractérisation comportementale. Même si les auteurs se défendent d'avoir voulu proposer un catalogue exhaustif, la collection de mammifères et d'oiseaux (plus un reptile, le crocodile) qu'ils donnent en partage fait le tour du monde dans un climat particulièrement sain de montagnes et de forêts, de frimas et de canicules, d'averses copieuses et de grandes éclaircies ; comment ne pas rêver à la beauté des paysages de notre planète et à la diversité de leur contenu lorsque l'on parcourt les lignes denses, passionnées et passionnantes, consacrées par ces trois voix complices, au tchitou du Tibet, à l'ibex de l'Altaï ou au sitatunga d'Afrique équatoriale.

Et la chasse, me direz-vous ? Eh bien la chasse, elle est née avec l'homme, il y a des millions d'années (elle fait partie de sa définition), au moment où l'élargissement du spectre de notre régime alimentaire était devenu nécessité dans un monde qui s'était dangereusement asséché ; depuis lors, notre appareil digestif et ses prolongements physiologiques sont ceux d'organismes construits pour manger végétaux et viande et nos comportements, ceux d'êtres en quête de fruits, de graines, de légumes et de gibier. Les progrès de l'inventaire des animaux de la Terre nous ont certes peu à peu fait prendre conscience des menaces d'extinction qui pesaient sur certaines espèces et c'est alors qu'ont été établies les diverses conventions que rappelle cet Atlas responsable. Entre chasseurs, en outre, s'est instauré un code d'honneur que l'on aimerait voir pris en exemple par bien d'autres activités humaines ; je ne parle pas du rôle évident d'information, de contrôle, de régulation, joué sans cesse par la chasse sportive en de multiples territoires de la biosphère. Les données de la science sont éminemment respectables ; la mode, citadine, de « protection », à tout prix, de tous les animaux, est parfois plus émotionnelle que raisonnée.

C'est un vieil oncle par alliance, breton, quelque peu chouan, qui m'a appris, adolescent, la chasse dans mon bocage natal ; c'était alors, dans beaucoup de familles liées à la terre, tradition sans questions ; lièvres, perdrix et ramiers étaient alors l'essentiel de nos petits tableaux ; j'ai connu depuis outardes et pintades, phacochères et antilopes au Sahel et dans les savanes d'Afrique orientale, et je dois dire que j'ai éprouvé chaque fois, à chaque traque, à chaque affût, un plaisir sincère, plaisir doublé de celui de la table qui en était (toujours) la conséquence. Mais mon expérience est, il va sans dire, insignifiante, au regard de l'extraordinaire carrière des auteurs de ces portraits que je remercie encore d'avoir bien voulu, un jour, au Kenya, adopter mon féroce petit caracal et, un autre jour, en France, songer à m'offrir l'ouverture de leur album.

La vie

Jean Dorst était un ami, un vrai, sincère, loyal, fidèle. Je l'ai connu sur le terrain, baroudeur, bourlingueur, je l'ai connu au Jardin des Plantes, professeur, directeur, je l'ai connu au Quai Conti, académicien, grand électeur, mais je l'ai connu aussi chez les compagnons « explorateurs », chez des amis ou des collègues et chez lui, bien sûr ; il y était chaque fois et partout le même, sérieux et enjoué, brillant et critique, voire cynique, réfléchissant toujours et plaisantant souvent ; c'était par excellence une de ces personnalités avec lesquelles on se sent bien et on apprend tout le temps.

Nos différences d'âge et de statut n'ont jamais véritablement compté dans nos rapports et discussions – je suis entré à l'assemblée des professeurs du Muséum, alors souveraine, sous sa direction ; l'esprit de camaraderie du grand voyageur et l'esprit scientifique tout court ont toujours prévalu dans nos échanges fréquents, même lorsque le débat était contradictoire et j'avais, de toute manière, un tel respect pour l'homme et son érudition que de mauvais conflits partisans ne pouvaient naître entre nous. Et c'était mieux ainsi car, sous son calme apparent, Jean Dorst cachait un bouillonnement permanent qui se traduisait parfois par des explosions dont beaucoup certainement se souviennent.

J'ai lu, bien sûr, *Avant que Nature meure*, au moment de sa sortie, il y a une petite cinquantaine d'années ; le livre avait fait grand bruit à l'époque, mais pas tout de suite au-delà d'un cercle de naturalistes. Jean Dorst, si pondéré dans ses conversations, s'y était véritablement laissé aller à un constat froid, mais terrifiant et, du même coup, à des déclarations qui n'avaient pas l'air de lui ressembler. L'homme est comme « le ver dans le fruit », comme « une mite dans une balle de laine », écrivait-il. C'était un hymne à la nature certes, mais un cri aussi, puissant comme il savait le faire, pour que s'écrive un nouveau pacte entre l'homme et son environnement. *Avant que Nature meure* était en fait un manifeste, un vrai livre prémonitoire, que Roger Heim avait alors introduit, en le qualifiant de sévère mais raisonnable et que Roger Barbault vient d'actualiser, avec la compétence qu'on lui connaît, sous le titre positif de *Pour que Nature vive*. Il était en effet précieux de le rééditer.

Il faut se rappeler que la Terre, notre planète, a une situation particulière ; sa masse, la masse de son étoile, le Soleil, et la distance qui les sépare ont fait que l'eau y est restée liquide, que l'atmosphère ne s'en est pas échappée et que, du même coup, de manière étonnante, un état plus compliqué de la matière, la vie, y est apparu et s'y est tout de suite considérablement développé et merveilleusement diversifié. C'est donc un trésor sans pareil que nous avons autour de nous, une diversité biologique (sur une diversité minérale, ajoute, à juste raison, Roger Barbault), une biosphère précieuse et fragile, de bien peu d'épaisseur, vive, active, réactive, interactive, inventive, évolutive et qui est un patrimoine irremplaçable ; Jean Dorst parlait d'ailleurs de prendre une assurance auprès d'elle. Outre sa valeur patrimoniale incommensurable qui suffirait à justifier sa conservation, on peut ajouter, de manière beaucoup plus intéressée, que la nature gère, entre autres, notre respiration, fabrique nos sols, entretient nos eaux, traite nos déchets et que, créatrice, elle est pour l'humanité source infinie d'inspirations. Mais l'homme est invasif et comme l'humanité se porte bien et qu'elle a bien compris qu'elle était libre – elle a raison –, mais ne s'est pas bien souvenu qu'elle était aussi responsable – elle a tort –, l'anthropisation de la Terre se poursuit et n'a pas de raison de s'arrêter.

Alors que faire ? Étudier sans cesse cette nature que l'on n'a pas encore complètement inventoriée, l'étudier pour la connaître et tenter d'en comprendre les mécanismes, mais l'étudier aussi pour faire connaître sa beauté, son « imagination », ses inventions, ses stratégies, ses « trucs », ses sélections et ses adaptations et même ses échecs. On protège mieux ce que l'on connaît et aussi « ce que l'on aime », aurait ajouté Jean Dorst. « La Nature ne sera en définitive sauvée que par notre cœur ! », écrivait-il très élégamment.

La diversité de la vie

C'est toujours un honneur de recevoir la responsabilité d'introduire un travail, mais je mesure la dimension de celui que le CNRS, mon ancienne institution, me fait en m'offrant le parrainage d'un ouvrage dont elle a eu l'initiative et qui allie, de la manière la plus harmonieusement mêlée qui soit, une belle quantité d'éclairages des phénomènes complexes que sont les diversités biologiques par autant de jeunes collègues, experts de ces éclairages.

On sait que notre planète, grâce à sa masse et grâce à la distance qui la sépare de son étoile, a pu conserver son eau liquide et son enveloppe gazeuse et y développer du même coup vie et pensée. Il faut donc prendre conscience du fait que ce tissu dont nous faisons partie et que, pour le moment, on ne connaît nulle part ailleurs, représente bel et bien, malgré la modestie de son épaisseur au-dessus et en dessous du sol de la Terre, notre patrimoine, un patrimoine à la fois somptueux et extravagant.

On sait aussi que le vivant, né il y a 4 milliards d'années dans l'eau sur la Terre, s'est vite compliqué et organisé (au point d'ailleurs qu'une partie de ce vivant est devenue aussi pensante), comme l'avait fait avant lui la matière dans l'Univers, mais qu'il s'est aussi très vite diversifié en fonction des environnements, des latitudes, des longitudes et des altitudes dans lesquels il s'est installé. Et cette diversification l'a fait, chaque fois, dans chaque milieu, s'organiser en une sorte de société, qu'on appelle écosystème, et qui tient le temps de la stabilité du milieu en question, de celle des rapports avec les écosystèmes voisins et de celle des relations des éléments du même écosystème entre eux... Quand il ne tient plus, il se défait et forme un nouvel écosystème d'une autre composition ou d'autres proportions et ainsi de suite. L'évolution est l'histoire de la transformation des êtres vivants, mais aussi celle de leurs interrelations.

Des milliards d'années ont ainsi créé des milliards d'espèces – la vie est extrêmement inventive et en même temps très limitée (ordonnée) par les contraintes génétiques qu'elle s'est données – et des milliards d'écosystèmes, et c'est dans cet élan et avec ces règles-là qu'il y a presque 3 millions d'années est né le genre *Homo*, l'homme. Ses parents « préhumains », debout et bipèdes depuis bien longtemps et qui étaient alors partie prenante de la biodiversité de la savane arborée des tropiques de l'Afrique, se sont trouvés confrontés à un changement climatique important, plus frais ailleurs, plus sec là, et ils s'en sont sortis en développant une denture d'omnivore (précédemment majoritairement végétariens, ils se sont mis à consommer de la viande) et un cerveau plus gros, plus compliqué, mieux irrigué. Et c'est de cette situation, acquise par nécessité, qu'est né un degré meilleur de réflexion, créateur d'un environnement nouveau que l'on nomme culturel. Aux côtés des diversités naturelles (ou biodiversités) venaient de naître les diversités culturelles (ou culturodiversités), tout aussi fécondes que les premières, avec cette fois liberté et responsabilité pour caractéristiques.

Mais comme la conscience nouvelle-née permet à l'homme d'agir sur son environnement et de le transformer à sa guise à son profit, tout ira apparemment bien tant que les ressources seront durables (se reconstitueront), mais n'ira plus lorsqu'elles ne le seront plus. Et nous en venons à la prise de conscience actuelle.

Comme, à bien des égards, ce livre est un exemple précieux, j'oserais dire un modèle, de pensée savante, honnête, partagée, consciente de la difficulté de l'objectivité et de la nécessité d'une certaine subjectivité, face à notre humanité pensante confrontée à la lecture de la réalité du monde et à celle du miroir qu'elle se tend ! Le vivant est complexe et de plus en plus lié à l'homme (et réciproquement), mais les cultures le sont aussi et leurs approches du vivant diffèrent.

Dans une introduction comme celle-ci, je voudrais exprimer, à ce niveau, quelques réflexions simples sur les biodiversités et ce qu'il me semble que l'on doive retenir d'elles.

N'oublions pas, pour commencer, que nous avons besoin d'elles en permanence, pour entretenir nos eaux par exemple, fabriquer nos sols, dégrader nos déchets (ce n'est pas pour rien qu'on les appelle biodégradables). N'oublions pas qu'elles font ainsi partie de notre environnement quotidien sans que nous nous en rendions compte – tant qu'elles sont là –, y compris de notre environnement interne et intime (nous avons environ 400 espèces vivantes en nous, vivant de nous, sans compter les mitochondries, êtres vivants à part entière qui se sont installés il y a bien longtemps dans nos cellules !).

N'oublions pas qu'elles sont pour l'homme source d'information et d'inspiration sans limites. Un exemple parmi des milliers : les manchots conservent des mois du poisson dans leur estomac pour nourrir leurs petits, sans que cette nourriture ne s'altère, grâce à une protéine que l'on s'efforce bien sûr de synthétiser désormais pour notre propre usage.

Enfin, apprenons aussi à anthropiser proprement la Terre – puisque ce mouvement n'a pas de raison de s'éteindre tant que nous n'aurons pas colonisé d'autres planètes – en toute connaissance de cause et en toute responsabilité. Détruire une plante ou un animal nuisible à nos cultures paraît par exemple une opération possible et souvent pour nos technologies assez simple. Mais nos technologues oublient parfois que la plante ou l'animal en cause fait partie d'un de ces écosystèmes dont nous avons parlé, et que la destruction d'un des membres dudit écosystème détruit aussi l'écosystème lui-même ; cette intervention incite donc un nouvel écosystème à se mettre en place, avec des conséquences imprévisibles et parfois désastreuses. La destruction massive en Chine d'un parasite (une chenille) des plantations de coton a entraîné une prolifération de punaises, devenues dominantes dans un nouvel écosystème privé de leur prédateur principal, détruit par l'homme pour le profit de son agriculture.

Le sujet est immense et ses intrications multiples ; sa complexité naturelle est déjà grande en elle-même d'autant plus qu'elle est en mouvements incessants. L'injection de l'homme et de ses systèmes dans les systèmes naturels ne simplifie pas les choses. En les étudiant et en les faisant connaître, on peut néanmoins parvenir à des actions de conservation, d'observation, d'interventions en meilleure connaissance des causes et de ses effets. C'est ce que ces jeunes biologistes, écologistes, économistes, sociologues, philosophes se sont efforcés de faire. Je suis certain que leurs lecteurs seront séduits, comme je l'ai été moi-même, par le travail de chacun d'entre eux et leur vrai travail commun. J'imagine sans peine la difficulté de ce dernier entre disciplines aux langages, formations, traditions et conceptions *a priori* différents, mais *a posteriori* complémentaires.

Je redis ma gratitude aux initiateurs de l'entreprise et au Centre national de la recherche scientifique et ma fierté d'avoir pour filleuls cette cohorte de jeunes chercheurs que j'admire et que j'espère ne pas avoir trop trahis.

La complexité de son organisation

Quand j'ai reçu le manuscrit de Jean-Claude Lefeuvre et de Jean-Pierre Mouton, « Mont-Saint-Michel » évoquait pour moi, comme pour tant d'admirateurs d'architecture médiévale et de sites grandioses, cette image d'une terre émergée, construite, triangulaire, bien circonscrite, bien proportionnée, élégamment coiffée d'une flèche, se reflétant dans une baie sereine comme le lieu et vers laquelle couraient, au milieu de sables que l'on disait mouvants, mille eaux zigzagantes. Cette image était d'ailleurs dans ma tête très vivante puisque j'avais été conduit au Mont très tôt, par des parents épris de la beauté et de la solennité de ce que l'on appelle toujours aujourd'hui une des sept merveilles du monde, et que j'y étais retourné à plusieurs reprises, à différentes étapes de mon existence, en différentes compagnies.

Deux autres souvenirs, de nature bien différente, me viennent d'ailleurs à l'esprit en même temps que l'image évoquée ; le premier est gastronomique : ma famille maternelle, qui habitait Vannes, était étonnamment fidèle à Pâques au gigot de pré salé des rivages de la baie ; c'était, disait-on, de tous les agneaux du monde, de loin le meilleur ! Le second est partisan ; cette même famille et, du même coup, moi-même étions désespérés (le mot est peut-être un peu exagéré) que le Mont soit en Normandie !

Cette image d'Épinal s'était tout de même un peu enrichie, au fil des années, grâce à quelques connaissances acquises en préhistoire – j'avais travaillé sur les mammouths du site néandertalien du Mont-Dol, un autre pointement granitique du même paysage –, en protohistoire – j'avais étudié les exploitations gauloises du sel marin des côtes bretonnes et normandes –, en géologie – j'avais quelque idée simple de l'ensablement inexorable du lieu que la construction de la digue-route n'avait pas arrangé – et en biologie – Jean-Claude Lefeuvre m'avait à plusieurs reprises entretenu des problèmes liés à la coexistence complexe de divers écosystèmes et des hommes.

Mais ce livre, par son érudition active – les auteurs sont aussi des acteurs –, est venu généreusement répondre à toutes les questions que je me posais ou que je pouvais me poser sur la genèse du site, sur l'histoire de la construction du Mont et sur la mise en place, en perpétuel réajustement, des mondes animaux, végétaux et humains. En oubliant la personnalisation du modèle, c'est une superbe démonstration de ce que peut être la complexité d'un site, quel qu'il soit, et de la manière dont les habitants s'y organisent en accords et conflits permanents.

C'est Jean-Claude Lefeuvre qui pose d'abord, comme il se doit, les bases géologiques de la construction de la baie et il prend le recul qui convient puisque c'est de l'histoire du socle précambrien qu'il s'élance. Cette longue et passionnante épopée, où se succèdent et s'entremêlent intrusion, érosion, sédimentation, tectonique, transgression et régression, glaciations et réchauffements, assèchements et drainages, nous apprend déjà, s'il en était besoin, que rien n'est stable et que changements climatiques et oscillations du niveau marin, avec tout ce que cela entraîne, ne sont pas événements nouveaux.

C'est encore Jean-Claude Lefeuvre qui place, dans ce décor désormais planté, les hommes de la préhistoire (les premiers pourraient avoir 700 000 ans) et ceux de l'histoire ancienne jusqu'à ce que leur empreinte apparaisse sur le Mont-Tombe. Il n'est d'ailleurs peut-être pas impossible que la première société agricole de ces grandes provinces de l'Ouest, société puissante et hiérarchisée, bâtisseur de la première architecture monumentale du monde, ait eu envie de planter sur cette butte, bien en vue des dieux du ciel néolithique et des hommes, comme elle le faisait partout, un de ses tumulus-tombes. Il est amusant de rappeler que le plus important de ceux de Carnac, vieux de peut-être 7 000 années (350 000 tonnes de pierres et de vase), quand il a été christianisé, a été dédié à saint Michel. Les bâtisseurs du VIIIe siècle n'ont pas fait état de semblable monument, mais Jean-Pierre Mouton n'a pas manqué d'évoquer la possibilité – la probabilité même – de l'occupation du Mont bien avant Aubert.

Et voici donc l'historien en selle. C'est un régal de le suivre dans ses exégèses des récits de fondation du Mont, de sa dédicace et de son évolution et dans ses descriptions des constructions successives, démolitions, reconstructions, ajouts, jusqu'à parvenir au Mont bâti tel qu'il se présente aujourd'hui.

On ne peut guère avoir en effet une meilleure histoire des bâtiments et des hommes que celle que nous conte Jean-Pierre Mouton. L'enchaînement des personnalités, de leurs influences et de leurs actions, les fluctuations des effectifs, des terres et de leurs rapports durant un peu plus d'un millénaire de vie monastique se déroule au fil de quelques pages bien denses, mises chaque fois en perspective politique et économique. L'histoire des deux derniers siècles n'est pas pour autant négligée ; ouvert, si l'on peut dire, aux prisonniers d'abord, puis, depuis cent cinquante ans, aux touristes et, de manière discontinue et modeste, à des pères et sœurs, moines et moniales, le Mont, reconnu par le label du patrimoine mondial, fait l'objet désormais de beaucoup d'attention de nos autorités culturelles, ce qui est évidemment fait pour nous réjouir.

Et Jean-Claude Lefeuvre reprend la main pour le morceau de bravoure que constituent le catalogue raisonné des ressources naturelles et celui, tout aussi argumenté, de leur exploitation, et puis la liste de ce que l'auteur appelle les unités paysagères, héritage de leur anthropisation, l'étude de l'aménagement de l'ensemble au mieux de l'intérêt de ses riverains, de la sauvegarde du site et du respect de l'extraordinaire diversité biologique qui l'habite, et celle de la gestion actuelle et à venir de ce système incroyable. Jean-Claude Lefeuvre possède parfaitement cet immense sujet, immense dans ses ramifications et leurs interrelations, et ses pages resteront à coup sûr longtemps le meilleur condensé – on pourrait dire le meilleur « énoncé » – d'un problème d'autant plus complexe qu'il est vivant.

Songez que, au Mont-Saint-Michel, il y a des poissons, des crustacés, des coquillages, mais aussi des sarcelles et des canards sauvages ; songez qu'il y a des pêcheries pour les uns, des parcs et des bouchots pour les autres, des gabions pour attendre les derniers ; songez qu'il y a bien sûr du sel et de la tangue le long de la baie, mais aussi des auréoles de bocages, de marais salés et un estran démesuré ; songez que l'on récolte les premiers, que l'on cultive ou que l'on fait pâturer sur les seconds et que l'on pêche à pied sur le dernier ; mais songez aussi que de petits vers discrets et de multiples mollusques construisent des récifs, des banquettes, des cordons, qui enrichissent la baie en matière organique et participent à la santé de sa flore et de sa faune (100 espèces de poissons) ; que 165 espèces d'invertébrés occupent l'estran, 67 espèces végétales, 80 d'araignées, 55 de coléoptères, les marais salés... et je ne parle pas des mondes bactériens à l'action insidieuse, mais précieuse, de ceux des diatomées qui donnent leur couleur aux moules, ni des centaines de milliers d'oiseaux qui résident ou séjournent dans ce pays qu'ils aiment – et on les comprend.

Toute cette vie s'organise tant bien que mal en systèmes écologiques en équilibre quelque temps, puis vite déséquilibrés pour retrouver de nouveaux équilibres différents des premiers, etc. Or ces équilibres n'ont cessé d'être bousculés par l'« appropriation des ressources », chaque fois qu'elle était excessive, par la mécanisation agricole et le remembrement des terres, par les poldérisations, les canalisations, les endigages, aux limites des terres et des eaux, etc.

Grâce à des travaux de nombreux chercheurs, plusieurs programmes officiels aux sigles compliqués se sont intéressés à la baie du Mont-Saint-Michel et au Mont lui-même, à leur santé et à leur évolution. Mais chaque organisme a ses propres compétences et, du même coup, ses propres objectifs qui ont de la peine – même si la bonne volonté est totale – à tenir compte de ceux des autres. Les systèmes « s'imbriquent » et « se superposent » parfois, dit Jean-Claude Lefeuvre, qui est bien le seul naturaliste à pouvoir véritablement intégrer l'ensemble de ces mondes et à proposer les meilleures conditions de sauvegarde du Mont « en baie » et les intérêts de tous les exploitants des milieux qui l'entourent. Et la conclusion de l'auteur est sage : il faut organiser, dit-il, des rencontres fréquentes des experts et entretenir entre eux un dialogue permanent.

Les propos de Jean-Claude Lefeuvre et de Jean-Pierre Mouton sont d'autant plus agréables à suivre qu'une extraordinaire iconographie – le mot n'est pas trop fort – projette le lecteur dans une baie souvent méconnue et l'introduit dans un Mont-Saint-Michel encore secret ; c'est le talent hors norme d'André Mauxion qu'il convient de saluer ici. La pierre, le sable, la tangue, les marais, la baie éclatent sous les objectifs, ou épousent, grâce à lui, la spiritualité des lieux ; on s'étonne devant ces oiseaux venus d'ailleurs, on scrute toute une vie sauvage qui ne se livre d'ordinaire jamais et on rencontre, ici ou là, bergers, chasseurs, pêcheurs à pied, conchyliculteurs.

Ce livre est de loin le mieux illustré et le plus complet du si extraordinaire Mont-Saint-Michel ; leçon d'histoire et leçon de sciences naturelles – le terme est un peu désuet, mais si joli ; c'est d'un traité qu'il s'agit. J'en salue l'excellence et suis certain d'être suivi par tous les lecteurs pour peu qu'ils soient curieux et admirateurs du lieu.

Mes grands-parents et mes parents sont morts depuis longtemps. Je demande donc l'intercession de l'éditeur et celle de l'Archange pour leur transmettre ce message : une association interdépartementale Manche (Normandie)-Ille-et-Vilaine (Bretagne) vient d'être créée ; le pays de la baie du Mont-Saint-Michel, sans devenir totalement breton, est ainsi tout de même enfin partagé !

Son rangement

« N'oubliez jamais que vous êtes un biologiste et non un philatéliste », me disait mon vieux patron Camille Arambourg, professeur au Muséum national d'histoire naturelle, merveilleuse manière de me rappeler, vous en conviendrez, que l'ossement fossile fragmentaire que j'étais en train d'examiner ne devait pas me faire perdre de vue qu'il avait été entier, qu'il avait fait partie d'une articulation et d'un squelette, qu'il était alors habillé de ligaments, de tendons, de muscles, de tissu conjonctif, de nerfs, de vaisseaux, de peau, que cet ensemble anatomique avait lui-même fait partie d'un organisme et que cet organisme avait été vivant.

Ce conseil pourrait évidemment s'appliquer de la même façon à quiconque serait penché sur la description un peu trop exclusive d'une molécule, d'une cellule ou d'un tissu, d'un organe ou d'un organisme, d'une population ou d'une espèce, d'un genre, d'une famille, d'un ordre, d'une classe, d'un embranchement, d'un règne...

Le monde est un et il a une superbe cohérence, en équilibre à chaque instant, et la première chose à apprendre aux enfants des hommes est sans doute que la Terre est née de l'Univers, la vie de la matière, l'homme de la vie animale et l'esprit de l'homme du développement de son système nerveux. L'histoire des astres, celle de la vie, l'histoire de l'homme, l'histoire de sa pensée sont une seule et même histoire, sont l'Histoire. L'avènement de la réflexion est un événement cosmique et l'homme est enfant des étoiles.

Depuis que l'homme sait qu'il sait, il a remarqué cette cohérence, même s'il n'en a pas toujours lié les éléments et il a donné des noms aux animaux, aux plantes, aux roches, à sa tribu et à celles des autres, aux régions de son territoire, aux saisons de son existence, et à ses enfants aussi. Lorsque les hommes ont découvert de nouveaux moyens d'exploration, ils ont ajouté d'autres noms aux objets de l'infiniment grand ou à ceux de l'infiniment petit auxquels ils avaient désormais accès, pour les mêmes raisons de commodité.

Eh bien, la systématique, que j'ai ici pour tâche de défendre, n'a pas d'autre fonction que celle d'appeler les choses, en l'occurrence les êtres, par leurs noms et de les ranger en un système.

Pendant les quelques premiers millions d'années de leur existence, les hommes ont dû nommer et enseigner en priorité les plantes et les animaux dont ils avaient usage ou crainte ; et puis sont nés les mythes et, avec eux, une classification parallèle des plantes et des animaux sacrés : chacun sait que l'artiste de Lascaux, il y a 17 000 ans, peignait chevaux, bisons ou rhinocéros et ne mangeait ou presque que des sandwichs au renne. L'agriculture et la domestication vinrent ensuite, qui ajoutèrent une troisième catégorie aux deux premières, celle des animaux que l'on apprivoise et des plantes que l'on cultive et la systématique a dû alors faire, dans ces domaines, d'extraordinaires progrès. Et, quand est apparu l'esprit rationnel, est apparu la classification hiérarchique, raisonnée des êtres, l'échelle de la nature, disait Leibniz. Mais cette échelle ne prenait encore en compte que les êtres vivants : il lui manquait la dimension du temps.

Bien que l'homme de Neandertal ait été il y a 80 000 ans le premier curieux à ramasser des fossiles parce qu'ils avaient sans doute des formes étranges qui l'intriguaient, on ne peut guère parler de paléontologie qu'à partir du XVIIIe siècle. Plantes et animaux ayant vécu vinrent s'ajouter à ceux vivant dans une extraordinaire fresque, diachronique cette fois, de 4 milliards d'années d'histoire naturelle. Il n'est alors plus de biologie sans dimension historique.

Quand les paléontologistes ont en effet constaté que les plus anciennes couches géologiques de la Terre, celles que l'on sait aujourd'hui avoir près de 5 milliards d'années, ne contenaient aucune trace organique, ils ont déclaré que tout avait l'air de s'être passé comme si la vie était née de la matière ; ils donnaient du même coup à la vie une origine et une date de naissance.

Quand ces mêmes paléontologistes ont constaté que les plus anciennes traces de vie qu'ils découvraient, celles que l'on sait aujourd'hui avoir près de 4 milliards d'années, étaient extrêmement simples (des algues bleues, des bactéries) et que les traces suivantes, moins anciennes, semblaient provenir d'êtres de plus en plus compliqués et de plus en plus diversifiés au fur et à mesure que s'écoulait le temps, ils ont déclaré que tout avait l'air de se passer comme si la vie n'était pas stable et comme si, à partir du moment où elle existait, elle avait tendance à se transformer avec le temps dans le sens d'une complication croissante. Ils donnaient ainsi à la vie une dynamique que l'on appellera plus tard évolution.

Quand ces paléontologistes ont ensuite réalisé que les êtres les plus proches d'autres êtres étaient toujours, sans exception, ceux des couches géologiques les plus proches de celles contenant ces autres êtres, ils ont déclaré que tout avait l'air de se passer comme si ces ressemblances et ces proximités traduisaient des enchaînements et comme si tous les êtres vivants appartenaient en fin de compte à une seule et même filiation, à un seul et même arbre généalogique.

Avec les fossiles, la classification prenait désormais les traits d'un arbre phylétique.

Et la paléontologie va s'efforcer, deux siècles durant, de bâtir cet arbre, en s'appuyant sur l'anatomie comparée et la typologie, et puis, depuis une quarantaine d'années, sur une évaluation plus rigoureuse de la signification des caractères entrant dans ces comparaisons et sur les cladogrammes que cette évaluation (que l'on appelle cladistique) permet d'obtenir.

Depuis une quarantaine d'années aussi, de très précieuses approches biochimiques et moléculaires sont venues compléter, conforter, corriger parfois, les classifications morphologiques précédentes. Elles consistent à mesurer le degré de ressemblance ou de différence immunologique (distances antigéniques) ou moléculaire (comparaisons quantifiées des séquences d'acides aminés, des séquences d'acides désoxyribonucléiques, des hybridations d'acides désoxyribonucléiques, des pseudogènes, etc.) entre des organismes, quelle que soit la position de ces organismes sur l'arbre phylétique. Ces données débouchent sur des dendrogrammes de la très grande précision que l'on imagine dans l'établissement des degrés de parenté existant entre les êtres, mais elles ne peuvent être recueillies que sur des formes vivantes ; il faut ensuite supposer que la hiérarchie actuelle de ces organismes reflète le sens de leur succession, et raconte l'histoire.

Enfin depuis vingt ans seulement, la mise en évidence des bandes existant sur les chromosomes, et jusqu'alors non décelables, a permis une analyse comparée des caryotypes particulièrement poussée ; comme pour la biochimie ou la biologie moléculaire, cette collecte d'informations n'a pu et ne peut se faire que sur des espèces vivantes et, pour ces disciplines aussi, elles peuvent être rangées dans l'ordre de complication croissante qui est celui probable de l'enchaînement des êtres étudiés (cohérence de la succession des cartes chromosomiques) ; la cytogénétique, puisque c'est son nom, est ainsi parfois très éloquente ; elle a déjà apporté bien des précisions, bien des révisions, bien d'utiles confirmations ou non à la systématique.

Quelle mouche a donc piqué les décideurs de programmes ou les faiseurs de modes ? Comment prétendre étudier avec quelque profit une globine ou un cytochrome, un chromosome ou même un caryotype tout entier sans en connaître très précisément le porteur ? Comment penser décrire avec quelque intérêt un fossile sans en connaître l'âge, un animal sans en connaître la niche, une niche sans en connaître l'écosystème ? J'ai la désagréable impression de dire des évidences et d'être contraint pour convaincre d'ouvrir à nouveau, vingt ans après sa mort, l'album de timbres-poste que Camille Arambourg m'avait demandé de veiller à laisser fermé.

Au moment où la systématique s'enrichit de manière extraordinaire de l'information biochimique et moléculaire, de celle de la cytogénétique et de bien d'autres données encore, enzymatiques, hématologiques, physiologiques, embryologiques, éthologiques même, au moment où sa perspective historique immense a trouvé de nouvelles méthodes de mise en ordre et de mise en lignes, au moment où la systématique se trouve donc en mesure de faire des progrès considérables, on déséquilibre, comme par plaisir, dans l'enseignement et dans la recherche, les disciplines intimement liées que je viens de citer, sous des prétextes d'intitulés différents, de plus ou moins grandes nouveautés, de plus ou moins fortes séductions instrumentales.

Il n'est sans doute pas inutile donc de rappeler qu'il convient, avant toute chose, de reconnaître, de nommer et de ranger les organismes qui feront ensuite l'objet d'analyse à d'autres niveaux. C'est une question de bon sens et d'ordre. Il n'est sans doute pas inutile, non plus, de rappeler qu'il convient de répertorier les organismes qui font partie de nos environnements et leurs interactions, ne serait-ce que pour aider les mouvements de bonne volonté que l'on appelle « écologiques » et le ministère de bon aloi que l'on appelle « de l'Environnement ». Si l'on ne connaît pas les êtres dont on scrute les molécules, si l'on ignore de quoi est fait l'équilibre d'un milieu, on ne fait qu'avancer cul par-dessus tête et chacun peut comprendre que ce n'est pas la manière la plus efficace d'avancer.

Cet exemple d'aujourd'hui ne fait, hélas, que trop penser à ces gouvernements à courte vue qui s'imaginent qu'en supprimant la recherche fondamentale, la recherche appliquée en sera d'autant plus favorisée et qui, bien sûr, oublient que la recherche appliquée – les biotechnologies par exemple – n'est bien évidemment que l'application de la recherche fondamentale. Et que l'on ne me dise pas que certaines recherches sont plus propices que d'autres à l'application. Ce serait là encore méconnaître la structure du monde et la manière dont la science, qui n'a pour fonction que de la découvrir, progresse.

Je vais vous raconter trois histoires personnelles ; la première à la gloire de la systématique, la deuxième voulant illustrer le lien direct qui existe parfois entre la science la plus fondamentale – certains diraient gratuite –, en l'occurrence la systématique, et l'application de la science, et la troisième se proposant de démontrer un autre type de lien auquel je tiens beaucoup et qui est celui qu'entretiennent sciences biologiques et sciences humaines.

J'ai travaillé dix ans à la limite du Kenya, de l'Éthiopie et du Soudan ; j'avais là une équipe d'une cinquantaine de personnes, et un besoin important d'eau consécutif que l'on peut imaginer, eau pour se laver, eau pour laver, eau pour faire la cuisine, eau pour boire. À 4 kilomètres de mon camp coulait un très beau fleuve, l'Omo, d'une centaine de mètres de large et qui descendait du plateau éthiopien pour se jeter, 50 kilomètres plus au sud, après un parcours d'un millier de kilomètres, dans le lac Turkana au Kenya. L'alimentation en eau était donc simple. Mais la période de mes travaux – de juin à septembre – se trouvait être la saison des pluies en amont, de sorte que l'eau que me livrait le fleuve était une eau brune, presque rouge, couleur jus d'orange (il m'est arrivé de me tromper), une eau lourde d'une forte charge en sédiments. Il me fallait donc la laisser longtemps décanter avant de pouvoir m'en servir. Lorsqu'un jour les Nyangatoms, population nilotique vivant là au bord du fleuve, m'apprirent à utiliser la racine, un peu tuberculeuse, d'un épineux. Cette racine agitée dans cette eau pleine de sédiments plus ou moins argileux avait l'extraordinaire propriété de faire floculer les sédiments argileux en question ; on assistait à un éclaircissement progressif de l'eau pendant les premières minutes d'agitation de la racine, puis à l'apparition d'une eau d'une limpidité quasi totale, tout à coup, conséquence de la chute spectaculaire et soudaine au fond du contenant de tous les sédiments en suspension. Mais il y avait une condition à cette réussite : choisir la racine du bon acacia. Deux espèces d'acacias, en effet, donnaient les racines à pouvoir floculant ; mais l'une empoisonnait l'eau, l'autre pas. Les connaissances empiriques en systématique botanique des Nyangatoms, complétées par celles très érudites des botanistes de mon équipe, m'ont permis de faire boire dix ans l'eau du fleuve Omo décantée à la racine d'acacia, sans tuer personne.

J'ai travaillé sept ans le nord du Tchad. Ma recherche dans ce pays, au lieu de se concentrer, comme en Éthiopie, sur l'exploitation d'un gisement, s'était plutôt orientée vers une large exploration paléontologique d'une vaste région appelée Borkou et couvrit probablement entre 100 000 et 200 000 km^2. J'ai reconnu, dans cette province, plusieurs centaines de sites fossilisés et j'y ai récolté plusieurs dizaines de milliers de fossiles que je me suis donc donné pour tâche de déterminer génériquement et spécifiquement. Cette étude systématique, comme animaux et plantes ne passent qu'une fois par un certain stade d'évolution, m'a permis de dater les faunes en question et les terrains qui les contenaient et cela m'a donc conduit à dessiner la carte géologique de la région. Or les services géologiques de la capitale, que l'on appelait alors

Fort-Lamy – et que l'on appelle aujourd'hui N'Djamena –, savaient depuis longtemps, par des études hydrologiques, que l'eau se trouvait très facile d'accès sous les terrains quaternaires et pratiquement inaccessible (trop profonde) sous les terrains tertiaires, mais ces mêmes services ne parvenaient pas, sur des bases purement géologiques et sédimentologiques, à différencier ce qui était tertiaire de ce qui était quaternaire. La systématique des vertébrés fossiles y parvint. Et mes expéditions de recherche fondamentale furent suivies de missions du service de l'hydraulique pastorale, venues forer des puits là où j'avais reconnu des terrains quaternaires. Cet accroissement du nombre des points d'eau accrut, du même coup et considérablement, les zones de pâturages exploitables par les nomades toubous et leurs troupeaux de chameaux ou leurs troupeaux de vaches selon la latitude. On était passé sans transition de la systématique d'animaux de millions d'années à l'eau des hommes d'aujourd'hui et de leur bétail.

Retournons pour finir à la basse vallée de l'Omo, dans le Sud éthiopien, avec cette fois l'étude des hommes. Ce ne sera pas, pour la troisième anecdote, une illustration à proprement parler de la systématique des organismes, mais celle d'une systématique d'un autre niveau, le niveau sérique, et, en même temps, un exemple du passage sans solution de continuité, sans rupture, entre biologie et culture, comme nous avons déjà vu des passages aussi souples entre biologie des organismes et biologie cellulaire ou moléculaire, homme et vie, vie et matière, etc. J'avais donc constitué, au bord du fleuve Omo, une équipe scientifique très diversifiée, de manière à étudier le plus grand nombre de domaines possibles dans cette région du monde très peu connue ; cette équipe était faite de géologues, de paléontologistes, de palynologistes et de préhistoriens bien sûr, mais aussi de zoologues, de botanistes, de parasitologistes, de virologues, d'épidémiologistes et encore d'anthropologues, de généticiens, de linguistes, d'ethnographes et d'ethnologues. Un des parasitologistes, le docteur François Rodhain de l'Institut Pasteur, se lança un beau jour dans un programme d'études immunologiques des populations nyangatoms locales ; il réalisa chez ces gens une campagne de prises de sang, recueillit des sérums, détermina les anticorps présents et en établit la carte ; et il aboutit à une curieuse répartition sérique, un enchevêtrement particulièrement complexe de petites zones juxtaposées, d'autant plus difficile à admettre que les personnes prélevées étaient toutes de la même ethnie, forte d'à peine quelques milliers de membres. Pendant ce temps, l'ethnologue Serge Tornay, de l'Université de Genève, étudiait par informateurs interposés les stratégies matrimoniales de ces mêmes Nyangatoms, leurs alliances préférentielles au travers d'un réseau compliqué de groupes et de sous-groupes nombreux ; il en établissait la carte et parvenait à une curieuse répartition des mariages, un enchevêtrement particulièrement complexe de petites zones juxtaposées, d'autant plus difficile à admettre que les personnes interrogées étaient toutes de la même ethnie, forte d'à peine quelques milliers d'individus. Vous avez déjà compris que, partant du sang ou partant de la tradition, biologiste et ethnologue étaient parvenus à la même carte.

Quelle est la signification de ces trois histoires ? Trois fois, à trois niveaux différents, au niveau générique d'une même biozone, au niveau spécifique d'un même genre, au niveau sérique d'une même population, la systématique a été la base, le point d'appui de trois actions, la sécurité d'un usage ponctuel, l'initiation d'une opération d'envergure, la lecture de l'organisation d'un groupe humain.

Mais par-delà ces souvenirs personnels, il serait simple de trouver mille exemples de l'intérêt, de l'utilité, de la nécessité de l'usage de la systématique. Je vous dirai en vrac que si vous ramassez des champignons, je vous recommande la pratique de la systématique des cryptogames, si vous souffrez de paludisme, je souhaite que le laboratoire qui examinera votre sang ait quelque idée de la systématique des plasmodiums, si vous vous lancez dans l'exploration pétrolière, j'espère que les micropaléontologistes qui examineront vos carottes auront de bonnes notions de la systématique des foraminifères, vous pourrez faire dans le premier cas l'économie de votre vie – l'amanite phalloïde, comme chacun sait peut tuer ; dans le deuxième, vous pourrez éviter, en ne soignant pas le « bon » palu, d'y laisser encore une fois votre âme ; dans le troisième, la détermination des espèces adéquates de foraminifères que l'on sait liées aux nappes d'hydrocarbures vous fera faire d'extraordinaires économies de forages, etc.

Les animaux et les plantes sont chaque jour dans notre assiette, pour le meilleur, mais aussi dans nos corps, nos élevages et nos cultures, parfois pour le pire ; ce simple constat devrait suffire à faire comprendre l'importance de la systématique et de la biologie à tous les niveaux, milieu, population, organisme, tissu, cellule, molécule.

Mais j'aurais tendance à remonter de ces applications évidentes et multiples à la seule connaissance ; la connaissance scientifique est en effet aujourd'hui, encore plus que précédemment, une partie de la culture tout court. La connaissance de la vie et des êtres vivants, dont la Terre, notre planète, est peut-être curieusement la seule bénéficiaire, est une garantie pour la préservation intelligente de nos environnements et pour l'information de nos décideurs à leur égard. Le monde vivant est merveilleux dans son unité comme dans l'extraordinaire diversité de ses adaptations ; ne le gâchons pas par ignorance ; apprenons-le et faisons-le apprendre très tôt à nos enfants.

La science est difficile, très difficile parce que le monde est complexe, très complexe. Il n'est évidemment pas possible de couvrir seul le champ de la connaissance, même pas le champ de la biologie ; les scientifiques, devenus des spécialistes, ne feront que se spécialiser davantage, en diversifiant leurs méthodes, leurs approches, leurs éclairages. Mais, que l'on ne s'y trompe pas : toutes ces roues que nous nous efforçons de faire tourner appartiennent au même chariot ; s'il y en a qui grippent, c'est l'ensemble qui s'arrête.

Ce qui a été reproché à la systématique, c'est probablement son âge par rapport à celui d'autres branches de la biologie, et c'est aussi son obsession du rangement, dans des tiroirs gigognes, de tous les êtres de la Terre ; j'aurais tendance à dire que, personnellement, c'est précisément ce qui, en la systématique, m'a séduit ; son âge a le poids respecté de l'histoire, sa manie de l'ordre, la démarche fascinante de la science et de sa logique.

Alors ministères, programmateurs, décideurs, tempérez vos engagements, répartissez mieux vos enseignements et vos moyens, remettez vite de l'huile sur la biologie des organismes et sur la systématique, au même titre que sur toutes les autres sciences de la nature : le chariot de la biologie grince !

Son inventaire

Grâce aux progrès surprenants de l'astrophysique, on peut désormais raconter les 15 derniers milliards d'années de l'histoire de l'Univers ; grâce aux travaux magiques de la physique, on peut dater les différentes étapes de cette histoire ; grâce aux développements fulgurants de l'électronique et des disciplines qui en bénéficient, on communique instantanément avec n'importe quel point de cet Univers... pour peu qu'on y ait un correspondant.

Or, dans ces immensités de l'espace et du temps, la vie nous semble pour le moment étonnamment circonscrite à la Terre et aux 4 derniers milliards d'années de son histoire. Comme nous en faisons partie, ce phénomène et toute son extravagante production nous apparaissent paradoxalement beaucoup plus proches et plus familiers qu'on ne les avait imaginés.

Grâce aux recherches patientes de la paléontologie, de la zoologie, de la botanique, on sait désormais que tous les êtres vivants qui existent ou ont existé appartiennent à un seul et même arbre généalogique ; grâce aux découvertes brillantes de la biologie moléculaire, on a la confirmation de cette homogénéité par la mise en évidence de l'extraordinaire unicité du plan de base de tous les organismes ; grâce aux lectures précises de la génétique, on a compris que la multiplicité individuelle et spécifique des formes constituait la richesse de la vie.

Il en est résulté, est-il besoin de le dire, un tout nouveau regard sur le monde vivant. Quelles que soient l'ampleur et la complexité de leur système de filiation, tous les êtres apparaissent comme les membres d'une même famille. Et, comme nous appartenons à cette famille, cette parenté avec plantes et animaux – quel que soit son degré – nous a révélé le prix de ce monde et nous a donné une raison de plus, désormais affective, de le préserver dans sa totalité et sa diversité.

Ce livre monumental est donc à la fois un inventaire alphabétique et une encyclopédie raisonnés de la partie animale de la famille en question. Ce n'est en effet pas la moindre de ses qualités que de pouvoir se vanter d'offrir un discours sur la totalité du règne qu'il traite ; on y fait, au sens propre, le tour du sujet : on en visite les variations, leur phylogénie, leur ontogénie, leur structure, leur fonctionnement ; on en mesure les dimensions et on en situe les limites.

Cet ouvrage est par suite – comment pourrait-il en être autrement ? – un hymne à la gloire de la systématique, science en pleine croissance, s'il en est, devenue beaucoup plus riche et beaucoup plus rigoureuse dans son traitement et ses diagnoses. Est-il besoin de rappeler que cette belle discipline demeure le socle sans lequel toute étude biologique est sinon inutile, du moins inutilisable ? Mais, au-delà des classements hiérarchiques des grades et des clades, des espèces et des genres, des embranchements et des ordres, ce volume montre sans cesse et partout ce que représente aussi leur interaction ; au-delà de l'organisme et de la population apparaît chaque fois un système dynamique dans un milieu qui ne l'est pas moins, et il n'est pas inutile de réapprendre que l'équilibre du tout importe dans la préservation des parties.

Or toute cette information, de la meilleure des compétences, est due à l'extraordinaire travail de vingt-deux auteurs seulement – placés sous la coordination savante et efficace de Simon Tillier – appartenant tous ou presque, directement ou par alliance, au Muséum national d'histoire naturelle. Je tiens à souligner à ce propos l'importance du rôle de l'institution dans une telle entreprise. La réunion d'une pareille somme de connaissances en un même lieu n'a pu en effet que faciliter l'énorme gestion et les liaisons complexes entre les quelque 377 parties du livre. Or il y a bien peu d'organismes au monde qui soient en mesure d'offrir une telle concentration de compétences : le Muséum national d'histoire naturelle de Paris, né au cœur du XVIIe siècle là où il se trouve aujourd'hui, est évidemment l'un d'entre eux, établissement d'excellence, il n'est sans doute pas inutile de le rappeler, parce qu'il a su rester, depuis plus de trois siècles et demi déjà, uni et parisien – le milieu a aussi une fonction à jouer dans le développement de ces organismes-là.

Son inventaire encore et toujours

Pour le consommateur, la possession d'un dictionnaire ou d'une encyclopédie est une véritable gourmandise. Savoir que l'on a, là, à sa portée, dans ses rayons, la totalité de la connaissance d'un sujet qui vous intéresse, vous intrigue ou vous fascine est évidemment un luxe et un confort à la fois[1].

Le fabriquer est une autre affaire ; les auteurs qui en prennent l'initiative doivent posséder au meilleur degré courage, compétence, érudition, capacité de réunir une équipe,

1. Écrit avant internet !

et puis de la diriger et de l'entraîner, sans cesse, à écrire, développer, réduire, réécrire... Presque 5 000 entrées, plus de 1 250 pages et de 40 auteurs donnent, en chiffres, une première mesure de l'entreprise. Mais au-delà de ces quantités, l'identification des domaines, le choix des collaborations et l'immense besogne éditoriale – lire, pondérer, harmoniser, illustrer – a fait de ce monument un ouvrage d'une qualité exceptionnelle.

Il faut dire que les deux maîtres d'œuvre, Jean-Louis Morère et Raymond Pujol, de par l'ampleur de leurs vues, ont eu l'audace de concevoir une biologie particulièrement généreuse. On sait qu'une partie de la matière inerte, dont on connaît l'histoire des 15 derniers milliards d'années, s'est organisée, il y a sans doute un petit peu plus de 4 milliards d'années, en une matière plus compliquée, dotée de métabolisme et de reproductibilité et que l'on nomme vivante. Et ce sont l'histoire (paléobiologie), la description (systématique) et la description du fonctionnement (physiologie) de cette matière, qui n'a cessé elle-même de se compliquer et de s'organiser depuis sa naissance, en même temps qu'elle se diversifiait – avec la liberté que lui conférait son étonnante plasticité et les limites que lui imposait la magie de son hérédité – que recouvre ce joli mot de biologie. Mais la descente vers l'infiniment petit que réalisent désormais généticiens et molécularistes lui appartient aussi, de même que lui revient l'élargissement à la population et à l'écosystème que pratiquent éthologistes et écologistes. Quant à l'homme, il n'est bien sûr pas oublié, pas plus que ne sont omis ses rapports avec la biosphère, rapports de simple connaissance de l'environnement (ethnosciences) ou rapports d'exploitation de ce milieu (agriculture, élevage...).

De manière très « systématique », les 5 000 entrées, divisées sans vraiment l'être en 4 700 petites (un peu moins) et 300 grandes (un peu plus), s'organisent en 8 grands domaines ayant chacun son responsable. Promenons-nous par exemple pour le plaisir dans le A. On y rencontre de beaux dossiers sur les acides aminés, les antibiotiques, les appareils circulatoire, digestif, excréteur, génital, sur les biostatistiques (analyses en composantes principales ou factorielles de correspondances), sur l'agriculture, l'agronomie, les agrosystèmes et les agro-écosystèmes rapportés respectivement à la biochimie, la microbiologie, la biologie animale et l'écologie, mais on y croise aussi les insertions plus modestes, mais aussi précieuses concernant les anabolisants ou les amphétamines, les anaérobioses ou les anagenèses, les anergies ou les aneuploïdies rapportés à l'écologie et à la physiologie animale, à la physiologie végétale et animale et à l'évolution, à la physiologie végétale et à la génétique, et que sais-je encore.

Malgré la forme conventionnelle quelque peu rigide qui est celle de son genre et à laquelle il ne pouvait se soustraire, cet élégant pavé n'en est pas moins un hymne à la gloire de la vie et de son support. Grâce à sa masse et à la distance de son étoile, la Terre est en effet, dans son eau demeurée liquide, la génitrice de cette vie ; et depuis qu'est apparue la première manifestation de cette extravagante nouveauté, l'immense généalogie de ses créations n'a cessé de pousser. Comme l'homme en est l'un des aboutissements actuels (3 millions d'années seulement), il est bien qu'il se souvienne que tous les êtres vivants qui existent ou ont existé sont ses cousins, même s'ils ne le sont évidemment pas tous au même degré, et qu'il doit son émergence, au même titre que toutes ces créatures, à une adaptation quelque peu bricolée de son petit bagage génétique à un événement environnemental – circonstance et nécessités.

Cet hymne a, en outre, ce qui n'est pas étonnant, quelque parfum de l'esprit Muséum de Paris, ce somptueux conservatoire respectueux depuis presque quatre siècles de tout ce qui a fait et fait l'histoire naturelle. Alors, en harmonie avec le discours de cette grande institution et avec celui de ce puissant travail, chantons la biologie, chantons notre famille et nos ancêtres, la chance qu'a notre planète de s'être entourée d'une enveloppe aussi élégante et rappelons-nous le devoir éthique, mais aussi esthétique – sans parler de l'intérêt tout court – que nous avons de veiller à son bon entretien.

Le climat et l'adaptabilité

C'est l'importance du climat pour notre vie quotidienne et pour nos activités sociales et économiques qui explique l'intérêt que nous lui portons. Mais, plus fondamentalement, c'est l'émergence elle-même de l'espèce humaine et, par suite, son évolution qui ont été modifiées par le climat.

L'homme est un être vivant et, à ce titre, il fait partie de nombreuses classifications[1]. Dans la majorité de ces classifications, les hominidés (*Hominidae*) englobent aussi bien les *Paninae* qui sont les préchimpanzés et les chimpanzés que les *Homininae*, qui sont les préhumains et les humains. Ce qui veut évidemment dire que *Paninae* et *Homininae* partagent un ancêtre commun.

Comme tous les primates sont d'origine tropicale et les *Paninae*, africains, il y avait quelque chance pour que cet ancêtre commun et au moins ses premiers descendants soient tropicaux et africains. Et, en effet, ce n'est que l'Afrique tropicale qui a permis de retrouver cet ancêtre.

Les distances morphologiques, anatomiques, physiologiques, génétiques, moléculaires, éthologiques, entre ces cousins *Paninae* et nous-mêmes nous autorisent, en outre, à situer ce dernier ancêtre commun au miocène supérieur, il y a une dizaine de millions d'années.

---

1. Il est possible de classer l'homme de façon chronologique, ascendante et gigogne, parmi les eucaryotes, les métazoaires, les chordés, les vertébrés, les gnathostomes, les sarcoptérygiens, les tétrapodes, les amniotes, les synapsides, les mammifères, les primates et, au sein des primates, parmi les haplorhiniens, les simiiformes, les catarhiniens, les hominoïdés, les hominidés.

Nous avions ainsi le lieu et la date de naissance de notre sous-famille, l'Afrique tropicale, il y a 10 millions d'années.

Pour le moment on dispose de trois candidats fossiles de cet âge comme ancêtre commun possible :

– *Chororapithecus abyssinicus* d'Éthiopie, de 10,7 à 10,1 millions d'années ;

– *Nakalipithecus nakayamai* du Kenya, de 9,88 à 9,80 millions d'années ;

– *Samburupithecus kiptalami* du Kenya, de 9,6 millions d'années.

Ces fossiles nous donnent en effet une idée de l'allure de l'ancêtre commun, mais on ne les connaît évidemment pas assez pour les situer par rapport à l'embranchement *Paninae/Homininae*.

Ça n'en est pas moins dans ce biotope tropical, et au moins en partie forestier, que la séparation entre ces deux adaptations s'effectue à cette époque et pour des raisons certainement environnementales.

Dans leur description récente d'*Ardipithecus ramidus* (2009), un préhumain de 4,4 millions d'années qui vivait en Éthiopie, Tim White et ses collègues attribuent le redressement du corps et la bipédie à la nécessité, pour cette espèce, de s'alimenter à la fois au sol et dans les arbres, ce qui traduit l'ouverture de leur environnement que nous annonçons depuis les années 1970. Voilà l'aventure des *Homininae* lancée, ainsi que notre route à nous et rien qu'à nous.

Cette route, de 10 millions d'années, est jalonnée de genres et d'espèces, d'abord préhumains de 10 millions d'années à 1 million d'années et puis humains de 3 millions d'années à aujourd'hui et demain. Cela veut dire, d'ailleurs, que les derniers des préhumains sont contemporains des premiers des humains.

Les préhumains sont nombreux ; ils se sont différenciés en une sorte de bouquet de genres et d'espèces, découverts en Afrique du Sud, au Malawi, en Tanzanie, au Kenya, en

Éthiopie et au Tchad. Ils partagent une origine tropicale africaine, une station debout permanente, une locomotion d'abord bipède et arboricole, puis bipède exclusive, un encéphale en (lente) expansion, une face en (douce) réduction et des dents, soit en réduction, soit en expansion.

Quant aux humains, ils apparaissent aux alentours de 2,7 millions d'années, évidemment à partir d'un ancêtre préhumain que l'on n'a pas encore véritablement identifié. Cela veut dire que, quel que soit cet ancêtre, l'homme a, lui aussi, l'Afrique tropicale pour berceau, mais avec 2,7 millions d'années (à 100 000 ans près) comme âge géologique.

UN SITE EXCEPTIONNEL

Au cours de ses missions de 1932-1933, Camille Arambourg avait interprété l'ensemble sédimentaire de l'Omo[1] comme une accumulation de peu de puissance, découpée par des failles qui en multipliaient l'affleurement ; c'est la raison pour laquelle il avait considéré que la faune qui en provenait était homogène et cela reste le sens des résultats qu'il a publiés en 1947.

L'expédition internationale[2] qui arrive sur le terrain en juin 1967 se rend vite compte que les sédiments exposés (sables, argiles et tufs) représentaient bel et bien un empilement et, par suite, une succession chronologique de dépôts, et des faunes et des flores que contenaient ces dépôts. Dix campagnes durant (1967-1976), elle a ainsi recueilli ossements, dents, coquilles, bois, pollens avec la plus grande précision et daté au mieux cette tranche de sédiments et ses épisodes. 50 tonnes de fossiles ont représenté, en gros, le bilan de la

1. L'Omo est un long fleuve éthiopien d'un bon millier de kilomètres qui prend sa source sur les hauts plateaux de ce pays et descend du nord au sud pour se jeter dans le lac Turkana au Kenya, par un superbe delta.

2. Cette expédition internationale était composée de Camille Arambourg, Yves Coppens (pour la France), Louis Leakey, son fils Richard (pour le Royaume-Uni et le Kenya) et Francis Clark Howell (pour les États-Unis).

collecte et un superbe étalonnage chronologique a permis de croiser datations absolues (K/Ar surtout), paléomagnétisme et biostratigraphie, une échelle d'un peu plus de 3 millions à un peu moins de 1 million d'années, échelle qui sert depuis de référence à toutes les recherches africaines des mêmes périodes géologiques.

De même, il a été vite évident que, au cours de ces 2 millions d'années, les faunes avaient changé et qu'elles s'étaient transformées pour s'adapter à des climats de plus en plus secs, ce que les flores ont confirmé plus tard. Et, comme ces écosystèmes successifs comptaient, parmi leurs éléments, des restes d'hominidés, c'est toute l'histoire de ces derniers qu'on pouvait y lire, c'est-à-dire toute notre histoire dans cette région durant cette tranche de temps.

Et c'est précisément à ce « moment »-là qu'un préhumain s'était fait humain. L'émergence du genre *Homo*, l'apparition de l'homme dans l'évolution des êtres vivants, était scellée là dans ces couches de sédiments ; il suffisait de les fouiller pour tenter de la comprendre.

CLIMAT ET ÉVOLUTION

Pour démontrer cette influence du changement climatique, nous allons prendre quelques exemples dans la paléontologie des vertébrés, car c'est elle et elle seule qui, la première, nous a apporté ces exemples importants pour la démonstration.

– Les proboscidiens

L'évolution du genre *Elephas (Elephas recki)* peut être suivie et mesurée grâce à l'augmentation de la hauteur des molaires relativement à leur largeur, à l'augmentation du nombre des lames dentaires de ces molaires et à la diminution de l'épaisseur de leur ruban d'émail. Ces caractéristiques correspondent à un régime fait de plus d'herbes et de moins de feuilles, évolution qui se déroule d'ailleurs, à des vitesses différentes, le long de la séquence.

– Les équidés

Les hipparions (ou préchevaux) présentent une évolution de la hauteur de la couronne de leurs dents qui augmente et un développement d'une sorte d'extratubercule sur les dents jugales inférieures, l'ectostylide ; les mesures du rapport de la hauteur et de la longueur mésiodistale de ce tubercule montrent que son augmentation est proportionnelle au développement de la sécheresse et au développement de l'herbe ! Les dents jugales supérieures des hipparions ont, en outre, un émail plissé, le plissement étant plus important quand le climat est humide : à 3 millions d'années, on compte 20 à 24 plis par dent ; à 2 millions d'années, 6 à 17 plis seulement !

Quant à la répartition des équidés, elle est aussi significative. Les hipparions sont partout alors que le genre *Equus*, le vrai cheval, mieux adapté à une nourriture plus dure et à la course dans des paysages découverts, n'apparaît qu'à partir de 1,8 à 2 millions d'années, jamais avant.

– Les suidés

Les suidés montrent une transformation qui apparaît indépendamment et parallèlement dans quatre *phyla* : *Kolpochoerus*, *Nyanzachoerus*, *Notochoerus*, *Metridiochoerus* : dents jugales plus longues, plus hypsodontes et chargées de plus de tubercules. C'est encore la démonstration d'un changement écologique, du passage d'une brousse ou savane épaisse à une savane plus claire et une prairie.

L'émergence des deux genres *Phacochoerus* et *Stylochoerus*, aux dents particulièrement hypsodontes, vers 2 millions d'années, va bien sûr dans le même sens.

– Les rhinocérotidés

L'évolution vers une hypsodontie croissante est observable chez les deux genres de rhinocéros présents, le noir, *Diceros bicornis*, rhinocéros de la savane boisée et de la forêt claire qui est en outre plus abondant dans les niveaux anciens, et le blanc, *Ceratotherium simum*, des prairies et des savanes claires, plus abondant dans les niveaux supérieurs.

– Les bovidés

Les 22 genres et 37 espèces de bovidés permettent de jouer sur leur quantification et sur leurs associations. Dans les niveaux inférieurs, forêts ouvertes, zones couvertes, *Tragelaphini, Bovini* et *Neotragini* se partagent le paysage ; dans les niveaux supérieurs, zones ouvertes sans beaucoup d'eau, ce sont les *Alcelalphini* et les *Antilopini* qui dominent.

Cela ne veut pas dire que les *Tragelaphini* ont disparu dans les niveaux supérieurs ni que les *Alcelaphini* n'existaient pas dans les niveaux inférieurs, mais, si on les compte, on obtient les proportions suivantes qui parlent d'elles-mêmes :

- niveaux inférieurs *Tragelaphini* 33 % ; *Alcelaphini* 9 % ;
- niveaux supérieurs *Tragelaphini* 3 % ; *Alcelaphini* 29 %.

– Les primates (moins les *Homininae*)

Les primates apportent une démonstration comparable grâce à une méthode quantitative très particulière : cette méthode consiste à compter le nombre de restes de primates recueillis par kilomètre carré prospecté ! Elle ne donne évidemment pas un chiffre rigoureux mais une sorte d'ordre de grandeur dans un site aussi fossilifère que celui-là.

Dans les niveaux inférieurs, la collection est de 367 spécimens de primates recueillis par kilomètre carré ; dans les niveaux supérieurs, elle ne dépasse pas 39 spécimens par kilomètre carré, soit dix fois moins.

– Les micromammifères

Le petit singe *Galago* et deux genres de chiroptères de forêts, *Eidolon* et *Taphozous*, accompagnent des rongeurs de brousse aimant l'eau, *Mastomys, Grammomys, Paraxerus, Thryonomys, Golunda*, dans les sédiments vieux de 3 millions d'années.

Dans les sédiments vieux de 2 millions d'années, il n'y a plus de *Galago*, mais deux autres chiroptères, ceux-là de steppe, *Coleura* et *Hipposideros,* qui accompagnent cette fois des rongeurs de savane sèche, steppe et semi-désert, aux sols secs et mous, *Aethomys, Thallomys, Gerbillurus, Jaculus, Heterocephalus.*

– Les primates *Homininae*

Et les *Homininae* n'ont évidemment pas fait exception à la règle ; comme les équidés, les suidés ou les proboscidiens, ils se sont adaptés à ce changement climatique grâce à deux « stratégies ».

La première, que l'on pourrait appeler « dissuasion physique », est l'australopithèque dit « robuste ». Ce préhumain nouveau, apparu d'ailleurs sans doute séparément, en Afrique de l'Est (*Zinjanthropus aethiopicus* et *Zinjanthropus boisei* en Éthiopie, au Kenya, en Tanzanie, au Malawi), dans l'Afar éthiopien (*Australopithecus garhi)* et en Afrique du Sud (*Paranthropus robustus),* propose une taille massive, une mâchoire puissante à très grosses dents jugales et un crâne à superstructure pour les attaches de la musculature correspondante. Et la deuxième est ni plus ni moins l'Homme. Appelons-la « dissuasion intellectuelle » ; le genre *Homo* a un cerveau plus gros, plus compliqué, mieux irrigué et une nouvelle denture pour une alimentation omnivore.

Une troisième réponse vient d'être découverte tout récemment ; elle est plus « légère » que les deux autres puisque illustrée par une évolution sur place (*Australopithecus sediba*) d'une forme gracile de préhumain (*Australopithecus africanus),* montrant une bipédie plus efficace sans accroissement de taille du cerveau.

C'est donc réellement l'environnement, le changement climatique qui a fait l'homme par nécessité d'adaptation. La réponse au stress climatique est bricolée, mais pas si mauvaise que ça puisque l'homme est toujours là !

Les conséquences de cet événement et de cette adaptation ont en effet été fantastiques : plus de viande dans le menu a apporté de la protéine animale au cerveau ; plus de pensées dans le cerveau ont apporté curiosité, conscience et invention d'un nouvel environnement, l'environnement culturel, signifiant les nouvelles approches de la vie dites cognitives, technologiques, intellectuelles, spirituelles, éthiques, esthétiques, etc. « *More is sometimes different* » !

Des bêtes à trompe

Je suis particulièrement heureux d'être en mesure de publier, dans cette collection, malgré la tragique disparition de son auteur, l'importante contribution de Michel Beden aux travaux de paléontologie de l'expédition internationale de l'Omo. Michel Beden m'avait promis son manuscrit pour la fin du mois de janvier 1985 ; il est mort le 26 décembre 1984. J'ai donc hérité d'un texte bien avancé mais inachevé et c'est Claude Guérin qui a bien voulu se charger de la difficile tâche de sa mise au net. Grâce donc au beau travail de recherche de Michel Beden et à son incroyable courage des derniers moments et grâce à la compétence et à la courtoisie de Claude Guérin, les travaux de paléontologie est-africaine des *Cahiers de paléontologie* s'enrichissent aujourd'hui d'un nouveau volume de très grande qualité.

Quand j'ai rencontré Michel Beden pour la première fois – c'était à l'Institut de paléontologie du Muséum national d'histoire naturelle –, il étudiait les faunes fossiles que livraient avec parcimonie les terrasses fluviales de cette rivière discrète qui arrose Poitiers, le Clain ; j'étais alors en train de constituer l'équipe de paléovertébristes de la grande opération est-africaine que je venais d'entreprendre ; tout à fait séduit par la manière solide d'aborder et de traiter les problèmes qu'il rencontrait, tout autant que par son enthousiasme et sa constante bonne humeur, je proposai à Michel Beden de rejoindre la mission de l'Omo et de s'y spécialiser dans l'étude d'un groupe qui me tenait beaucoup à cœur, les proboscidiens. Il accepta. Et plus de quinze années d'étroite collaboration et d'amitié s'ensuivirent.

Les proboscidiens sont fascinants par leurs dimensions, sans doute, mais aussi par la rapidité de leur évolution, ou du moins l'évolution de certains de leurs traits, rapidité qui leur confère évidemment une importance biostratigraphique toute particulière. Mais c'est aussi un groupe compliqué dont la variabilité fut source de multiples erreurs et de confusions dignes de la taille de ces animaux ! Je dois dire que Michel Beden, au terme de longues années d'observation et de réflexion, semblait être parvenu à maîtriser bon nombre des problèmes les concernant. L'étude de leurs crânes lui avait permis de confirmer avec méthode et assurance la différenciation des divers genres rencontrés ; l'examen de leur squelette postcrânien, et celui notamment de leurs métapodes, commençait à lui donner des éléments de différenciation complémentaires, à la fois morphologiques et fonctionnels, originaux et précieux ; l'étude des molaires, qualitative et quantitative, l'avait mené à un découpage subspécifique qui avait pris valeur d'étalonnage biochronologique. Enfin il y avait brouté de très intéressantes observations sur la croissance, sur la variation individuelle, sur le dimorphisme sexuel.

Cette courte préface voudrait donc rendre hommage aux qualités de méthode de cet ouvrage, à son intérêt monographique comme à sa valeur de référence ; elle voudrait aussi saluer avec émotion la mémoire de son auteur.

D'autres bêtes à trompe

Dans ce très beau travail qui constitue déjà le troisième volume des *Travaux de paléontologie est-africaine*, Pascal Tassy, assistant à Pierre-et-Marie-Curie, réussit la difficile tâche de mettre en ordre taxinomique et phylétique les si nombreux proboscidiens qui peuplèrent, pendant quelque 20 millions d'années, la grande province de l'Afrique de l'Est ; n'oublions pas qu'il lui a fallu pour cela commencer par reconnaître dans les collections de musées ou de laboratoires du Kenya, de Grande-Bretagne, d'Allemagne ou des États-Unis l'énorme quantité de matériel recueilli, et distinguer les uns des autres les 11 taxons représentés, de l'étrange *Platybelodon* aux défenses supérieures grêles et à la symphyse élargie au nouveau genre *Archaeobelodon*, aux défenses supérieures au contraire puissantes et à la symphyse étroite, sans parler de l'extraordinaire foisonnement de formes, gomphothères brévirostres, stégotétrabelodontes, *Primelephas*, qui accompagne dès le miocène supérieur l'achèvement du tout premier véritable éléphant, *Loxodonta*. C'est d'ailleurs à partir de ce renouvellement tout à fait spectaculaire que l'ordre des proboscidiens va faire preuve, dans cette région, d'un étonnant et fécond endémisme, celui précisément que nous avons décrit par ailleurs chez les hominidés et qui est ni plus ni moins à l'origine de l'homme.

La démarche de Pascal Tassy est en outre un modèle d'analyse paléontologique ; l'étude comparée traditionnelle des caractères s'y double en effet, pour la première fois dans un travail de cette ampleur, d'un classement cladistique de ceux-ci, pondération de leur signification ancestrale ou dérivée et mesures des distances morphologiques qui les séparent, classement que sa rigueur rend désormais obligatoire ; à ce jeu des interprétations de l'anatomie des fossiles recueillis s'ajoutent évidemment la prise en considération de l'endroit de leur récolte et celle de l'âge du niveau qui les a livrés ; et malgré les lacunes et les incertitudes inévitables d'un semblable puzzle, l'ensemble de ces données, après examen critique, parvient comme miraculeusement à déboucher sur une belle histoire où paléogéographie, paléoenvironnements, adaptations, migrations, évolution se mettent en place et s'ordonnent de manière parfaitement cohérente et tout à fait fascinante.

De gros reptiles d'Afrique

Voici le second mémoire des *Travaux de paléontologie est-africaine*. Il s'agit cette fois de l'étude d'un groupe, celui des crocodiliens, et plus spécialement de la partie africaine de son histoire. La description des collections miocènes, pliocènes, pléistocènes, réalisées depuis vingt-cinq ans en Afrique de l'Est a, en effet, incité Eitan Tchernov, professeur à l'Université hébraïque de Jérusalem, à entreprendre une vaste révision de l'ensemble du matériel paléontologique recueilli sur ce continent ; il en est résulté l'établissement d'un extraordinaire enchaînement phylétique qui, de l'éocène à nos jours, au gré de l'évolution du climat et de la paléogéographie, chemine des rives téthysiennes de l'Afrique du Nord à l'Asie méridionale et à l'Afrique orientale, grâce au relais de trois genres et d'une quinzaine d'espèces. On assiste ainsi à l'étonnante tendance de toutes les lignées à transformer leur alimentation et à allonger leur rostre alors que l'arrière du crâne et le reste du squelette demeurent « désespérément » stables. On assiste encore, au fil du pliocène et du pléistocène notamment, à de spectaculaires exemples de subspéciations rapides lorsque le domaine aquatique se trouve découpé en petites cuvettes ou à de belles démonstrations de partage entre espèces des niches écologiques disponibles lorsque ces cuvettes sont au contraire réunies.

De grands mammifères d'Europe

Quand, un jour de 1954, je crois, je rendis visite à Jean Piveteau, à la Sorbonne, pour lui déclarer ma passion pour les hommes préhistoriques et lui demander un sujet de thèse en paléontologie humaine, je ne m'attendais pas à me voir sortir de son bureau chargé de la révision de tous les éléphants de la Terre ! Jean Piveteau m'avait dit en effet, avec beaucoup de courtoisie, que les fossiles humains étaient rares, que ceux qui les détenaient n'étaient en général pas très disposés à les prêter et qu'il serait sans doute préférable que, pour commencer, je m'intéresse plutôt à quelque groupe de mammifères, les proboscidiens par exemple. D'abord un tantinet dérouté par ce changement d'orientation, je n'ai ensuite jamais regretté le sage conseil du savant professeur devenu mon patron.

Les grands mammifères sont, bien sûr, particulièrement intéressants en eux-mêmes, dans leur anatomie, leur mécanique, leur physiologie, leur éthologie, leur participation aux divers écosystèmes dans lesquels on les trouve. J'ai eu la chance de disséquer, quelques années après mon entrée en mammalogie, une éléphante de 3 tonnes. Je me suis régalé de découvrir par exemple l'extraordinaire ingéniosité du réseau musculaire de la trompe qui ne peut que donner à cet organe extravagant une infinie souplesse et une merveilleuse précision ou, autre exemple, l'habileté du placement du centre de gravité du corps qui réduisait considérablement chez ce gros animal presque inchavirable les dépenses d'énergie de l'ensemble des mouvements.

Mais ces grands mammifères, chacun d'entre eux séparément ou associés, sont aussi des révélateurs particulièrement précieux de leur environnement et même parfois de leurs paysages. Avant que ne s'expriment dans le même sens pollens et rongeurs, proboscidiens (l'hypsodontie croissante des fûts de leurs molaires), équidés, suidés, rhinocérotidés, bovidés, primates et même les carnivores qui bien évidemment les accompagnent, m'avaient appris avec force qu'entre 3 millions et 2 millions d'années, le milieu est-africain d'un peu humide s'était fait moins humide et que cette crise climatique avait été la raison de l'apparition d'australopithèques que l'on appelle robustes et de celle du genre *Homo*, c'est-à-dire ni plus ni moins la raison de l'origine de l'homme ! Le résultat était d'ailleurs si beau qu'il ne tarda pas à m'être « emprunté » !

Comme, bien sûr, ils évoluent et ne passent qu'une seule fois par chacun de leurs stades évolutifs successifs, ces grands mammifères encore sont, chacun d'entre eux séparément ou associés, des dateurs très fiables Le décompte des lames des dents jugales des éléphants mais aussi la détermination des différents ongulés présents en Afar avaient donné à Lucy un âge géologique de 3 millions d'années, bien avant que Maurice Taieb ne l'interstratifie ou que successivement James Aronson ou Garniss Curtis ne lui assènent les mesures savantes du potassium-argon ou de l'argon 40-argon 39.

Mais cette évolution si généreuse dans son information chronologique est bien sûr, on l'imagine sans peine, la source principale du tracé des filiations, elles-mêmes lignes directrices de la reconstitution de l'histoire du monde vivant, propos premier de la paléontologie. Elle nous révèle un arbre phylétique luxuriant à la fois étonnamment inventif dans ses créations et confortablement cohérent dans ses enchaînements, proposant le long du temps de somptueux modèles de bouquets, d'explosions ou de stases, de résorptions, de contractions ou de renaissances, toujours en rapport étroit avec l'histoire du milieu, lui-même toujours en relation avec l'histoire du cosmos.

Si, comme je le souhaitais donc, j'avais effectivement entamé en 1954, une recherche sur un quelconque sujet de paléontologie humaine, j'aurais vite réalisé que, de toute façon, sur le terrain, tout paléontologiste se trouve confronté à mille fois plus de restes de vertébrés que de restes d'hommes fossiles quand, par chance, ces derniers sont présents, conservés et mis au jour. J'aurais alors vite compris mon handicap en face d'un propos dont m'auraient échappé, dans le sol ou le sous-sol, l'essentiel de l'information chronologique, écologique, climatique, taphonomique, des faunes rencontrées et, sur les sols d'occupation ou d'habitat des hommes, la lecture de leur menu carné, celle de leurs comportements à la chasse, à la boucherie ou à table, leurs stratégies alimentaires, leur économie, en un mot un grand pan de la palethnologie des populations dont ils faisaient partie.

Je demande pardon aux lecteurs d'avoir ainsi fait étalage d'une petite tranche de mon existence, mais il me semble qu'il leur devient ainsi plus facile de comprendre combien Claude Guérin, Marylène Patou-Mathis et leurs collaborateurs m'ont à la fois touché et honoré en m'offrant l'agréable mission d'introduire leur traité des grands mammifères plio-pléistocènes d'Europe ; c'est un travail superbe de clarté et d'exhaustivité riche d'un appareil bibliographique important, d'une iconographie particulièrement lisible, d'un choix judicieux d'exemples de faunes en situation. Ces animaux apparaissent ici aux côtés de l'homme, puis sur sa table, mais aussi dans son esprit et bientôt dans sa propre maison.

Le cheval

Ce livre est un hymne, un hymne éclatant à la gloire du cheval. Ce mammifère superbe que l'homme a su s'allier y est en effet chanté dans ses traits, ses qualités, ses performances, ses comportements et ses caprices, sa participation à la grande histoire et aux petits conflits, aux plus glorieuses des conquêtes et aux plus modestes des jeux.

Mais cet hymne qui ne manque pas d'embrasser l'ensemble du domaine du cheval d'Orient et de ce qui s'y rapporte n'en consacre pas moins l'essentiel de ses couplets à l'un d'entre eux, le cheval de cœur de l'auteur, le cheval barbe.

Abderrahman Kadri, qui était président fondateur de l'Association nationale (algérienne) des éleveurs et propriétaires de chevaux de race pure, nourrissait pour cet animal une véritable passion ; son souhait le plus cher était de le retrouver dans sa réalité la plus probable et bien sûr de le maintenir. Il en a réalisé ici ce que l'on nomme au sens propre une monographie ; scientifique, historique, merveilleusement documenté, son travail n'a rien oublié de qui a fait et fait la gloire de cette race « élégante, intelligente, sobre, rapide, robuste, calme, d'une extrême douceur ». On y apprend son origine, peut-être autochtone, sa probable grande stabilité génétique, due au fait que les envahisseurs préféraient l'adopter que de garder leur monture, et son extraordinaire diffusion en Europe où il s'est appelé genet, en Amérique, mustang ou criollo, en Afrique australe, basuto, etc. Si on reconnaît le cheval arabe, cet autre cheval d'Orient, dans les choix sévères du prophète Mahomet quand il organise des courses à Médine, on retrouve le cheval barbe sur la colonne Trajane de Rome quand y apparaissent les cavaliers numides ; Alexandre le Grand, Charlemagne, Henri IV l'avaient sans doute monté ; et c'est même sur un genet blanc que, au tournant du XVIe et du XVIIe siècle, l'infante Isabelle d'Espagne se déplace sur ses nouvelles terres des Pays-Bas reçues en dot.

Le préfacier, paléomammalogiste, connaît certes un peu les chevaux anciens ; il en a même découvert les premiers, vieux de 2 millions d'années, associés aux premiers hommes. Un tout petit peu archéologue, il en a réalisé l'immense importance en les rencontrant somptueux, peints sur les parois des grottes paléolithiques ou des rochers sahariens, et majestueux, dressés dans les tombes gauloises ou mongoles. Un tout petit peu cavalier, il en a monté en manège en Bretagne et sur le terrain dans les Andes. Mais ce n'est pas, bien sûr, parce que ses routes ont, par hasard ou presque, croisé celles multiples des équidés, qu'il a eu la responsabilité d'introduire ce monument à la gloire du cheval barbe. Il la doit plus simplement à la confiance de l'auteur et à son amitié, directe et par alliance, et en a mesuré l'immense privilège. Il aurait aimé l'en remercier affectueusement directement ; c'est hélas à sa mémoire qu'il se doit de rendre aujourd'hui hommage puisque c'est entre la rédaction de son ouvrage et celle de cette préface qu'il s'en est allé.

Nous finissons, comme Abderrahman Kadri nous l'a appris, par l'évocation de ce mythe d'origine, élégant comme l'animal dont il traite et sûrement un peu vrai : « Et Dieu prit une poignée de vent et il en fit un Cheval. »

Le mammouth, le renne et le phoque

D'abord merci de m'avoir convié à prononcer aujourd'hui cette conférence inaugurale de la séance solennelle de votre prestigieuse académie[1]. J'en suis évidemment très honoré et très fier.

Pour être bien sûr proche de mon expertise et pas trop éloigné de la vôtre, je vous ai proposé un titre réunissant de manière artificielle trois mammifères et ressemblant, volontairement, au titre d'une fable : « Le mammouth, le renne et le phoque ».

L'étude de l'histoire de l'homme, qui est celle que je m'efforce de conduire depuis plus de cinquante ans, m'a fait en effet croiser la route de populations qui s'étaient mises à vivre si près d'un animal (par et pour lui, disent certains ; j'aurais tendance à ajouter, avec et grâce à lui) qu'elles lui étaient devenues presque inféodées. Et cette proximité, tellement envahissante, a mérité, chaque fois, le noble qualificatif de « civilisation ».

Je vais donc vous parler de la civilisation du mammouth (je revendique la paternité de cette dénomination), de la

1. Académie vétérinaire de France.

civilisation du renne (nommée par le préhistorien André Leroi-Gourhan, mon grand prédécesseur au Collège de France) et de la civilisation du phoque (appelée ainsi par l'explorateur Paul-Émile Victor et sa disciple et collaboratrice, Joëlle Robert-Lamblin).

Commençons donc par le plus gros de ces trois mammifères, celui qui m'est le plus proche, le mammouth. Le mammouth appartient à l'ordre des proboscidiens, les animaux à trompe, et à la famille très diversifiée des *Elephantidae* ; or ce genre *Mammuthus* est, contrairement à toute attente, né en Afrique tropicale il y a 4 à 5 millions d'années. Il se trouve, d'ailleurs, que j'ai découvert et collecté moi-même, en 1975, le premier crâne, et pour le moment le seul, de la plus ancienne espèce du genre, *Mammuthus subplanifrons*, à Hadar, en Afar éthiopien, aux côtés de Lucy, dans un niveau d'environ 3 millions d'années. C'était à l'époque un animal à poil ras et pas encore l'animal à long pelage doublé, qu'on appelle pour cela le mammouth laineux, qu'il va devenir.

Or le mammouth, de manière amusante, va se déployer comme le fera l'homme, un tout petit peu après lui. Il va d'abord en effet couvrir l'Afrique (il s'appellera alors *Mammuthus africanavus)*, puis, en passant par le Proche-Orient, toute l'Eurasie (il s'appellera alors successivement *Mammuthus meridionalis, Mammuthus trogontherii, Mammuthus primigenius)* et puis, en passant par le Béring, à sec, grâce à une mobilisation de l'eau par les glaciations, toute l'Amérique du Nord (il s'appellera alors *Mammuthus columbi* d'abord – c'est celui du premier passage – et *Mammuthus primigenius* ensuite, qui fera le second passage, indépendamment du précédent, aux alentours de 100 000 ans), mais sans doute pas l'Amérique du Sud.

C'est à partir de *Mammuthus trogontherii* en Eurasie et donc de son contemporain *Mammuthus columbi* en Amérique, il y a 1 million d'années, que semble s'installer, peu à peu, l'adaptation de ce bel animal au froid. Et, lorsque naît, il y a

250 000 ans quelque part en Asie, *Mammuthus primigenius*, l'adaptation du genre *Mammuthus* est tout à fait aboutie.

Mais qui est donc ce fameux mammouth laineux ? Un éléphant de 4 à 6 tonnes, d'une taille au garrot de 3 mètres environ, à la tête en dôme et au dos en pente, aux oreilles petites et à la queue courte, au pelage dense et aux défenses spiralées (record 4,20 mètres, 91 kilos d'ivoire). Une couche de graisse de 8 à 10 centimètres, sous une peau de plus de 2 centimètres parfois, participe à cette protection thermique que l'épaisse fourrure faite de sous-poils serrés et de longs poils pendant en houppelande avait déjà réalisée. Une bosse graisseuse sur le crâne, une autre sur le garrot complètent cet équipement de même qu'un repli de la peau au-dessus de l'anus, opercule qui devait fermer cet orifice pour protéger du froid l'intérieur du corps.

Ces animaux ont généreusement peuplé une steppe particulière dite steppe à mammouths – steppe herbeuse à graminées, mais aussi à petits mélèzes, saules, aulnes et bouleaux –, qui s'étendait du sud de la Grande-Bretagne à l'Alaska, en passant par l'Europe et par la totalité de la Sibérie, entre les prairies et les bois des bords de la Méditerranée et de l'Asie centrale et orientale au sud, et l'inlandsis scandinave et l'océan glacial arctique au nord.

Il y a bien sûr eu des hommes sur la plupart de ces terres, en contemporanéité avec *Mammuthus primigenius*, sauf peut-être sur les terres les plus septentrionales, et les mammouths ont par suite été partout exploités au moins pour leur viande. Mais, dans bien des endroits aussi, ils ont été vénérés ; il suffit de voir et d'admirer leurs multiples représentations gravées, peintes ou sculptées dans l'art du paléolithique de l'Europe et de l'Asie septentrionale. Mais je voudrais aujourd'hui attirer surtout votre attention sur les rapports entre les hommes préhistoriques et les mammouths en Europe orientale, Ukraine, Tchéquie, Biélorussie, Pologne, Russie. C'est véritablement dans cette « province » biogéographique que l'on peut parler d'une *civilisation du mammouth*.

Deux cultures s'y sont succédé : la culture de Kostienki, vieille de 25 000 années, et la culture de Mezirich, de 10 000 ans plus jeune, toutes deux développées par l'*Homo sapiens* fossile.

Dès 25 000 ans donc, l'abondance de nos pachydermes dans les grandes plaines et les plateaux de la région a fait les habitants s'en servir ; on y trouve en effet des restes de huttes semi-souterraines couvertes d'os et de défenses et des statuettes en ivoire de mammouth figurant des animaux – mammouths, lions, loups, ours, oiseaux – ou des femmes dites « Vénus ».

Mais c'est surtout la culture suivante, de 15 000 ans donc, et dite de Mezirich, qui va tout tirer du mammouth, y compris ses matériaux de construction ; 70 habitations en os de mammouths sont connues de Pologne, d'Ukraine, de Moravie.

L'habitation numéro 1 de Mézirich, en Ukraine, par exemple, est faite de 25 crânes, 20 bassins et 10 os longs pour la base des maisons, 12 crânes, 30 scapulas, 20 fémurs, 15 bassins et 7 colonnes vertébrales pour l'élévation des murs, 35 défenses pour la couverture et 95 mandibules pour renforcer, à l'extérieur, les murs comme une double paroi ou pour servir de réserves de matériaux de chauffage. On compte ainsi 385 os pour cette première habitation et, comme il y a 5 ou 6 habitations par village, on a estimé à 20 tonnes le poids d'os nécessaire à la construction de cet ensemble, soit environ 150 squelettes de mammouths. Des peaux, notamment des peaux de mammouths, devaient être tendues entre les os qui portent encore les trous par où passaient leurs attaches ; de la tourbe ou des mottes d'herbe sur une charpente de bois devaient compléter la toiture ou boucher les espaces laissés libres entre les gros ossements, espaces bouchés aussi parfois par des os plus petits comme des vertèbres pour faire de l'habitation une villa confortable à l'abri de la pluie, de la neige et du froid. Les sols de ces maisons étaient légèrement creusés de 40 ou 50 centimètres ; elles avaient de 4 à 9 mètres de diamètre, soit une surface intérieure de 8 à 35 m^2. Les pièces étaient séparées par des cloisons en os et peaux et des aménagements particuliers en os pouvaient aussi s'y rencontrer : un os long horizontal planté dans deux trous aménagés dans deux os longs verticaux pouvait fonctionner comme un système rotatif, autrement dit une broche ; un os long planté dans le sol près de l'entrée de la maison et percé d'un trou d'observation dans sa partie supérieure servait probablement de judas ! Disons encore que ces hommes étaient suffisamment raffinés pour avoir construit des maisons différentes, en fonction des goûts de l'architecte ou du propriétaire. Pas une de ces maisons ne ressemble à sa voisine.

Le mammouth, c'est donc le gîte, mais c'est aussi le couvert.

Les ossements des maisons dont nous venons de parler provenaient certes sans doute en partie des squelettes recueillis dans la steppe, mais ils devaient provenir également de cadavres de mammouths chassés. Comme ces bêtes vivaient en troupeaux, elles devaient en effet abonder.

Bêtes charognées ou bêtes chassées signifient viande fraîche. Et cette viande de mammouth était certainement consommée comme la viande des autres éléphants ailleurs, hier et aujourd'hui, mais cadavres de mammouths signifient aussi récupération des peaux, des tendons, des os, de l'ivoire, pour fabriquer des objets multiples, utilitaires (marteaux, houes, poinçons, alènes, aiguilles, polissoirs), des armes et des objets d'art ou de parure (os décorés, statuettes en os ou en ivoire, l'ivoire étant souvent courbé grâce à un chauffage réalisé après un séjour dans de l'eau ou de l'urine).

Il est possible, en outre, que certains os et fragments d'ivoire aient été utilisés comme instruments de musique. Des traces d'usure démontreraient en effet que certains os ont été longuement frappés (instruments de percussion), d'autres frappés de manière plus légère (ces ossements-là pouvaient être organisés en une sorte d'ossophone) ; des bracelets en os ou en ivoire semblent avoir été liés et frottés ou simplement agités et entrechoqués ; toujours est-il que l'ensemble de ces gestes fournit une gamme de sons suffisamment variés pour que l'orchestre d'État de Kiev ait proposé quelques pièces musicales assez insolites sous la baguette du chef d'orchestre Kolokolnikov, ce qui ne manque pas comme on l'imagine d'un certain « exotisme ».

Passons au deuxième des trois mammifères que je vous ai proposés, le renne, ou caribou, *Rangifer tarandus*. Il appartient à l'ordre des artiodactyles, au sous-ordre des ruminants et à la famille des cervidés, originaires d'Eurasie, il y a une dizaine de millions d'années. Parent de l'élan et du chevreuil, il est le cerf le mieux adapté aux milieux froids (en dessous de 13 °C).

C'est un bel animal – que l'on dit disgracieux parce qu'il a les pattes courtes et une grosse tête –, un animal au poil épais, serré, moelleux en hiver, plus court en été (il change de poil vers le mois de juin) ; d'un poids de 120 à 150 kilos, haut de 1,20 mètre au garrot, long de parfois plus de 2 mètres, il vit en troupeaux de 200 à 300 têtes dans la toundra et la forêt froide. Ses sabots, qui lui permettent de marcher dans la neige sans s'y enfoncer, sont larges, sa tête, qu'il porte basse, est lourde, son museau épais et poilu, ses yeux très grands ; sa tête est, en outre, couronnée, dans les deux sexes – fait unique chez les cervidés –, de bois, ronds à la base, aplatis et élargis, se dirigeant d'abord vers l'arrière, puis s'arquant ensuite vers le haut et l'avant, bois qui peuvent atteindre 1,50 mètre le long de leur courbure et peser entre 3 et 11 kilos. Ces bois tombent de novembre à janvier chez le mâle, en juin chez la femelle.

Le renne est un animal coureur en terrain plat, mais pas grimpeur. Il mange des lichens, assortis d'herbes en été, de champignons, d'algues, voire d'œufs et même de petits oiseaux et de petits rongeurs en automne. Le renne est un migrateur – plus d'ailleurs celui d'Amérique et du Groenland que celui d'Europe et de Sibérie ; il bouge chaque année du nord de la forêt – la taïga en Sibérie – au sud de la toundra, n'aimant ni la chaleur ni la neige trop épaisse. Le brâme a lieu en septembre et octobre, les mâles adultes défendant les harems transitoires ; un faon unique naît après la fonte des neiges.

Or le renne, on le comprend aisément, est non seulement un garde-manger, mais la « chance » de l'homme du paléolithique supérieur, au moment des grands froids, entre 35 000 et 15 000 ans. L'homme l'a en effet abondamment chassé et continue de le faire, bien qu'il l'ait par ailleurs domestiqué ; dans leurs migrations saisonnières en particulier, ces animaux suivent toujours les mêmes routes et, lorsque des fleuves se présentent à eux, ils les passent à la nage ou empruntent les gués lorsqu'il s'en présente. Depuis le paléolithique, les chasseurs l'ont bien compris et les attendent le long de ces parcours. Le gué de la Seine à Pincevent près de Fontainebleau en est un brillant exemple, vieux de 12 000 ans. Les préhistoriques faisaient alors de belles acquisitions de nourriture pour une consommation immédiate, rôtie, bouillie, ou une conservation fumée, séchée ou boucanée.

Le paléolithique supérieur d'Europe a été appelé l'âge du renne et le préhistorien André Leroi-Gourhan est allé donc jusqu'à parler d'une « civilisation du renne », parce que, comme pour le mammouth en Europe orientale, cet animal a vraiment été exploité dans toutes les parties de son corps. « Dans le renne, tout est bon », devait dire Cro-Magnon.

Alors qu'à Lascaux, par exemple, les peintres et graveurs n'ont que très peu figuré cet animal, qui ne devait pas, par suite, entrer dans leur bestiaire sacré, ils ont laissé sur le sol des restes de nourriture variés dont 88,7 % représentaient des reliefs de viande de rennes !

Leurs peaux donneront les vêtements, les capuches, les bonnets, les bottes, les mocassins, les couvertures, les « toiles » de tentes, les litières, les sacs, les outres, les gourdes, les récipients ; les os, les poinçons, les alènes, les lissoirs, les aiguilles, les retouchoirs, les percuteurs... mais aussi (en perles, en rondelles) de superbes parures. Les dents, brutes ou polies, seront jointes aux colliers précédents ou seront utilisées en racloirs. Les bois, taillés avec soin, serviront à la fabrication de boutons et d'aiguilles à chas (les premières), de propulseurs, de redresseurs de sagaies, de harpons. Les tendons et les ligaments feront le fil à coudre, les lanières, les pièges, les omoplates, des assiettes, les graisses, le combustible des lampes à l'huile et l'imperméabilisation des peaux, etc. Le renne sera ainsi le matériau essentiel, mais il sera aussi le modèle et on le trouvera gravé, peint, sculpté dans de nombreux sites, sur de nombreuses parois, même si cela n'a pas été le cas à Lascaux, comme on l'a vu précédemment.

Comme les mammouths et toute la grande faune de mammifères du froid, ces animaux à l'adaptation exemplaire bougeaient en fonction des mouvements de leur habitat. Quand le grand glacier scandinave descendait jusqu'à Amsterdam ou Anvers, ladite faune devait arriver jusqu'à la Méditerranée ; quand en Amérique le glacier unique qui couvrait l'Amérique du Nord se divisait en deux, le glacier des Rocheuses, le cordillérin à l'ouest, celui du Labrador, le Laurentide, à l'est, la faune du froid nord-américaine, comparable à bien des égards à celle de l'Europe, évoluait entre les grands lacs et l'océan glacial arctique. Quand, au contraire, ces inlandsis fondaient, ces animaux évacuaient le sud et remontaient vers le nord où certains se trouvent encore. C'est ainsi que la steppe à mammouths, à la fin de la dernière glaciation, a disparu, repoussée peu à peu vers l'océan Arctique par la forêt. Le mammouth, dont la gestation de vingt-deux mois était longue et la capacité d'adaptation sans doute moins réactive que 200 000 ans auparavant, s'est éteint ; cela s'est passé aux alentours de 12 000 à 10 000 ans, un petit peu plus tard dans les îles du Béring et celles du nord-est de la Sibérie. Le renne, plus adaptable, a fait avec les circonstances, comme d'ailleurs le bison, et s'est maintenu à la limite des forêts et de la toundra des rivages arctiques. Il a été remplacé par le cerf au sud de son aire de distribution. Dans la partie eurasiatique de son immense territoire, il a été en outre domestiqué ; bête de trait, de bât, de boucherie, il est toujours utilisé pour sa peau mais aussi pour son lait.

Avec le phoque, on a affaire, cette fois, non pas à un genre et à une espèce comme pour *Mammuthus primigenius* ou *Rangifer tarandus*, mais à plusieurs genres et par suite plusieurs espèces :

– *Cystophora cristata*, le phoque à capuchon ;
– *Pusa hispida*, le phoque du fjord ;
– *Phoca vitulina*, le phoque commun ou veau marin ;
– *Erignathus barbatus*, le phoque barbu ;
– *Pagophilus groenlandicus*, le phoque du Groenland.

Ils appartiennent tous à l'ordre des pinnipèdes et à la famille des *Phocidae*, nés en Atlantique tropical, il y a une vingtaine de millions d'années, de petits mammifères proches des belettes et des loutres ; ceux cités ici se sont merveilleusement adaptés, il y a quelques millions d'années seulement, aux eaux glaciales des régions polaires.

À quoi ressemblent ces animaux ?

Leurs quatre membres se sont transformés en nageoires courtes, mais puissantes, aux doigts armés de griffes et réunis par une palmure, leur corps s'est fuselé et profilé par réduction de tout ce qui dépassait (pas d'oreilles, pénis dévaginable et testicules internes irrigués par du sang venu des pieds). Quant à leur nage, elle se fait désormais par de puissants mouvements de la partie postérieure du corps, les membres antérieurs servant de stabilisateurs. Leur pelage est aujourd'hui très serré et, comme chez le mammouth, une épaisse couche de graisse double la peau vers l'intérieur. Ils plongent volontiers à plus de 100 mètres, fermant narines et pharynx, et peuvent rester immergés plusieurs dizaines de minutes.

Ces superbes animaux, exemples par excellence d'adaptation à l'eau, à la nage, à la plongée, à l'apnée et au froid, consomment ou des poissons, comme le phoque à capuchon, ou des coquilles, des crabes et des étoiles de mer, comme le phoque barbu.

Pour donner une idée de leur taille et de leur poids, prenons le phoque le plus commun, le phoque du fjord ; il fait environ 80 centimètres de long et pèse aux alentours de 40 kilos, mais si c'est le plus chassé, c'est aussi le plus petit des 5 espèces citées.

Il y a peut-être une trentaine de milliers d'années, peut-être plus, l'homme profitant d'une mobilisation de l'eau par les glaciers, passe d'Asie extrême-orientale en Amérique et il reproduira plusieurs fois ce mouvement, dans l'inconscience complète de se trouver sur un nouveau continent, tant la continuité des terres, des steppes et des mammifères qui l'habitent était parfaite. Cet homme chassait alors ces grands ongulés, et notamment le mammouth, *Mammuthus primigenius*, et le renne ou caribou, *Rangifer tarandus*, dont nous avons parlé. Mais à l'occasion d'un réchauffement, d'une phase interglaciaire, sans doute celle de 8 000 ans, il élargit considérablement son territoire vers le nord, vers les terres de l'île Banks, l'île Victoria, l'île Melville, les îles de la Reine-Élisabeth, les terres de l'Ellesmere, de Baffin etc. et c'est là qu'il ajoute à ses chasses au caribou, au bison, à l'élan et au bœuf musqué dans la toundra ses premiers essais de chasse aux mammifères marins. On voit ses armes changer et apparaître notamment de très larges armatures de harpons.

Et de proche en proche, voici enfin l'homme au Groenland. Ses premières cultures y sont datées d'environ 5 000 années, elles apparaissent au nord d'abord et l'exploitation par leurs chasseurs de la richesse des mers en mammifères marins (phoques, morses) paraît désormais tout à fait bien installée dans le comportement de ces premiers Inuits. On les appelle Saqqaquiens ; ils possèdent des harpons mais aussi déjà des arcs. Et puis de nouvelles cultures, issues de la précédente ou venant à leur tour d'Amérique du Nord par les mêmes voies, les dorsétiens d'abord, les thuléens ensuite, seront porteuses de mille nouvelles inventions, les skis chez les dorsétiens, les umiaks, les kayaks, les traîneaux à chiens, et les flotteurs équipant les armes de jet chez les thuléens. Et nous voilà tout autour du Groenland, cette fois avec les descendants de ces derniers habitants, au sein de cette « civilisation du phoque », la si bien nommée par Paul-Émile Victor, avant qu'elle ne s'acculture.

« Avec les animaux, nous nous séparons », disait récemment une Groenlandaise à Jean-Christophe Victor.

Il ne faut pas oublier que le Groenland est une immense région désertique, au climat rigoureux, avec neuf mois d'hiver – enneigement du sol, englacement de la mer – et seulement trois mois d'été, d'ailleurs pas chaud. La faune terrestre – ours blanc, renard polaire, renne, lièvre polaire, bœuf musqué – étant inexistante, l'Eskimo, l'Inuit, est avant tout un chasseur de mammifères marins – baleines, narvals, bélougas, morses et, surtout, phoques. Il ne faut pas oublier en effet que son alimentation carnée atteint 95 % de son alimentation générale : la chair de phoque, dit-il, est la seule qui rassasie et donne chaud !

La chasse au phoque est donc l'activité principale des hommes.

Et quand le chasseur revient avec son gibier, il le livre aux femmes et ne s'en occupe plus. C'est la femme qui pratique le dépeçage et le découpage de la viande et de la graisse et surtout le sacro-saint partage : la peau à l'épouse du chasseur, la femme qui en fait le dépeçage, la tête, les membres antérieurs, les viscères au chasseur et à sa famille, les côtes au père et à la mère du chasseur, la colonne vertébrale au père et à la mère de la femme du chasseur, etc. Et s'il y a plusieurs chasseurs, le membre postérieur droit revient au premier qui l'a touché ; le membre postérieur gauche au deuxième, etc. On comprend évidemment la valeur matérielle et spirituelle de l'animal dans la codification extrêmement précise de ce partage.

La chair du phoque est d'abord incontestablement mangée : « La nourriture la plus courante était, pour tous, viande de phoque bouillie, graisse crue et quelques algues crues ébouillantées. À l'occasion de certaines festivités, on se délectait de phoques entiers, crus, mis à faisander pendant plusieurs mois », écrit Robert Gessain en 1934. Mais on ne va pas moins se servir de sa peau, de sa graisse, de ses tendons, de ses intestins, de ses os. Sa peau est partout, rasée, lavée, séchée, tannée à l'urine, parfois teinte (par les femmes). Celle, épaisse et résistante du phoque barbu ou du phoque à capuchon, deviendra vêtements – pantalons, anoraks –, bottes (doubles, avec souvent ce raffinement du revers noir de la botte du dessous sur la botte du dessus), couvertures pour dormir ; tendue entre des poteaux, elle se fera cloisons dans les maisons d'hiver et tapisserie le long du couloir qui permet d'y accéder ; posée en larges bandes sur des piquets obliques, elle dessinera le cône de la tente d'été, d'autant plus confortable qu'elle s'y doublera à l'intérieur de bandes de fourrure. C'est la peau du phoque qui couvrira évidemment l'armature de bois de l'umiak ; et c'est encore elle, mais fraîche, seulement rasée, cousue et changée tous les ans ou les deux ans, qui recouvrira la charpente de bois du kayak monoplace du chasseur qui a besoin, pour sa survie, d'une embarcation absolument imperméable. Quant aux cuirs, ils feront les courroies et les lanières pour les chiens de traîneaux ou pour l'assemblage des divers éléments de bois des bateaux.

La graisse de phoque, séparée de la peau au moment du dépeçage (ce sont les femmes qui dépècent), pourra évidemment être consommée – crue, c'est un mets de choix –, mais elle alimentera aussi les lampes et les rampes lumineuses des maisons, renouvelée sans cesse pour que les feux ne s'éteignent ni ne fument, et enduira parfois les coutures, celles notamment des peaux fraîches de kayaks, pour en accroître l'imperméabilité.

On imagine aisément que les fils sont issus des tendons, torsadés ou tressés, roulés sur les joues, fils qui servent à toutes les coutures des vêtements ou des revêtements des coques en bois des umiaks ou des kayaks (coutures soigneusement rabattues pour ces derniers). Mais les fils servent aussi aux fameux jeux de ficelles traditionnels. Les estomacs et les intestins, séchés et mis à plat, font les fenêtres et les portes translucides des maisons d'hiver et des tentes d'été. Quant aux os, s'ils sont gros, ils peuvent participer à la solide armature de la base du toit des maisons d'hiver que des couches de mottes de terre alternées recouvertes de peaux usagées complètent pour en assurer l'étanchéité. Mais l'os sert aussi aux jeux (à celui de bilboquet, par exemple, ou, à plus forte raison, à celui des osselets) et c'est encore une des matières premières, avec l'ivoire de narval et de morse et le bois de flottaison, pour la confection de bien des outils, des armes, des ornements, des parures, des statuettes, etc.

« L'Homme, l'hiver, sculpte l'ivoire, l'os, le bois, il décore les objets de tous les jours, seaux à eau et à urine, propulseurs de harpons en bois de flottage, manches de couteau et supports de fusils ornés de petits phoques d'ivoire, lunettes en bois, baguettes de tambour... Les hommes fabriquent aussi leurs outils – herminettes, couteaux, grattoirs, forets à arc – ainsi que masques, poupées, jouets, en os ou en bois. Les femmes confectionnent les ornements en perles, coupent et cousent les vêtements avec des aiguilles d'os et du fil fait à partir de fibres de tendons de phoque roulées sur leurs joues », écrit encore Robert Gessain.

Trois civilisations donc, d'âges et de localisations différents, qui sont des modèles des liens qui réunissent souvent, matériellement et spirituellement, l'homme et l'animal.

Le mammouth en majesté

Superbe catalogue pour une exposition somptueuse sur un animal exceptionnel, véritable traité de « mammouthologie » signé par une équipe d'excellence, quel honneur et quel bonheur d'avoir à en proposer la première page.

Le mammouth est une grosse bête sympathique parce qu'elle est lourde mais ramassée, pataude comme un éléphant qu'elle est, poilue comme une peluche, drôle avec sa tête en dôme et son dos en pente, comique avec ses petites oreilles et sa queue en chasse-mouches, arrogante avec ses défenses excessives ; je suis sûr que sa silhouette était aussi familière aux petits Cro-Magnon que celle de Babar l'est à nos petits aujourd'hui ; il faut dire que la trompe de tous ces proboscidiens y est aussi pour quelque chose.

L'histoire de ce pachyderme est aussi singulière ; son berceau et le sens de son déploiement sont en effet les mêmes que ceux de l'homme.

Le genre *Homo* est né en Afrique tropicale aux alentours de 3 millions d'années ; le genre *Mammuthus* sans doute aussi, mais un peu avant, au temps des préhumains, australopithèques et kényanthropes, peut-être même *Orrorin* et ardipithèques. Et puis le genre *Homo* s'est répandu très tôt (2 500 000 ans) à travers toute l'Afrique, le Proche-Orient et, à partir de cette plaque tournante, à travers toute l'Europe, vers l'ouest, toute l'Asie, vers l'est (il était alors *habilis* ou *ergaster*) ; le genre *Mammuthus* aussi, en Afrique évidemment d'abord (*M. africanavus* ?) et puis en Eurasie (*M. meridionalis*). Le genre *Homo* est ensuite passé en Amérique par la Béringie sûrement, par d'autres routes peut-être, mais tard ; il était déjà *sapiens*. Le genre *Mammuthus* aussi, mais beaucoup plus tôt, et du même coup à plusieurs reprises sous plusieurs identités (*meridionalis* d'abord et puis *primigenius*). Nous, les humains, avons ainsi visité la Terre avec en quelque sorte le mammouth pour éclaireur. C'est lui notre véritable *antecessor* !

Au long de son évolution, même si la filiation *meridionalis, trogontherii, primigenius*, comme toujours, n'est pas une simple fleur, mais une inflorescence avec des espèces à la fois ancestrales et contemporaines, ce genre *Mammuthus* a réussi une adaptation tout à fait extraordinaire aux climats secs et froids et à la steppe : couches de graisse plus épaisses, pelage double et long, très long, oreilles et queue plus petites, opercule anal plus grand, tout converge pour faire de cet animal un modèle de mécanique biologique pour milieux subarctiques et qui a, par suite, merveilleusement fonctionné tant que l'environnement pour lequel il s'était construit a duré. Cette adaptation exemplaire, et, qui mieux est, parallèle dans l'ancien monde et dans le nouveau, est la plus élégante des démonstrations des liens qu'entretiennent les êtres vivants et leurs milieux.

Quant aux rapports entre les mammouths et les hommes, ils ont dû toujours exister – ils existent même encore aujourd'hui par-delà l'extinction des mammouths –, mais être aussi divers qu'ont été les hommes, leurs cultures, les époques et les régions. Je n'évoquerai ici que l'extravagante civilisation du mammouth des épigravettiens d'Europe centrale et orientale qui, à l'instar de celles du renne au paléolithique supérieur de l'Europe de l'Ouest ou du phoque aux époques dorsétiennes ou thuléennes de l'Arctique canadien et groenlandais, tire tout du mammouth, des armes aux bijoux, des outils aux instruments de musique, des matériaux de construction à ceux du rêve.

Je suis sûr que le visiteur de l'exposition et le lecteur de son catalogue seront séduits, s'ils ne l'étaient déjà, par cet animal et son histoire et la manière érudite et chaleureuse dont l'équipe d'Alain Foucault les a traités. J'espère que ces mêmes lecteurs auront aussi compris tout l'attachement que le préfacier éprouve pour cette grosse boule de poil qui n'a cessé de le hanter depuis ses plus jeunes années de chercheur, puisqu'il a eu la chance de mettre sur pied Liakov (1957), de caresser Jarkov (1999) et de découvrir entre-temps le premier crâne du plus ancien mammouth connu *Mammuthus subplanifrons* aux côtés de Lucy !

Le mammouth et ses voyages

Quelle belle idée de construire un abécédaire autour de ce superbe pachyderme (« peau épaisse » et c'est vrai !) qu'est le mammouth ; ce roi de la steppe, à la fois majestueux dans son épais manteau auburn et sympathique dans sa drôle de silhouette, a en effet régné longtemps dans les paysages des hommes préhistoriques d'Europe, d'Asie et d'Amérique du Nord et dans les esprits de leurs enfants ; peut-être jouait-il d'ailleurs le rôle d'un totem protecteur pour les grands, tant il apparaissait comme un monument de puissance dessiné partout sur les parois des grottes sanctuaires et sur les objets des chasseurs, et celui d'un doudou rassurant pour les petits, tant il ressemblait à une peluche poilue à longue trompe et dos tout rond.

Eh bien, je vais vous raconter comment l'histoire de ce beau mammifère a été curieusement liée tout au long de ces millions d'années à notre propre histoire, à l'histoire des hommes.

Le mammouth est né en Afrique tropicale comme l'homme. Ce n'était alors qu'un gros éléphant à poil ras, mais qui se différenciait déjà de son cousin l'éléphant d'Afrique par ses belles longues défenses spiralées, mais aussi par ses grosses molaires car, contrairement à son cousin, il préférait manger de l'herbe que des feuilles, et l'herbe use beaucoup plus les dents que les feuilles. Il avait 3 millions d'années comme Lucy et se nommait *Mammuthus subplanifrons*.

Et puis les troupeaux de ces mammouths africains se sont promenés à travers leur continent d'origine, ils se nommaient alors *Mammuthus africanavus*, et à force de circuler ils ont fini par trouver la sortie ; c'était au nord-est, un pays que l'on nomme aujourd'hui le Sinaï, et ils ont ainsi découvert la côte méditerranéenne de l'Eurasie ; la porte de l'Europe à l'ouest et celle de l'Asie à l'est leur étaient ouvertes et, comme ils étaient curieux, ils s'y sont précipités. C'étaient désormais de très beaux mammouths qui avaient grandi et grossi mais avaient gardé leur pelage des tropiques ; on les a appelés *Mammuthus meridionalis*.

Or les premiers hommes ont suivi exactement la même route, sans doute un peu après les mammouths. Ils se sont aussi déployés à travers toute l'Afrique et ont aussi commencé à explorer l'immense continent eurasiatique par ce que les géographes appellent le Proche- ou le Moyen Orient ; ils ont laissé des pierres taillées de plus de 2 millions d'années par exemple à Yiron en Israël et au mont Liban dans le pays du même nom.

Mais il a commencé à faire froid dans ces pays du nord de la Terre. Et le mammouth eurasiatique (*meridionalis*) s'en est soucié et, petit à petit, et de mieux en mieux, s'est protégé contre les fraîcheurs grandissantes (*Mammuthus trogontherii* et *Mammuthus primigenius*) ; il s'est couvert de graisse par-dessous la peau et de plusieurs couches de poils par-dessus et il a réduit habilement la taille de ses oreilles et celle de sa queue pour offrir moins de prises au vent glacé et aux pluies verglaçantes. L'homme était aussi par-là, aussi bien en Europe qu'en Asie, mais comme il avait, lui, inventé la culture, c'est en construisant des abris et en se cousant des habits qu'il s'est défendu contre les intempéries.

Et puis, toujours agités et curieux, nos amis mammouths sont parvenus un jour à sortir aussi d'Eurasie ; comme, pour alimenter les glaciers, la mer avait beaucoup baissé, là-bas au nord-est, le détroit de Béring était devenu un grand pont. Sans s'en apercevoir tout de suite, les mammouths ont ainsi rejoint l'Amérique. Et l'homme préhistorique, sans plus en prendre conscience que ne l'avaient fait les mammouths, est entré lui aussi dans le nouveau monde par la même route, mais sans doute encore une fois un tout petit peu après ses animaux fétiches.

Voilà ma petite histoire d'introduction, une jolie histoire vraie qui nous rapproche encore un peu plus de nos si beaux gros animaux « de compagnie ». Mais les mammouths ont malencontreusement manqué, à peu de chose près, l'adaptation aux changements de température d'il y a seulement 10 000 ans. C'était cette fois un réchauffement, mais ce mouvement a suffi pour réduire et finalement effacer la steppe au profit de la forêt. Quelques troupeaux ont résisté plus longtemps ; à quelques milliers d'années près, on les aurait rencontrés. Et, pendant ce temps, l'homme, lui, grâce toujours au génie de sa culture, n'a pas eu de peine à passer ces nouvelles épreuves.

Mais nous garderons, n'est-ce pas, de ces somptueux amis, le souvenir extraordinaire d'avoir parcouru en bien belle harmonie les 3 derniers millions d'années de notre existence commune.

Célébrons aujourd'hui ce chemin partagé et grâce aux dessins et aux sculptures qu'ont laissés nos ancêtres, grâce aux squelettes fossiles et aux cadavres congelés qu'a gardés la nature, admirons la belle dignité de nos amis disparus, leur puissante et amusante silhouette, l'exemplarité de leur adaptation au froid et le succès de leur conquête de la Terre.

Proboscidiversité

Les proboscidiens sont des bêtes attachantes, amusantes et gratifiantes ; elles sont attachantes sans doute parce qu'elles sont grosses et débonnaires (du moins en apparence), amusantes sans doute parce qu'elles portent trompes et défenses, gratifiantes parce que, évoluant vite, elles sont de merveilleux dateurs et que, s'adaptant tout aussi rapidement, elles sont aussi de bons indicateurs de biotopes et de climats.

La Haute-Loire est un pays superbe, aux horizons tantôt ondulants et doux, tantôt abrupts et violents, que des millions d'années de sédimentation, de volcanisme et d'érosion ont bien joliment ciselé.

Alors quel rapport peut-il bien exister entre proboscidiens et Haute-Loire ? Eh bien imaginez la jubilation des paléontologues lorsqu'ils ont réalisé que les bassins, les vallées, les maars de ce beau pays étaient littéralement remplis de fossiles et que, parmi ces fossiles, les restes de proboscidiens y abondaient !

Songez en outre que, le long des 3 derniers millions d'années, qui nous importent puisque ce sont les années de l'histoire de l'humanité, six de ces grosses bêtes à trompes y cohabitaient ou s'y succédaient. N'est-ce pas amusant de penser, aujourd'hui, que la Haute-Loire a été une destination rêvée pour bien des mastodontes et des mammouths ?

Que sont donc ces proboscidiens de Haute-Loire ? Deux mastodontes d'abord, trois mammouths ensuite et un quatrième éléphant enfin. Les deux mastodontes, bien différents l'un de l'autre, sont, une grosse bête, le mastodonte de Borson, aux dents à crêtes transversales, et un animal plus modeste, le mastodonte d'Auvergne, aux dents à tubercules arrondis ; ils cohabitent un peu, sans se gêner, car ils ne devaient pas occuper tout à fait les mêmes niches écologiques, avant que le premier ne s'éteigne et que l'auvergnat lui survive quelques centaines de milliers d'années.

Trois mammouths ensuite, *Mammuthus meridionalis, trogontherii* et *primigenius*, se succèdent, descendant les uns des autres, mais de manière sans doute un peu plus compliquée qu'une simple filiation sur place. La fraîcheur venant (dès le *Mammuthus trogontherii*), l'adaptation de ces animaux est à la fois un modèle plusieurs centaines de milliers d'années durant – augmentation du volume des molaires, augmentation du nombre de leurs lames, réduction de l'épaisseur de leur ruban d'émail, réduction de la taille de la queue et des oreilles, développement d'un système pileux complexe et efficace, développement d'une épaisse couche de graisse sous l'épiderme, croissance d'un opercule pour l'anus – et un échec puisqu'ils n'arrivent pas à franchir la dernière déglaciation.

Et puis le dernier – qui ne l'est d'aucune façon –, l'éléphant antique, est un animal puissant, à l'origine probable de tous les fameux petits éléphants dit « éléphants nains » des îles de la Méditerranée (à part un ou deux dont le père fondateur serait peut-être un mammouth).

Ce joli livre, savant et simple, raconte d'abord, avec élégance, la fascinante genèse agitée de ces belles provinces gigognes que sont le Velay, la Haute-Loire et l'Auvergne et les grands noms des géologues qui se sont attachés à sa lecture. Et puis son propos s'élargit ensuite pour aborder l'histoire des grands pachydermes qu'il affectionne, comme étaient élargies leurs aires de répartition ; et ce sont cette fois les noms des grands paléontologues, locaux ou pas, descripteurs et collecteurs, qui viennent s'ajouter à ceux des géologues.

Je salue, avec enthousiasme, ce nouveau précieux document sur le mariage harmonieux que d'aucuns n'imaginaient pas, entre une généreuse diversité d'éléphants (et consorts) et un pays somptueux qui les conservait secrètement au creux de ses laves ou de ses musées.

Merci aux signataires et bravo à leur effort de transmission tout à fait séduisant et merci de m'en avoir à nouveau confié la mise en trompe...

Le conservatoire sibérien

Quel cadeau merveilleux m'a fait Bernard Buigues en m'offrant il y a maintenant deux ans le parrainage de l'opération qu'il appelait Mammuthus ! J'avais répondu avec enthousiasme à son appel mais n'appréhendais pas les extraordinaires dimensions de l'aventure scientifique et humaine qu'il recouvrait.

Sur les rivages bretons de ma petite enfance, la Sibérie sonnait comme le nom magique d'un pays lointain, merveilleux, immense et froid, un de ces pays qui font rêver, mais qui font aussi un peu peur. La Sibérie est bien tout cela, et, quarante ans après mon initiation aux grands espaces de la steppe sahélienne et du désert saharien (c'était au Tchad, en 1960), j'ai ainsi découvert ceux somptueux de la taïga et de la toundra russes (c'était au Taymir en 1999). Il n'est que d'ouvrir plus avant ce volume pour les admirer et s'en émerveiller.

Le mot « mammouth » résonnait lui aussi à mon esprit comme un mot de légende. J'avais rencontré cet animal, du moins ses ossements et ses dents, en Éthiopie aux côtés de Lucy, et puis au Tchad et au Maghreb, dans ses formes tropicales de millions d'années ; je l'avais vu en Dordogne, gravé, et l'avais ramassé au Mont-Dol, mangé, dans ses habits d'hiver de milliers d'années. Nous venons de le trouver cette fois, luxe suprême pour un fossile, conservé corps et âme dans le congélateur miraculeux de ce pays décidément surprenant. Il faut dire que les idées de Bernard Buigues et leurs applications n'ont fait qu'ajouter à la magie déjà immense du grand éléphant laineux. Les images de son extraction, de son transport, de sa réintroduction dans son permafrost d'origine, sans que la chaîne de sa fraîcheur se brise, racontent assez d'elles-mêmes l'extravagance de l'opération.

À pays extrême, habitants étranges ; gens du voyage, les Dolgans, qui supportent jour et nuit des températures de cauchemar, qui pêchent le saumon et domestiquent le renne, « chassent » aussi le mammouth dont ils ont fait un esprit aimable mais chatouilleux de leur cosmogonie. L'ethnologue se régale, comme précédemment le géographe et le paléontologue l'avaient fait, lorsque ces gens chaleureux et attachants jettent à la dérobée quelque monnaie sur le cadavre du pachyderme et sacrifient chien ou renne à la divinité qu'il incarne pour en apaiser l'humeur.

Mais l'aventure de Bernard Buigues est aussi humaine ; son chemin est semé d'amis, et c'est un bonheur d'en avoir rejoint la cohorte. L'équipe du Taymir est heureuse de vivre, d'apprendre, d'entreprendre, de partager ; elle est courageuse, ambitieuse et déterminée ; elle n'a évidemment aucune frontière d'aucune sorte. Et les images de ce beau livre reflètent tout naturellement l'ampleur des dimensions de cette amitié.

Superbe ouvrage donc, qui illustre autant l'espace que le temps, les gens de la science que les gens de la glace, le monde des mammouths que celui de leurs chasseurs. Superbe ouvrage dont le texte est de Bernard Buigues mais l'image de Francis Latreille, l'œil de l'opération Mammuthus, et quel œil !

Je salue le génie et l'obstination du premier, le talent et la sensibilité du second et, bien sûr, l'amitié de tous les deux.

La savane

La savane est le plus beau jardin de la Terre. Pelouse parfumée, ombragée d'élégants acacias et parcourue de sillons mouillés aux rubans luxuriants, ce jardin est habité par une incroyable diversité de grands (et petits) mammifères et de petits (et grands) oiseaux dont les pelages et les plumages enchantent. Georges Auclair-Semere et Philippe Jeanmonod ont su aimer et « voir » ce somptueux décor et, qui plus est, saisir, pour nous la faire partager, la grandeur ou la cocasserie des mises en scène de ses acteurs. *Symphonie sauvage* est ainsi un merveilleux album de portraits et de sculptures, de scènes et de fresques, de natures jamais mortes et de crépuscules jamais éteints ; on y ressent la puissance et la sérénité, l'humour et le pathétique, l'arrogance ou la réserve, la violence ou la tendresse, et partout l'émotion et toujours la beauté.

Il est important de dire ici qu'il y a 3 millions d'années, un frisson de la Terre et l'assèchement consécutif des tropiques avaient obligé la savane boisée à se découvrir et la grande faune africaine d'alors à s'y adapter ; l'éléphant avait agrandi ses molaires et les cochons allongé leurs dents de sagesse, l'hipparion s'était fait cheval, et le préhumain s'était fait homme ; ces primates supérieurs que nous étions alors faisaient en effet bel et bien partie de l'écosystème de la savane et c'est donc un changement climatique subi dans ce milieu-là qui, en ouvrant le paysage, avait fait naître l'humanité pensante et consciente que nous sommes devenus. Comment ne pas regarder alors, avec une émotion accrue, ces paysages qui nous ont vus naître.

En ne se lassant pas d'admirer et d'admirer encore ces images de ce que l'on appelle donc, à juste raison, la grande faune africaine, j'ai souvent regretté de n'avoir pas eu un Philippe Jeanmonod et un Georges Auclair-Semere, armés de leurs téléobjectifs, de leur patience et de leur immense talent, dans la steppe du Grand Nord il y a seulement douze petits millénaires. À la place des images d'éléphants, on en aurait eu de mammouths, au lieu de celles de zèbres, des scènes de chevaux de Prjevalzski, au lieu de portraits de rhinocéros blancs, des silhouettes de rhinocéros laineux ; les buffles, les gnous, les oryx et les koudous, les springboks et les cobes auraient cédé la place aux bisons, aux aurochs, aux rennes et aux élans, aux bouquetins et aux bœufs musqués, les léopards, les chacals, les guépards, les hyènes et les lions aux lions et aux hyènes des cavernes, aux ours, aux loups et aux machairodontes à dents de sabre. Et quelques beaux portraits de Neandertal ou de Cro-Magnon n'auraient sans doute pas été refusés pour les première et quatrième de couverture. Mais laissons là les fantasmes du paléontologue.

Et régalons-nous de ce bestiaire extraordinaire qui est aujourd'hui, pour les mammifères et les oiseaux, le plus riche, le plus généreux, le plus divers de toutes les associations fauniques de la planète. Et saluons le génie des auteurs qui ont appris, pour le plaisir de nos sens, à attendre aux bons endroits aux bons moments avec les bons outils et, bien sûr, avec un œil et un réflexe qu'on leur envie. Merci au nom de tous leurs admirateurs qui sont et seront nombreux, et merci en mon nom personnel, de ces images cadeaux qui, en plus de leur grande beauté, feront mieux comprendre la diversité biologique, aimer la savane et ses habitants et aimer la Terre que l'on devrait inscrire tout entière sur la liste des sites du patrimoine de l'Univers.

Les oiseaux

Quelle belle idée d'avoir pensé à rééditer, à l'occasion de la sortie du chef-d'œuvre de Jacques Perrin *Le Peuple migrateur,* le fameux hymne de Jean Dorst, *Les oiseaux ne sont pas tombés du ciel,* à la gloire des maîtres de l'éther auxquels il avait consacré l'essentiel de sa carrière et de sa vie.

La personnalité savante de Jean Dorst s'identifiait à ce que l'on appelait joliment, naguère, l'histoire naturelle, comme elle s'identifiait d'ailleurs parfaitement à son temple, le Muséum national d'histoire naturelle. Parce qu'il connaissait toutes les manifestations de la vie, il avait acquis la vision la plus éclairée qui soit de la situation écologique de la planète, de ses problèmes et de leurs remèdes. Mais Jean Dorst avait été et demeurait le spécialiste mondial incontesté de l'univers des oiseaux, la classe actuellement la plus diversifiée des vertébrés avec ses 10 000 espèces vivantes. Jean Dorst avait donc été naturellement sollicité par Jacques Perrin pour être le conseiller – on pourrait dire le parrain – de son film et il devait envisager lui-même une nouvelle version de cet ouvrage. Mais il vient de s'envoler à son tour. J'ai personnellement passé plus de douze ans au Muséum-Jardin des Plantes, et une petite histoire me revient qui caractérise élégamment cet esprit de la vieille maison et de Jean Dorst à la fois, puisqu'il en fut successivement assistant, professeur, assesseur et directeur. Un bel hiver des années 1960, la verrière de la grande galerie de paléontologie fut brisée par des grêlons exceptionnels pour l'Île-de-France. Il fut bien sûr décidé de la remplacer, mais le temps de réunir les crédits permit au printemps d'arriver et à un moineau de Paris de pénétrer dans le monde des fossiles. Cherchant à y faire son nid, l'endroit l'intéressa et ce fut l'intérieur du crâne du diplodocus qu'il choisit pour son installation. Nous laissâmes avec pudeur se dérouler le délicat processus de perpétuation de l'espèce. Le moineau fit donc son nid, pondit, couva ; les petits naquirent, piaillèrent, entreprirent leurs vols d'essai, et puis s'en allèrent par l'issue que ses parents avaient empruntée un beau matin d'avril et qu'ils n'avaient cessé d'utiliser quelques mois durant avec force cris de défense du territoire et de la progéniture. Ce n'est qu'à ce moment-là que le Muséum se décida à fermer la brèche et les employés à faire la toilette du crâne soulagé de son rôle de support de maternité. N'importe quel visiteur peut encore apercevoir aujourd'hui quelques traces blanches de fiente résolument fixées au bord des fenêtres temporales du crâne du gigantesque reptile, souvenir du piaf impertinent qui vint rendre visite aux paléontologues et aux dinosaures il y a plus de quarante ans.

Jean Dorst était un ami ; nous nous voyions souvent et je me souviens sans peine de ses propos sur les oiseaux, déclarations qui alliaient l'érudition et la passion que le lecteur retrouvera sans peine tout au long de ces pages. Il revenait sans cesse sur son émerveillement devant leur adaptation – petit volume, petit poids, gros cœur, gros cervelet, yeux fixes et corps rigide, tête mobile, épaules et bras aussi, et plumes partout dehors et air partout dedans ; je partageais bien sûr son étonnement, mais me plaignais du fait que l'os pneumatisé, fragilisé, avait de la peine à résister au temps.

Je lui racontais alors mes aventures paléontologiques avec des oiseaux moins aériens mais plus fossilisables. Un de mes camarades de collèges (nous étions en cinquième) arrivant de Madagascar m'avait montré un jour un fragment de coquille d'œuf de ces immenses oiseaux subfossiles de la Grande Île, de plus de 3 mètres de haut, qu'on appelait *Aepyornis*. J'avais été littéralement fasciné par cette pièce et, s'en apercevant, il m'avait proposé de me la vendre, ce que j'avais accepté. La somme réunie (je me souviens de grosses pièces de 5, 10 et 20 francs tirées avec peine du porte-monnaie de mes parents), je la lui avais donnée et, horrible souvenir, après s'en être saisi, il avait cassé un morceau de son morceau et me l'avait tendu. Je l'ai encore ce joli fragment, mais j'ai eu ce geste sur le cœur. Il y a quelques années seulement, de savants et gentils collègues ont créé l'espèce nouvelle *Struthio coppensi*, une autruche de Namibie de 20 millions d'années, pour me consoler sans doute de cet épisode.

Le discours de Jean Dorst allait aussi volontiers vers l'oiseau symbole de liberté, l'oiseau migrateur, l'oiseau qui, bien longtemps avant l'homme, avait pris les dimensions de la planète, vers les records d'altitude, de distance, de nombre et de fréquence de battements d'ailes, les repères de jour et de nuit et les tours de force physiologiques que tout cela impliquait. Et puis il me vantait les parures éclatantes, les parades savantes, les mélodies à la fois spécifiques et personnalisées de ses petits héros. Et je me régalais des images de l'ornithologie poétique lorsqu'il me promenait du bruant indigo ou du rubis topaze au viréo aux yeux rouges ou à l'aigrette garde-bœuf, du moqueur polyglotte ou de la perruche ondulée au tyran écarlate ou à l'accentueur mouchet ; quel univers somptueux de peinture et de musique, quel extravagant exemple des diversifications à l'infini des broderies de la nature lorsque, après avoir mis très consciencieusement au point un thème, elle lâche la bride à son imagination.

Je dois beaucoup de gratitude à Emmanuelle Dorst, Jean Larivière, Jean-Pierre de Monza d'avoir pensé à m'offrir le privilège d'écrire la préface de cette réédition si particulière d'une œuvre si classique et si fondamentale. Cela m'a permis de m'y replonger avec bonheur, de me remémorer tant de discussions avec Jean Dorst sur les miracles de l'adaptation et l'incontestable intérêt de la richesse des écosystèmes, tant de plaisanteries aussi dont il était friand sur la manière dont le langage des hommes s'est emparé des caractères ou des comportements des oiseaux ; qui ne saurait comprendre en effet les qualifications d'aigle ou de corbeau, de colombe ou d'épervier, de coq ou de poussin, d'oiseau rare ou d'oiseau de nuit, qui ne saurait traduire ce que roucouler ou bécoter veut dire ?

Jean Dorst conclut sur la beauté de l'oiseau, la beauté de son architecture et la beauté de sa robe ; il conclut aussi sur la joie de vivre que sa compagnie induit. Je ferai miennes ses conclusions et saluerai avec affection et respect sa mémoire.

L'avenir

Est-il besoin de dire l'honneur que j'ai ressenti lorsque Sébastien Ripari m'a fait savoir que j'étais sollicité pour préfacer les entretiens qu'il avait eus avec Jean Dorst ? Jean Dorst est un ami, mais c'est aussi un grand patron – et il a été le mien –, un de ces savants à la carrière fulgurante qui dominent l'ensemble des disciplines joliment dites de l'histoire naturelle depuis bien des décennies.

Alors j'ai lu et relu ses coups de science et de raison, ses coups de cœur et de passion, ses coups de gueule aussi et même ses coups de foi, avec l'attention que peut susciter, comme on l'imagine, l'expression, trop rare, d'une personnalité qui réunit compétence, expérience, ampleur de vues et longue réflexion.

Jean Dorst se présente d'abord, mais bien brièvement, dans ses habits académiques, ses fonctions de direction, ses enthousiasmes de chercheur. Il se qualifie de naturaliste beaucoup, de biologiste un peu, d'écologiste sûrement mais après avoir bien circonscrit l'acception du mot ; il se dit en d'autres termes – et cela se voit – amoureux de la Terre, de ses formes et de la somptueuse beauté de ses occupants, tout le temps.

Et puis il nous fait partager mille coups de science, de la magique unicité immunologique de chaque être vivant à l'extravagante diversité dans l'espace et dans le temps de tous depuis 4 milliards d'années, de la lecture des molécules très méthodiquement ordonnées de l'ADN de chaque espèce à celle des mailles très soigneusement tissées des écosystèmes de centaines de milliers d'entre elles.

Et passant souvent de la beauté du monde aux problèmes que pose son entretien, ce sont alors des coups de gueule pondérés par des coups de raison dont il nous fait profiter. L'homme pollue et le pollueur c'est bien chacun d'entre nous, prenons-en conscience ; il ne faut pas pour autant nous mettre sur le dos, sans un examen critique sérieux, tous les réchauffements, effets de serre, trous d'ozone et autres dérèglements qui pourraient bien parfois être tout à fait naturels. La nature a été trop souvent prise pour dépotoir parce qu'elle a été considérée comme inépuisable et cette conception irresponsable est à condamner ; les efforts de maints organismes ou programmes locaux ou mondiaux pour changer les attitudes et changer surtout les mentalités n'en sont pas moins réels et leurs résultats, bien que lents, incontestables.

Je me souviens des propos raisonnables d'un de mes premiers patrons en préhistoire, Pierre-Roland Giot, lorsque, répondant à ma fougue d'adolescent qui exigeait le sauvetage de tous les monuments mégalithiques, y compris celui des pires ruines, il m'avait répondu en termes de choix, du choix que nous devions nous imposer nous, archéologues, dans une politique efficace de conservation. C'est très difficile, pour un jeune esprit, de passer du tout à la partie et d'admettre ainsi une part du feu ! J'ai alors beaucoup médité ces paroles car elles venaient d'une personnalité que j'écoutais et qui était la personnalité responsable par excellence des innombrables monuments du massif armoricain puisque Pierre-Roland Giot était alors directeur de la circonscription des antiquités préhistoriques de cette grande région. Un jour, lors d'une conversation privée, les propos de Jean Dorst concernant les problèmes que posait la conservation des espèces menacées de disparition avaient été du même ordre de sagesse ; je n'étais plus adolescent, j'avais digéré les déclarations de Pierre-Roland Giot et avais d'autant mieux apprécié celles-ci, émanant du directeur du Museum, défenseur par excellence de la nature tout entière. C'était pour moi un joli coup de raison, digne d'un savant ouvert à la réalité des problèmes, mais aussi à la réalité de leurs solutions et à leurs limites.

Dans le même ordre d'idée, je placerais volontiers ici l'élégante manière dont Jean Dorst défend les zoos dans leurs dimensions de banques de gènes et de vitrines éducatives et les déplacements d'individus de certaines espèces dans leurs dimensions de réensemencements dans des territoires où des populations de la même espèce avaient vécu mais où elles avaient disparu complètement ou suffisamment pour ne plus pouvoir s'y maintenir et survivre à terme.

Et puis, dans un somptueux finale, dont je fais volontiers miens les termes, Jean Dorst déclare insérer sans réserve la science dans la culture et appelle avec force à la fondation d'une philosophie de la nature, et revendique avec peut-être encore plus de vigueur le droit à la fois de savoir et de croire.

Merci Jean de m'avoir demandé avec Sébastien Ripari cette introduction ; je me suis régalé de te lire (je pourrais en fait dire de t'entendre, tant je t'imaginais face aux questions habiles de ton interlocuteur) ; j'adore tes passions et tes rognes et comme je l'ai dit à plusieurs reprises, j'adore aussi ta mesure, conséquence de ta maîtrise de ce champ immense que représentent les sciences de la vie. Écris-nous plus souvent...

La rose

C'est avec beaucoup d'émotion que j'ai reçu, en ce début d'année 2002, les épreuves du *Grand Livre de la rose* dont l'auteur Georges Delbard, décédé en 1999, m'avait entretenu avec passion dès 1995. Un ami commun, horticulteur au Kenya, nous avait mis tous les deux en relation dans ces années-là ; Georges Delbard était venu au Collège de France me rendre visite et il m'avait raconté ses recherches sur l'origine du rosier, sur son évolution et son déploiement à travers tout l'hémisphère Nord et sur le projet qu'il avait de faire de cette merveilleuse histoire un livre, « un beau et bon livre ». J'avais été séduit par ses hypothèses, fasciné par le récit de ses voyages en Chine, en Iran, en Syrie, en quête des preuves de ce qu'il proposait et très impressionné par la vigueur et l'énergie de cette personnalité qui me conviait l'année suivante à la célébration de ses 90 ans ! Georges Delbard, rapprochant sans doute nos recherches des origines, avait dans l'idée de me faire participer, d'une manière qu'il ne cernait pas encore très bien, à son hymne à la rose : « Me voilà parvenu, m'écrivait-il en janvier 1998, au bas de l'échelle de l'évolution du rosier que vous avez su gravir pour ce qui concerne le genre humain. »

Il avait été d'abord question en effet de composer en début d'ouvrage un tableau comparé de l'évolution des roses et de celle de l'homme, mais cela nous était vite apparu inopportun. L'évocation de Lucy avait un moment été suggérée, mais on se demandait comment, quand et à quelle occasion. Je proposai alors à Georges Delbard d'écrire plutôt la préface de son œuvre en qualité de naturaliste de formation – et même de botaniste –, ce qu'il accepta immédiatement. Et nous en étions là de nos accords quand il s'en alla.

C'est en septembre 2001 que je reçus d'Henri Delbard, un de ses fils, une lettre très chaleureuse qui me disait : « Ma famille m'a demandé de prendre en charge la publication du livre sur l'origine de la rose dont mon père vous a parlé de nombreuses fois et pour lequel vous aviez accepté d'écrire la préface. Ma mère et mes frères m'ont demandé de bien vouloir vous solliciter pour que cet espoir puisse être satisfait. » Cet appel m'a beaucoup touché. Voici donc la raison de ma présence quelque peu insolite en ce début du « grand livre de la reine des fleurs », grand d'ailleurs dans tous les sens du qualificatif, que son auteur avait pensé appeler successivement *Rosa la Rose, Deux grands siècles de roses, Anthologie de la rose* – ce qui traduit bien ce qu'il voulait y mettre – avant de retenir son titre d'aujourd'hui.

Je suis heureux de saluer, avec beaucoup de déférence, la mémoire de Georges Delbard, de présenter à sa famille, et particulièrement à son fils Henri, ma gratitude pour leur fidélité à l'égard des rapports chaleureux que nous avions entretenus Georges Delbard et moi et des accords enthousiastes qui en étaient résultés, mon admiration pour tout ce que tant de Delbard ont fait pour l'horticulture depuis l'embauche en 1929 de Georges Delbard chez Truffaut et la fondation de la Maison Delbard et son implantation quai de la Mégisserie en 1935.

Ce *Grand Livre* est une thèse, comme Georges Delbard me l'écrivait d'ailleurs lui-même sur une carte de Malicorne du 24 septembre 1998, mais il est aussi un traité : thèse solidement argumentée d'une origine sibérienne du rosier et de ses premiers pas hors de son berceau vers l'Arctique d'une part et vers la Chine d'autre part ; traité décrivant la plante et son histoire naturelle et les grandes étapes de son histoire « culturelle » après sa rencontre avec les hommes, de sa domestication à ses hybridations ou ses greffages, de sa consommation – les roses thé – à son adulation – la rose symbole de beauté, d'élégance, de noblesse, de poésie, d'amour ; traité évoquant aussi les biographies des principaux artisans de l'évolution des roses, leurs collections, leurs bienfaiteurs et les peintres de leurs créations – je pense bien sûr au fameux Pierre-Joseph Redouté, dont les aquarelles sont la fierté de la bibliothèque du Muséum national d'histoire naturelle.

Outre l'érudition omniprésente dans ce monument de connaissances et d'expériences, j'ai eu beaucoup de bonheur à retrouver la passion communicative, je dirais la fougue, de Georges Delbard ; en le lisant, on l'entend ! Son texte, spontané, est empreint d'une immense force, d'un très grand enthousiasme ; les superlatifs « émerveillé », « stupéfié », « surprenant », « époustouflant » se rencontrent à chaque page ou presque et tous les débats, honnêtement présentés, se terminent par de claires – et d'ailleurs précieuses – prises de positions. Sans l'avoir vraiment voulu, le grand rosiériste Georges Delbard nous a laissé là un somptueux testament. Je suis d'autant plus honoré d'avoir à l'introduire et d'autant plus triste que son auteur n'ait pu lire mon introduction.

Georges Delbard avait souhaité également que je cautionne son texte : « Je désire aussi de votre part, m'écrivait-il le 3 juillet 1996, une mise en garde sur des affirmations et/ou simplement un énoncé discutable, notamment dans la partie historique. » Je ne l'ai pas fait. Je me serais peut-être permis, du vivant de l'auteur, de mettre un peu d'ordre dans les millions d'années qu'il évoque – et bouscule parfois –, mais n'aurais certainement rien touché à tout le travail tout à fait respectable concernant la naissance du rosier et le sens de sa diffusion dans le temps et dans l'espace, pas plus naturellement qu'à celui, naturaliste, concernant l'anatomie de la plante, son évolution, son hybridation, ses marcottes et ses greffons. Ce texte, sacralisé par la disparition de son auteur, doit rester comme il a été conçu ; le lecteur, comme le préfacier, en admirera l'organisation, se régalera de la somme de savoirs qu'il a su y réunir, de l'importance des nouveautés qu'il propose et, bien sûr, de l'enthousiasme qui n'a cessé d'un bout à l'autre d'en animer l'écriture, comme ce même enthousiasme n'a cessé d'animer, d'un bout à l'autre, la vie de ce grand monsieur.

Les plantes qu'on mange

Ce n'est évidemment pas parce que j'apprécie, comme beaucoup, les racines de *Solanum*, les feuilles de *Lactuca*, les fruits de *Lycopersicon* ou les graines de *Phaselus* derrière lesquels se cachent la pomme de terre, la laitue, la tomate et le haricot, que je me trouve à la première page d'un ouvrage d'alimentation végétale. L'étude des hommes fossiles, même si elle m'a appris que nos ancêtres consommèrent fruits et racines avant de manger le premier morceau de viande, ne me désignait pas non plus particulièrement pour préfacer une telle encyclopédie. Deux années de botanique générale et quelques travaux sur les bois pétrifiés ne m'y avaient pas préparé davantage. Alors, que fais-je dans cette prairie, ce sous-bois, ce chemin creux ? Eh bien il s'est trouvé que j'ai rencontré un jour, voilà bientôt dix ans, le jeune auteur de cette œuvre immense et que, tout à fait séduit par sa passion pour les plantes et son effort pour en faire découvrir les vertus alimentaires, je l'ai simplement encouragé au bon moment à poursuivre une recherche pour laquelle il manifestait tant de foi. Et je ne le regrette pas.

Le travail de François Couplan est d'abord une œuvre savante de naturaliste, à la fois botaniste et ethnobotaniste. Les mille et une plantes décrites dans ce volume sont envisagées du point de vue de la systématique classique avant de l'être de celui de la connaissance populaire. Nom latin et nom vernaculaire coexistent en tête de chaque fiche, souvent accompagnés d'une photo due à l'auteur. C'est ensuite une œuvre pratique de consultation, livrant, avec beaucoup de méthode et de précision, la liste la plus complète possible des plantes et des parties de chaque plante susceptibles d'être préparées, accommodées, consommées. C'est encore une œuvre philosophique car cette incitation à la découverte ou à la redécouverte d'une alimentation naturelle voudrait aussi être prise de conscience de l'extraordinaire richesse du milieu : la nature est généreuse pour qui sait à la fois la lire et la respecter.

Mais c'est aussi une œuvre poétique. D'un bout de l'Europe à l'autre, du cap Nord aux franges de l'Asie, des pâturages d'altitude à la garrigue parfumée, le lecteur herborise avec la même curiosité que l'auteur.

Première pièce d'un grand édifice, *Le Régal végétal* est donc tout à la fois œuvre d'esprit naturaliste et message d'un certain art de vivre, connaissance du milieu et conscience de son équilibre ; bien au-delà du catalogue raisonné qu'il peut donner l'impression d'être, n'est-ce pas, dans une certaine mesure, un mode d'emploi du monde ?

Les plantes qui anoblissent les goûts

« Épices », quel mot superbe ! Rien qu'à le prononcer, il pique (les anglophones le qualifient d'ailleurs de « *hot* ») tandis qu'au même titre que les cocotiers (ou presque), il évoque les lointains exotiques et tropicaux (les hispanophones appellent les épiceries, des *ultramarinos*).

Tout cela n'est certes pas faux mais ce n'est tout de même qu'un aspect bien partiel d'un sujet immense et compliqué, sujet autant d'ici que d'ailleurs, riche d'une infinité de saveurs (en cuisine) et d'une infinité d'usages (en médecine, herboristerie, parfumerie, teinturerie, cosmétologie).

L'auteure est scientifique et cela se ressent. De manière très ordonnée, elle circonscrit d'abord son sujet, en en écartant condiments, aromates et herbes aromatiques, puis elle le limite aux épices utilisées en cuisine même s'ils sont employés aussi dans d'autres fonctions et elle y prélève enfin soixante-dix cas qu'elle passera en revue par ordre alphabétique (en donnant la priorité au nom vernaculaire).

C'est passionnant !

Une généreuse mise en bouche historique fait apparaître à la fois la très grande ancienneté de la plupart des recettes tout en en soulignant les modes, voire les passions et, du même coup, les commerces, voire les trafics (j'y ai appris que « payer en espèces » venait de « payer en épices »).

Et puis c'est au tour du morceau de bravoure de s'installer et de s'épanouir en un fichier savant alignant à chaque entrée, le nom vernaculaire, le nom latin et le nom de la famille de la plante étudiée, ses synonymes dans le domaine de l'épiciologie, la description botanique de la plante et sa description ethnobotanique (histoire, usages en médecine, en cuisine) et, pour terminer, comble de luxe, quelques recettes usant habilement et subtilement de l'épice susnommée. N'oublions pas l'iconographie, digne d'un herbier, et la bibliographie tant historique que botanique, tant gastronomique que médicale, digne d'une encyclopédie.

Mireille, je vous ai connue collègue paléontologue, paléo-ichtyologiste de renom ; je vous retrouve collègue naturaliste, botaniste de talent, vraie taxinomiste obsédée de classement, mais aussi collègue de sciences humaines, vraie humaniste tournée vers l'utilisation des plantes par l'homme ; votre livre, qui a la densité d'un traité sans en avoir la sécheresse, est une incroyable somme de savoir et de l'application de ce savoir, en dépit des dédales que vous nous faites découvrir, bien éloignés parfois de ce qui pique et vient de loin.

Vous avez été, si je peux me permettre Mireille, cette épice qui a su faire de ce qui aurait pu n'être qu'un catalogue un monument d'informations savantes, sans limites ni dans le temps (l'histoire) ni dans l'espace (les cultures). Merci d'avoir eu l'idée de faire ce beau livre.

⁂

Vous voici donc repartie dans le monde subtil du goût, « le tact de l'esprit », disait le chevalier de Boufflers, celui des odeurs et des saveurs que l'on aime à évoquer tant il stimule, dans l'imaginaire comme dans la réalité, sens et organes. Vous aviez appelé votre premier livre *Grand traité des épices*, vous nommez celui-ci *Grand traité des herbes aromatiques*, en distinguant, un peu de votre propre autorité, les premières des secondes. *Aroma*, en grec ancien, veut dire « parfum », mais à peu près seulement, car le parfum s'ajoute ; l'arôme est au contraire inhérent à l'herbe dont il émane.

Mais votre rigueur scientifique n'est pas en cause, Mireille, dans les descriptions des plantes choisies – fines ou mauvaises herbes des jardins et des champs d'ici –, dans leur histoire, dans leur illustration toujours précise et tellement soignée, dans leur usage en cuisine, médecine, cosmétique ou parfumerie, dans la recherche de leurs appellations savantes ou populaires.

En vous lisant ou en vous parcourant ou en vous picorant, je pensais à bien des aspects des arômes que vous traitez ; le premier – sans doute le plus éloigné de votre propos, mais Claude Babin, qui vous est proche, s'en souviendra sûrement – est celui des séries aromatiques, liées au benzène, aux amines et aux amides et qui m'ont fait moralement transpiré aux examens de chimie organique de l'université ; je pense encore aux embaumements aromatiques des cadavres variés de l'histoire de la conservation des corps ; mais je pense aussi, Mireille, aux jolies bruyères des landes et aux savoureux fenouils au goût d'anis de la cuisine de ma grand-mère (en Bretagne), je pense aux saveurs délicates des petites ombelles blanches de l'ail de l'ours et aux fameuses salades au lard (gras) de la cuisine de ma belle-mère (dans les Ardennes), salade que j'ai tant appréciée que celle de l'Auberge de l'Abbaye de Signy porte mon nom – alors que je ne sais que la manger (!) –, je pense aux desserts de nougat au miel de fleurs de pissenlit (des Pyrénées), je pense au péquet au genièvre et au poivre qui fait si bien « garder la vue, digérer, dormir et engendrer bon vent » (du Hainaut), etc., mais j'arrête, j'arrête, cela me donne faim !

Tout est donc enchanteur dans votre travail, Mireille, enchanteur et évocateur – plus en cuisine pour moi qu'en médecine, il faut que je l'avoue.

Merci pour ce nouveau traité, sa science et son élégance, son érudition et sa clarté, sa précision et son accessibilité. Et merci, une nouvelle fois d'avoir pris le risque, en me confiant son ouverture, de laisser s'échapper les effluves et les « fumets » de toutes les merveilleuses recettes qu'il contient et que je ne manquerai pas de tester.

La vigne

Mais qu'y a-t-il donc de commun entre le vin et la mer ? me suis-je demandé, sans le dire, en recevant ce manuscrit des mains de son auteur. L'une occupe les trois quarts de la planète ou presque, sans qu'on le lui demande, l'autre ne provient que d'un petit bout de ce qui est planté sur ce qui reste et il faut beaucoup de travail et de savoir-faire pour l'obtenir, et puis l'une est plutôt bleue ou verte, quelquefois blanche ou noire ou rouge, l'autre est plutôt rouge ou blanc, quelquefois rose ou vert ou jaune. Et puis l'une encore est plutôt salée, l'autre plutôt sucré, etc., etc.

Comment m'en sortir ? pensais-je. J'avais beau m'efforcer de rechercher des rapports entre la mer et le vin, je n'y parvenais pas. Étaient-ils plus simples, peut-être, que je ne l'imaginais – de l'eau dans le vin, ce n'est guère agréable, du vin dans l'eau, on n'en parle même pas –, ou plus sophistiqués – n'y aurait-il pas eu, en quelque mythologie, des océans de vin ou, chez quelque alchimiste, des vins de mer ?

Et puis je me suis résolu, inquiet, à ouvrir l'objet et j'y ai découvert mille histoires de tonneaux et d'amphores, de bateaux, de vignes en bordure de mer et de mers par-dessous les vignes, mille proverbes, sans parler des multiples données techniques, économiques, historiques, étymologiques, des anecdotes interstratifiées à ne plus savoir qu'en faire, des incidentes œnologiques, gastronomiques, biologiques, pathologiques, à tous les coins de page. Il fallait bien évidemment l'étonnante érudition de Marc Lagrange, et son insatiable curiosité, pour que la question des liens de la mer et du vin ne se soit tout simplement jamais posée.

Mais tout de même, une autre question insolite n'en surgissait pas moins. Pourquoi m'avait-il, choisi, moi, le chercheur de fossiles, pour écrire sa préface ?

Bien sûr que j'adore la mer, et il n'est guère d'année que je ne navigue ; bien sûr que j'adore le vin et il n'est guère d'année que je ne rejoigne une confrérie bachique nouvelle. Mais je ne suis vraiment ni marin ni œnologue.

Certes, je sais que les mers n'ont cessé de monter et de descendre tout au long des 4,5 milliards (passés) d'années de l'histoire de la planète, laissant bien des sédiments au fond de bassins aujourd'hui émergés, qu'ont su utiliser bien des vignobles. Certes, je sais que les hommes n'ont eu de cesse de cueillir, de goûter, de laisser fermenter et de goûter encore, tout au long des 2,5 millions (passés) d'années de l'histoire de la conscience, obtenant bien des breuvages au fond des outres, qu'ont su affiner bien des cultures. Mais était-ce vraiment suffisant ?

Ce qui l'a été en tout cas, c'est l'amitié que Marc Lagrange et moi éprouvons l'un pour l'autre. L'admiration que je nourris en outre à son égard, à celui de son talent et de son art de vivre, m'a fait accepter l'impossible : ouvrir cet hymne à la grandeur de la nature et au génie de l'homme, que j'engage le lecteur curieux et gourmand à chanter et à déguster, en compagnie de l'auteur et de son préfacier, avec le plaisir qu'il mérite.

SOURCES

« Préface », *in* F., F. et M. Maës, *Atlas de la faune sauvage et de la chasse sportive*, Gerfaut, 1996, p. 7.

« Hommage », *in* J. Dorst, *Avant que Nature meurre. Pour une écologie politique*, et R. Barbault, *Pour que Nature vive*, Museum national d'histoire naturelle/Delachaux et Niestlé, 2012, p. 7-8.

« Préface », *in Biodiversités, nouveaux regards sur le vivant*, CNRS/Le Cherche Midi, 2010, p. 6-8.

« Préface », *in* J.-C. Lefeuvre et J.-P. Mouton, *Histoire de la baie du Mont-Saint-Michel et de son abbaye*, Éditions Ouest-France, 2009, p. 6-7.

« Défense et illustration de la systématique et de la biologie des organismes », *Bull. Société française de systématique*, 1989, 7, p. 11-15.

« Préface », *in* S. Tillier, *Encyclopédie du règne animal de A à Z*, Bordas, 1992, p. 5.

« Préface », *in* J.-L. Morère et R. Pujol, *Dictionnaire raisonné de biologie*, Éditions Frison-Roche, 2002, p. IX et X.

« En quoi le climat a-t-il influencé le développement de l'humanité ? », *in* E. Orsenna et M. Petit, *Climat. Une planète et des hommes*, Le Cherche Midi, 2011, p. 42-50.

« Préface », *in* M. Beden, *Les Faunes plio-pléistocènes de la basse vallée de l'Omo (Éthiopie). Les éléphants* (Mammalia, proboscidea), CNRS, « Cahiers de paléontologie. Travaux de paléontologie est-africaine », 1987, p. 2.

« Préface », *in* P. Tassy, *Les Nouveaux* Elephantoidea (Mammalia) *dans le miocène du Kenya*, CNRS, « Cahiers de paléontologie, Travaux de paléontologie est-africaine », 1987, p. 11.

« Préface », *in* E. Tchernov, *Évolution des crocodiles en Afrique du Nord et de l'Est*, CNRS, « Cahiers de paléontologie, Travaux de paléontologie est-africaine », 1986, p. 5.

« Préface », *in* C. Guérin et M. Patou-Mathis, *Les Grands Mammifères plio-pléistocènes d'Europe*, Masson, 1996, p. V-VI.

« Préface », *in* A. Kadri, *Le Barbe, cheval de légende*, Continental Pack Services Éditions/Zaki Bouzid Éditions, 2009, p. 13.
« Le mammouth, le renne et le phoque », conférence inaugurale à la séance solennelle de l'Académie vétérinaire de France, Sénat, 2 décembre 2010, inédit.
« Préface », *in* A. Foucault et M. Patou-Mathis, *Au temps des mammouths*, Museum national d'histoire naturelle/Phileas Fogg Éditions, 2004, p. 4-5.
« Préface », *in* L. Lopez, M. Colombet, L. Navant et C. Verdier, *Le Mammouth de A à Z*, 2010.
« Avant-propos/Foreword », *in* D. Mol et F. Lacombat, *Mammouths et mastodontes de Haute-Loire*, Éditions Jeanne d'Arc, 2010, p. 10-15.
« Préface », *in* F. Latreille, texte de Bernard Buigues, *Mammouth*, Robert Laffont, 2000, p. 10-11.
« Préface », *in* G. Auclair-Semere et P. Jeanmonod, *Symphonie sauvage*, Éditions Alternatives, 2006, p. 7.
« Préface », *in* J. Dorst, *Les oiseaux ne sont pas tombés du ciel*, Éditions Jean-Pierre de Monza, nouvelle édition revue par l'auteur, 2001, p. 4-7.
« Préface », *in* J. Dorst, *Et si on parlait un peu de la vie ? Propos d'un naturaliste. Entretiens avec Sébastien Ripari*, Maisonneuve et Larose/Archimbaud, 1999, p. 9-11.
« Préface », *in* G. Delbard, *Le Grand Livre de la rose*, Somogy-Éditions d'Art/Éditions Georges Delbard, 2002, p. 4-5.
« Préface », *in* F. Couplan, *Le Régal végétal. Encyclopédie des plantes comestibles de l'Europe*, Équilibres, 2003, vol. 1.
« Préface », *in* M. Gayet, *Grand traité des épices*, Éditions Le Sureau, 2010, p. 7 et « Préface », *in* M. Gayet, *Grand traité des herbes aromatiques*, Éditions Le Sureau, 2012, p. 7.
« Préface », *in* M. Lagrange, *Le Vin et la Mer*, Féret, 2008, p. 7-8.

Chapitre 4

LEUR HISTOIRE

Histoire des êtres, histoire des sciences et leur diffusion

Depuis le début de ce livre, nous avons bien compris que le héros était et demeurait l'homme préhistorique mais qu'on allait ici lui tourner autour ; nous avons ainsi commencé par quelques éclairages sur ses conditions de conservation, le contenant. Et puis nous avons décrit un certain nombre de ses compagnons de voyage (dans le temps) ou de leurs descendants, le contenu. Dans ce quatrième chapitre, nous allons raconter comment on découvre ce contenu (expéditions), comment on l'étudie (techniques), comment on interprète les résultats de ces études (hypothèses), comment on en diffuse les conclusions (expositions, communications).

Je n'ai pas besoin de redire que le coffre étant sous nos pieds, il faut creuser pour le découvrir, l'ouvrir et le vider. Mais, en fonction de la question que l'on se pose, ce coffre est parfois à l'autre bout du monde et d'accès simple ou enfoui sous des centaines de mètres de sédiments, d'eau ou de glace.

Une fois le coffre découvert et vidé, et pas n'importe comment, il faut en nettoyer le contenu (lavage simple ou traitement chimique ou mécanique) et l'étudier. Et cette analyse, elle aussi simple, descriptive et quantifiée, comparée et statistique, est aujourd'hui de mieux en mieux assistée par des technologies de plus en plus précises.

Cette lecture conduit bien sûr à des déductions, parfois solidement démontrées, parfois moins, et puis à des interprétations de ces déductions, voire à des spéculations, les limites entre les unes et les autres n'étant pas toujours simples à tracer.

Et puis ce qui est acquis ou semble l'être peut alors, doit alors, apparaître au grand jour (c'est notre devoir), avec les réserves qui conviennent à toute déclaration scientifique. La chaîne de l'information vient s'insérer ici, expositions, explications, diffusion et adaptations en fonction des supports.

Il existe des professionnels à tous les niveaux de cette opération, des scientifiques de terrain, des scientifiques de laboratoire, des techniciens, des vulgarisateurs. Toutes les étapes sont passionnantes et participent à l'avancement de la connaissance.

Les fossiles

Comme le souvenir des milliards d'années d'histoire de la vie ne s'est pas plus inscrit dans la mémoire des êtres que celui des derniers millions d'années ne s'est gravé dans la conscience des hommes, les premiers naturalistes que les fossiles ont intrigués n'avaient pu pressentir de quelque manière que ce soit ce qu'ils allaient mettre au jour en se tournant, pour reconstituer le passé, vers les archives sédimentaires de la Terre. Le discours poétique des mythes et des religions révélées les avait au contraire préparés à rencontrer un tout autre monde, une tout autre chronologie, une tout autre histoire. Il est facile de comprendre combien les premières découvertes paléontologiques ont pu par suite leur paraître merveilleuses, mais déroutantes, combien l'extraordinaire diversité des formes disparues, leur fréquente extravagance et l'étonnant enchaînement que, peu à peu, elles semblaient dessiner, ont dû les fasciner mais les embarrasser.

Au fil des pages de ce passionnant ouvrage, Éric Buffetaut a fait pour nous le travail difficile de suivre, pas à pas, la construction, à travers le monde, de la belle science paléontologique ; de la première collection de fossiles, réunie dans sa cabane par un néandertalien curieux, aux lectures paléogéographiques actuelles de la répartition des sites fossilifères en fonction de celle des plaques, 50 000 années d'histoire de l'histoire de la vie, mais plus précisément bien sûr leurs derniers millénaires et plus précisément encore les trois cents dernières années, vont ainsi défiler sous nos yeux avec leurs héros, les découvertes qu'ils firent, les interprétations qu'ils en donnèrent et l'élaboration des systèmes qu'ils proposèrent pour les réunir. D'abord insérés tant bien que mal dans les récits d'origine, et tout particulièrement, étant donné la tradition culturelle de leurs auteurs, dans celui du Déluge, on verra peu à peu ces systèmes s'en dégager et entraîner dans leur élan une profonde mutation des mentalités. C'est ainsi qu'à la longue l'établissement de l'épaisseur du temps et de son étalonnage, la démonstration de l'enracinement de la vie dans la matière et la mise en évidence de son déploiement, de la malléabilité des formes qu'elle a prises et de leurs transformations événementielles, la prise de conscience aussi de l'origine animale de l'homme et de son évolution tout aussi circonstancielle, ne pouvaient que bousculer la pensée des hommes et participer à fonder une philosophie originale, aujourd'hui bien établie. Quel extraordinaire chemin de la *vis plastica* à Buffon, de Cuvier, d'Orbigny, von Meyer ou Lartet à Lamarck, Wallace, Owen et Darwin, de Huxley et Jefferson aux trop fameux Cope et Marsch ou aux plus récents Simpson et Mayr ! Mais, au-delà de sa fonction de reconstruction de l'histoire de la vie et de l'insidieux impact philosophique que ce récit entraîne, il ne faut pas oublier l'importance du fonctionnement de la paléontologie et sa lourdeur nécessaire, tant en amont qu'en aval ; pour trouver, il faut fouiller et, quand on a trouvé, il faut récolter, préparer, comparer, remonter, reconstituer, stocker. Éric Buffetaut, qui pratique la paléontologie et sait tout ce que cela signifie, n'a pas manqué de noter le développement des expéditions et de leur équipement, la naissance des ateliers, des laboratoires et des instituts spécialisés, la création des dépôts de fouilles et des musées pour conserver les récoltes parfois encombrantes, mais aussi, pour la première fois, pour les montrer. Et le public a pris facilement le relais, étonné par les animaux éteints, surtout les gros, et par les paysages disparus, surtout les exotiques, intrigué par la mobilité des terres, la transformation des climats, l'évolution des êtres. Et, grâce à cette curiosité de bon aloi, ce public a appris beaucoup de choses, il a rêvé et réfléchi, et il est allé rejoindre le nombre grandissant de ceux dont l'esprit a élargi sa conception de l'histoire aux 15 milliards d'années (pour le moment reconnues) de l'Aventure de l'Univers et sa conception de la généalogie aux 4 milliards d'années de l'Aventure de la Vie.

La richesse de ce livre est incontestablement sa documentation je dirais universelle, son élégance, la passionnante succession des petites histoires, des grandes découvertes et de leur lecture ; sa force, la manière dont inexorablement le lecteur est conduit, dans une rigueur croissante et une logique sans appel, aux grandes conclusions contemporaines. Je salue la puissance de l'ouvrage et l'érudition de son auteur et je remercie très sincèrement Éric Buffetaut de m'avoir donné le privilège de préfacer l'histoire qui, de la science, a sans doute transformé le plus profondément la conception qu'ont les hommes du monde et d'eux-mêmes. Son invitation à écrire ces quelques lignes pour introduire les siennes m'a fait très grand plaisir.

La grande aventure paléontologique est-africaine

L'australopithèque a cinquante ans[1]. Un jour de novembre 1924, R. B. Young, professeur de géologie à Johannesburg, faisait au Bechuanaland, une tournée « sur le terrain ». Intéressé par le remplissage des fissures ouvertes dans les travertins de la région de Taung, il alla examiner les carrières de chaux exploitées depuis plus de trente ans par la Northern Lime Company. Reçu par le directeur de l'entreprise, M. A. E. Spiers, il eut la surprise de voir, sur son bureau, le crâne fossile d'un primate encore tout enveloppé de sa gangue de calcaire sableux rouge. Le crâne venait d'être recueilli dans la carrière par M. M. de Bruyn, qui l'avait pris pour celui d'un Bushman fossile ; R. B. Young emporta la pièce et la remit à Johannesburg à son collègue Raymond Dart, professeur d'anatomie. Dart prépara le spécimen et le décrivit sous le nom nouveau d'*Australopithecus africanus*, membre de la famille nouvelle des *Homo simiadae*, dans un article désormais célèbre de *Nature* paru le 7 février 1925 à Londres. Raymond Dart avait eu le diagnostic très sûr : « Il est manifeste, écrivait-il, que nous sommes en présence d'un stock préhumain. »

Aujourd'hui, cinquante ans après, nous pourrions parfaitement reprendre, sans en changer un mot, cette déclaration de février 1925.

L'interprétation de Raymond Dart fut reçue avec un grand scepticisme et, pendant dix années, la bataille entre les partisans de l'australopithèque-singe et ceux de l'australopithèque-homme fit rage. C'est durant cette période que Raymond Dart se rendit à Londres pour présenter son « enfant » aux grands anthropologues et paléontologues anglais du moment ; et il raconte volontiers comment, dans l'émotion de cette visite, il

1. Écrit en 1975.

oublia le crâne de Taung dans un taxi et comment il fallut tout le talent de Scotland Yard pour retrouver le premier australopithèque égaré.

Les carrières de Taung ne devaient pas livrer d'autres restes de ces australopithèques. Mais quatre autres gisements prirent le relais à partir de 1936.

Le docteur Robert Broom, alors au Transvaal Museum de Pretoria, prospectait en effet le pays à la recherche de gisements paléontologiques lorsqu'il visita, le 9 août 1936, la grotte de Sterkfontein. Cette grotte devait donner, le 17 du même mois, un très beau crâne d'australopithèque, le second, que Robert Broom décrivit sous le nom nouveau de *Plesianthropus transvaalensis* (transformé très vite en « Madame Ples »). Des travaux furent alors entrepris et la grotte de Sterkfontein livra et livre encore de nombreux restes d'australopithèques, de vertébrés et même, en certains points, d'industries préhistoriques.

En 1938, une autre brèche, affleurant à Kromdraai, à côté de Sterkfontein, donna à son tour, la plus grande partie d'un crâne d'un type d'australopithèque différent nommé par Robert Broom, *Paranthropus robustus*.

Il faut attendre l'après-guerre pour ajouter les deux derniers des cinq sites sud-africains[1] à la liste des gisements à australopithèque.

En 1945, Philippe V. Tobias, professeur à l'école de médecine de Johannesburg, organisa, pour les étudiants en anatomie, une excursion dans la vallée de Makapansgat, au nord du Transvaal ; des restes fossiles et des industries préhistoriques avaient été rapportés de cette vallée quelques années auparavant. Raymond Dart se joignit au groupe, et cette première visite l'intéressa tant qu'il ne cessera plus d'y retourner. Il y découvrit en 1947 les restes d'un australopithèque qu'il appela *Australopithecus prometheus*

1. On en a découvert beaucoup d'autres depuis ; toujours dans les mêmes conditions de gisements (brèches).

et décrivit en 1957 une industrie en os, en dents et en cornes taillés qu'il lui attribua et nomma la culture ostéodontokératique.

En 1948 enfin, Robert Broom, assisté de John Robinson, ouvrit avec l'aide d'une expédition de l'Université de Californie, un nouveau chantier dans les brèches d'un gisement proche de Sterkfontein et de Kromdraai, Swartkrans, gisement qui ne devait pas tarder à offrir, à son tour, les restes d'un cinquième australopithèque, *Paranthropus crassidens,* associé à un hominidé plus avancé, *Telanthropus capensis*.

Disons, tout de suite, pour alléger les mémoires, que les australopithèques des gisements de Taung, de Sterkfontein et de Makapansgat sont généralement groupés aujourd'hui sous le nom d'*Australopithecus africanus* ou australopithèque gracile, tandis que ceux de Kromdraai et de Swartkrans sont distingués sous le nom d'*Australopithecus robustus* ou australopithèque robuste. *Telanthropus* est en général considéré comme un *Homo*.

Dès 1939, une mission allemande dirigée par L. Kohl Larsen rapporta d'un gisement appelé Laetoli, et situé dans la région de la rivière Garusi en Tanzanie, des fragments de crâne et un morceau de maxillaire du premier australopithèque est-africain ; des études successives en ont fait d'abord un genre nouveau, *Praeanthropus,* puis l'ont rapproché des fossiles javanais sous le nom de *Meganthropus africanus* ; un compromis a consisté à l'appeler *Praeanthropus africanus,* avant de l'assimiler finalement au genre *Australopithecus* sud-africain.

Un couple britannique, Louis et Mary Leakey, fouillait, à 30 kilomètres au nord de Laetoli, la gorge d'Olduvai et ce depuis très longtemps puisque Louis y mena sa première expédition en 1931 avec l'allemand H. Reck et l'anglais A. T. Hopwood. Mais il fallut attendre 1955 pour que ce gisement, devenu depuis on ne peut plus célèbre, livrât son premier reste d'australopithèque, le second d'Afrique orientale : une dent.

Mais cette dent n'était qu'une amorce ; quatre ans plus tard, Mary Leakey mit au jour un très beau crâne d'australopithèque, portant encore ses 16 dents, et décrit par Louis

Leakey sous le nom de *Zinjanthropus boisei.* Et depuis les découvertes d'hominidés se succèdent sans interruption.

Quelques années plus tard, Louis Leakey annonça, comme une bombe, la date de 1,75 million d'années obtenue par la méthode radiométrique du potassium/argon pour le niveau de *Zinjanthropus*.

Une rapide prospection de la région du lac Natron conduisit bientôt Richard Leakey, fils de Louis et de Mary, et Glynn Isaac à découvrir, en janvier 1964, une très belle mandibule, enrichissant la Tanzanie et l'Afrique orientale d'un troisième gisement à australopithèques.

C'en était trop ! Les paléontologistes et les paléoanthropologistes du monde entier – indifférents d'abord, puis successivement intrigués par la dent d'Olduvai (1955) et passionnés par le crâne de *Zinjanthropus* (1959) – n'y tinrent plus lorsque fut publié l'âge géologique de ce dernier, malgré le scepticisme de rigueur. Ils réalisèrent très vite que l'homme fossile avait vécu en Afrique orientale, qu'il y était extrêmement ancien, et que ce pays offrait dans le sillon de la grande cassure qui le balafre (la Rift Valley) la masse de sédiments nécessaire à sa conservation. Toutes les conditions étaient réunies.

La prise de conscience fut immédiate et universelle ; on assista à une véritable ruée vers l'homme fossile, à un véritable « vol » de paléontologistes (j'étais dans l'escadrille !). Huit expéditions internationales, représentant plus de 500 personnes dont une centaine de chercheurs, s'abattirent, telles des sauterelles, sur 2 000 kilomètres de Rift Valley, de la plaine de Serengeti en Tanzanie à la mer Rouge, à travers le Kenya et l'Éthiopie ; ce furent du sud au nord :

– l'expédition kényane d'Olduvai, récemment étendue à Laetoli (1974) et dirigée par Louis et Mary Leakey et par Mary Leakey seule après la mort de son mari en 1972 ;

– l'expédition britannique du lac Baringo, commencée en 1966 et dirigée par les professeurs B. King et W. W. Bishop de Londres ;

– l'expédition américaine de la rivière Kerio au sud-ouest du lac Rodolphe, dirigée par le professeur B. Patterson de Harvard et commencée en 1964 ;

– l'expédition kényane de l'est du Rodolphe, commencée en 1968 et dirigée par Richard Leakey ;

– l'expédition internationale de l'Omo, en Éthiopie, commencée en 1966 et composée de la mission française de l'Omo, dirigée par C. Arambourg et Y. Coppens et par Y. Coppens après la mort de C. Arambourg en 1969 et de la mission américaine dirigée par F. Clark Howell de Berkeley ;

– la mission archéologique franco-éthiopienne de Melka Kunturé près d'Addis-Abeba, que dirige J. Chavaillon depuis 1965 ;

– l'expédition internationale de l'Afar fondée en 1972 par Maurice Taieb (inventeur du gisement), Yves Coppens, D. C. Johanson et J. Kalb.

Et, à l'exception de l'expédition de la rivière Kerio, arrêtée en 1972, toutes ces expéditions sont en activité.

Cette vaste opération, véritable aventure scientifique, est absolument sans précédent dans l'histoire de la paléontologie. Un pareil déploiement de forces a évidemment entraîné un bilan proportionnel ; 500 restes d'hommes fossiles, autant en dix ans que pendant les cent années qui ont précédé ; 200 000 restes de vertébrés ; un nouveau style de recherches en larges équipes internationales multidisciplinaires.

En plus de ces huit grandes expéditions internationales, il faut mentionner les recherches du docteur L. S. B. Leakey dans le miocène de Fort-Ternan au Kenya, récemment reprises par Peter Andrews et Alan Walker ; la reprise des gisements de Kanam et de Kanjera par David Pilbeam ; les travaux de B. Patterson dans le miocène du Turkana ; ceux de R. Savage dans le sud-est du lac Rodolphe ; les campagnes de R. Aguirre et de P. Leakey dans le bassin du lac Baringo ; les projets de N. Boaz dans le bassin de la rivière Semliki au Zaïre et ceux de J. Kalb en Afar éthiopien.

En dix ans le genre *Homo* a gagné 2 millions d'années, l'australopithèque en a gagné 5, la préhistoire s'est allongée des deux tiers ou peut-être même des trois quarts de sa durée. Les travaux coordonnés des géologues, des pédologues, des sédimentologistes, des géomorphologistes, des paléontologistes, des pathologistes en même temps que ceux des paléoanthropologistes ont permis d'étudier l'homme fossile dans son milieu d'existence et de mesurer, par suite, la part du rôle du milieu dans son évolution. Pendant ce temps les progrès de la radiométrie et de la magnétostratigraphie permettaient de dessiner un cadre chronologique à cette histoire avec une précision jamais atteinte.

La paléontologie était abordée qualitativement et quantitativement par des spécialistes français américains, anglais, canadiens, israéliens, kényans, belges, hollandais ; plusieurs programmes – mis au point à Paris (RCP 292 et École centrale) et à Berkeley – permettaient le traitement de ces grands nombres et apportaient, en plus de la détermination générique et spécifique, la prise en considération des fréquences relatives de chaque animal et du sens de l'évolution de ces fréquences, précieux indices paléoclimatiques.

La récolte paléontologique elle-même s'était affinée en tenant compte de l'apport de la taphonomie ; des statistiques faites sur le nombre d'os recueillis sur une surface ou dans un volume de sédiments donné, la nature de ces os, les bêtes auxquelles ils avaient appartenu, la manière dont ils étaient brisés, leur orientation, leur poids, etc., apportèrent des précisions insoupçonnées sur la paléogéographie, les différents paysages d'une même époque, les milieux écologiques représentés et leur peuplement animal et végétal, etc.

En dix années ces 100 chercheurs ont abordé l'étude des 10 derniers millions d'années, et plus particulièrement la période de 1 à 4 millions d'années, comme une enquête policière ; ils y ont mis tous les moyens possibles, sur le terrain et en laboratoire ; et ils ont écrit ou sont en train d'écrire, dans le plus grand détail, l'histoire de cette partie du monde pendant ces 3 millions d'années privilégiés ; privilégiés, en effet, puisqu'il semble bien qu'ils aient vu naître le genre *Homo* que nous sommes et émerger la conscience.

Les documents paléoanthropologiques recueillis en Afrique orientale et qui font l'objet de cet article datent des 10 derniers millions d'années.

Le gisement le plus ancien, N'Gorora, atteint en effet cet âge (entre 9,3 et 12 millions d'années) ; il appartient au bassin du lac Baringo, au Kenya, et n'a pour le moment livré qu'une molaire isolée d'hominidé difficile à déterminer. Un autre gisement du bassin du lac Baringo, Lukeino, vieux de 6,5 millions d'années, a livré, lui aussi, une molaire isolée, comparable aux dents homologues d'australopithèques[1].

Une pièce de 6 millions d'années a été recueillie à Lothagam, dans le bassin de la rivière Kerio, au sud-ouest du lac Rodolphe ; il s'agit d'une demi-mandibule portant encore la première molaire ; c'est le plus ancien reste rapportable à coup sûr à un australopithèque ; une prospection complémentaire de ce gisement de Lothagam a permis d'ajouter en 1972 quelques fragments d'os crâniens (pariétaux et occipital) à la première demi-mandibule.

Un autre gisement du bassin du lac Baringo (Chemeron) et un autre gisement du bassin de la rivière Kerio (Kanapoi), tous deux datés de 4 millions d'années, ont respectivement fourni un fragment de temporal et une extrémité distale d'humérus d'australopithèque.

Un certain nombre de localités d'une région de l'Afar, appelée Hadar, représentant cinq niveaux stratigraphiques, nous ont offert les restes, particulièrement bien conservés, d'au moins dix individus de trois espèces d'hominidés en trois saisons de recherches ; exceptionnellement conservés en effet

1. C'est à Lukeino que, vingt-six ans plus tard, Brigitte Senut découvrit et décrivit *Orrorin tugenensis*, un préhumain nouveau incontestable.

puisque l'un de ces dix individus, découvert lors de la campagne 1974 et surnommé Lucie, est représenté par 40 % de son squelette (os de la main, du poignet, le bras droit presque complet, quelques os du crâne, la mandibule, des côtes, des vertèbres, la moitié du bassin, le sacrum, la presque totalité de la jambe gauche, l'astragale). La faune et les mesures de datation absolue situent ces découvertes un peu au-delà de 3 millions d'années.

Ce sont ensuite les grands gisements de l'Omo en Éthiopie et de l'est du lac Rodolphe au Kenya qui illustrent la période de l'histoire des hominidés comprise entre 3 millions et 1 million d'années. Par la puissance de leur dépôt (plus de 1 000 mètres), la continuité de leur séquence sur plus de 3 millions d'années de durée (la sédimentation commence en effet au-delà de 4 millions d'années), l'énorme quantité de fossiles recueillis (plus de 50 tonnes), la grande précision des échelles biostratigraghiques, radiométriques, magnétostratigraphiques construites sur une remarquable microstratigraphie, la présence quasi générale des restes d'hominidés et des industries préhistoriques à partir de 3 millions d'années, les gisements de l'Omo sont devenus l'étalon pour tous les autres gisements est-africains, « la référence et l'exemple pour tous les gisements du monde du même âge », selon D. Pilbeam. Ils ont fourni plus de 300 restes de quatre hominidés répartis sur une durée d'au moins 3 millions d'années. Les gisements de l'est du lac Rodolphe représentent à peu près la même période ; ils ont livré 120 restes d'hominidés souvent remarquablement conservés ; en bien meilleur état, en effet, que dans les gisements de l'Omo, ils comptent, par exemple, une bonne demi-douzaine de très bons crânes.

À Laetoli, en Tanzanie, des prospections très récentes – puisqu'elles datent de l'été et de l'automne 1974 – viennent de permettre à Mary Leakey d'ajouter plusieurs pièces extrêmement intéressantes à la première récolte allemande d'un demi-maxillaire en 1939 ; une coulée de lave date ces documents de 2,4 millions d'années[1] ; on ne connaît pas la position stratigraphique de la première pièce.

Le gisement d'Olduvai prend le relais entre 1,8 million et 3 millions d'années ; fouillé de manière particulièrement intensive depuis 1959, ce gisement a apporté d'innombrables informations anatomiques, écologiques et culturelles sur l'homme fossile illustré par 70 restes dont quelques pièces exceptionnelles puisque c'est à Olduvai qu'ont été créés *Zinjanthropus boisei* et *Homo habilis* (ainsi qu'*Homo leakeyi*).

Il semble que les gisements de Natron (ou Peninj) en Tanzanie et de Chesowanja dans le bassin du lac Baringo au Kenya, qui ont livré respectivement une mandibule et un important fragment crânien d'australopithèque, puissent être datés de 1,5 million à 2 millions d'années. Il n'est pas impossible que les trois plus anciennes des cinq grottes à australopithèques d'Afrique du Sud – Taung, Sterkfontein et Makapansgat – puissent se rapporter aussi à cette période, la plus ancienne d'Olduvai.

Les deux dernières des cinq grottes sud-africaines – Swartkrans et Kromdraai – se parallélisent plutôt avec le niveau 2 d'Olduvai ; elles auraient alors entre 1 million et 1,5 million d'années.

On dispose donc de peut-être un millier de restes osseux et dentaires d'hommes fossiles provenant de cinq gisements sud-africains et de six grandes régions est-africaines représentant plusieurs centaines de localités.

Mais, comment s'ordonnent phylogénétiquement ces restes ? Ils semblent appartenir à 4 hominidés : 2 australopithèques et 2 hommes.

L'un de ces australopithèques est celui que l'on appelle l'australopithèque robuste (ou *Australopithecus robustus*) ; il a été rencontré à Swartkrans et à Kromdraai (*Paranthropus*)

1. Les empreintes de pas, beaucoup plus anciennes, seront découvertes plus tard.

en Afrique du Sud, à Olduvai, à Peninj en Tanzanie, dans certains sites du bassin du lac Baringo, à l'est du lac Rodolphe au Kenya, à l'Omo et en Afar en Éthiopie (*Zinjanthropus*).

Australopithecus robustus est plus fort et plus grand que les autres hominidés ; on estime sa taille à 1,50 mètre et son poids de 40 à 60 kilos. La grande majorité des traits spécifiques de son crâne et de sa mâchoire sont des adaptations à un meilleur fonctionnement d'un puissant appareil masticateur : muscles temporaux si forts qu'ils sont à l'origine de la formation d'une crête sagittale chez les mâles ; muscles ptérygoïdes et masséters à l'ancrage résistant ; arc zygomatique robuste ; front absent, face longue et plate, mandibule épaisse et massive à branche montante haute pour accroître les mouvements des muscles masticateurs ; molaires et prémolaires extrêmement fortes, incisives et canines au contraire très réduites pour favoriser les mouvements latéraux de broyage. La capacité endocrânienne très stable de cet hominidé est de l'ordre de 500 à 550 cm^3. Les os longs qui lui sont attribués révèlent une bipédie certaine mais imparfaite.

Australopithecus robustus se comporte comme un être adapté à un habitat et à un régime particuliers ; spécialisé tardivement sous des pressions écologiques, il apparaît comme un hominidé végétarien, figé dans son choix et qui n'évolue plus de façon sensible.

Le second australopithèque est celui que l'on appelle l'australopithèque gracile (ou *Australopithecus africanus*) ; il a été récolté à Taung, à Sterkfontein (*Plesianthropus*), et à Makagansgat en Afrique du Sud, à Olduvai et à Laetoli en Tanzanie, dans le bassin du lac Baringo, dans celui de la rivière Kerio et à l'est du lac Rodolphe au Kenya, à l'Omo (*Paraustralopithecus* ?)[1] et en Afar en Éthiopie (le squelette de 1974 appelé Lucy).

1. Devenu *Zinjanthropus* ou *Paranthropus* et considéré comme une forme robuste ancienne.

Australopithecus africanus est plus gracile que le précédent australopithèque.

On estime sa taille de 1 à 1,25 mètre et son poids de 20 à 30 kilos. Il présente, comme *Australopithecus robustus*, un puissant appareil masticateur : mandibule épaisse, prémolaires et molaires fortes à l'émail épais et l'usure à plat. Mais le régime alimentaire doit changer progressivement pour devenir de plus en plus omnivore. Les canines et les incisives de cette forme sont en effet relativement plus fortes et les dents jugales relativement plus faibles. La face de cet australopithèque est plus projetée que ne l'était celle de l'australopithèque robuste ; les arcades sus-orbitaires modérément développées supportent un front modeste mais présent. La capacité endocrânienne varie de 430 à 500 cm^3 chez les formes sud-africaines ; elle pourrait atteindre 600 cm^3 chez certaines formes est-africaines (à Olduvai et dans l'est du lac Rodolphe).

Australopithecus africanus se comporte comme un australopithèque qui esquisse deux grandes tendances évolutives qui le rapprochent de l'homme : la transformation de la denture (vers la réduction des dents de la joue et le développement des dents antérieures) et le net accroissement de la taille du cerveau.

Le premier des hommes est l'espèce décrite à Olduvai sous le nom d'*Homo habilis*. Il a été reconnu depuis dans les récoltes de l'est du lac Rodolphe au Kenya, de l'Omo et de l'Afar en Éthiopie, et peut-être de Laetoli en Tanzanie.

Homo habilis accuse une augmentation de la taille par rapport à *Australopithecus africanus* ; on lui donne 1,20 à 1,40 mètre et 30 à 50 kilos. Proche d'*Australopithecus africanus* en ce qui concerne la denture, *Homo habilis* accentue la tendance esquissée chez ce dernier : les prémolaires et les molaires d'*Homo habilis* sont plus étroites et plus allongées et leurs dimensions générales se réduisent tandis que les dimensions des incisives et des canines augmentent sensiblement.

La seconde tendance amorcée chez *Australopithecus africanus* est le développement du cerveau ; la capacité endocrânienne d'*Homo habilis* varie de 500 à près de 800 cm^3 ; elle poursuit donc ce développement de manière exponentielle et dépasse les chiffres de certains pithécanthropes. Sa face est beaucoup moins projetée que celle d'*Australopithecus africanus* ; son front est beaucoup plus haut. Par la continuation et l'accélération de ces tendances évolutives, *Homo habilis* se rapproche de manière très sensible des formes modernes du genre *Homo* ; il se comporte vis-à-vis de l'australopithèque gracile comme un descendant progressif définitivement engagé vers l'acquisition d'une bipédie parfaite, l'établissement du régime omnivore et la croissance explosive du cerveau.

La deuxième espèce du genre *Homo* est l'*Homo erectus* ou pithécanthrope. Rencontré à Olduvai en Tanzanie (*Homo leakeyi*) à l'est du lac Rodolphe au Kenya, à l'Omo et à Melka Kunturé en Éthiopie, c'est peut-être *Homo erectus* qui a été décrit à Swartkrans en Afrique du Sud, sous le nom de *Telanthropus capensis*.

Caractérisé par un épaississement des os du crâne qui forment une voûte surbaissée que parcourt une carène sagittale, l'*Homo erectus* accuse encore un peu plus les tendances évolutives précédemment décrites.

La denture devient presque moderne dans une mâchoire toujours robuste (la longueur de la série des incisives et des canines qui représentait 23 à 28 % de la série des prémolaires et des molaires chez *Australopithecus africanus* atteint ici 30 à 36 % ; elle est de 36 à 37 % chez l'homme moderne) ; la capacité endocrânienne varie de 750 à 1 250 cm^3 (le crâne d'Olduvai atteint 1 067 cm^3) ; les membres sont pratiquement modernes. L'*Homo erectus* mesurait et pesait ce que mesure et pèse *Homo sapiens,* avec de grandes variations d'ordre racial, due à sa large répartition géographique puisqu'il a très vite couvert tout l'ancien monde.

Quand on étudie comparativement ces quatre hominidés, on s'aperçoit qu'ils se rangent par ordre d'évolution croissante comme nous les avons présentés, c'est-à-dire ; *Australopithecus robustus, Australopithecus africanus, Homo habilis, Homo erectus.*

Si on fait maintenant intervenir les âges géologiques, on s'aperçoit que *Australopithecus africanus* est l'hominidé le plus ancien (6 millions d'années), qu'*Australopithecus robustus* et *Homo habilis* apparaissent ensuite, à peu près ensemble, vers 3-4 millions d'années, suivis, à 1,5 million d'années, par *Homo erectus.* Tout se passe donc comme s'il y avait une filiation directe entre *Australopithecus africanus, Homo habilis* et *Homo erectus*, tandis qu'*Australopithecus robustus* ferait figure de cousin détaché de cette descendance par une adaptation spécifique à un milieu particulier.

Les choses ne sont évidemment pas si simples. Il apparaît, par exemple, de plus en plus, qu'*Australopithecus robustus* et *Australopithecus africanus* sont représentés chacun par plusieurs formes chronologiques et géographiques, qui ont peut-être rang de races, de sous-espèces ou même d'espèces. Il apparaît aussi, mais il fallait s'y attendre, que certains australopithèques graciles soient contemporains des premières formes du genre *Homo.*

La limite entre *Australopithecus* et *Homo* apparaît de son côté comme difficile à tracer avec certitude, si tant est que ce genre de limite ait une signification ; certains auteurs appellent *Australopithecus africanus, Homo africanus* ; certains autres appellent *Homo habilis, Australopithecus habilis.*

Je demeure néanmoins personnellement convaincu, à cause des liens anatomiques extrêmement proches entre *Australopithecus* et *Homo*, à cause de la plus grande ancienneté du premier, à cause du progrès qu'accusent certaines tendances évolutives importantes quand on passe du premier au second, de la filiation *Australopithecus-Homo.*

L'homme est un primate de savane peu ombragée. L'étude de la composition des assemblages fauniques, l'étude du sens de l'évolution de ces assemblages, l'étude de l'évolution des fréquences des divers groupes de vertébrés les uns par rapport aux autres, l'analyse des informations de la taphonomie, la reconstitution des spectres paléobotaniques et palynologiques nous ont apporté, pour la première fois avec un pareil luxe de détails, la description du milieu d'existence des premiers « hommes ».

En Afrique du Sud, *Australopithecus robustus* paraît vivre dans une brousse à épineux rabougris, sèche mais peu éloignée de l'eau. En Afrique de l'Est, on le trouve dans des milieux de brousse mixte et de prairies mais, il est toujours présent lorsque le climat s'assèche et que la savane s'ouvre. Ses énormes dents jugales, « casse-noisettes », lui permettaient probablement de supporter mieux que quiconque l'allongement de la durée des saisons sèches, en s'alimentant de fruits secs.

Australopithecus africanus se rencontre en Afrique du Sud dans une brousse plus épaisse, mêlée de prairies, à Makapansgat mais aussi dans des régions beaucoup moins humides comme Taung ou Sterkfontein. En Afrique orientale, *Australopithecus africanus* apparaît plus lié à un paysage couvert, à une brousse à hautes herbes côtoyant une forêt riveraine de cours d'eau permanents.

Le genre *Homo* apparaît au moment où le paysage perd ses arbres, où un tapis d'herbes rases remplace les hautes herbes, au moment où arrivent le premier vrai cheval et les antilopes coureuses (alcélaphes) ; *Homo* s'y comporte comme un mammifère de zones très ouvertes, de savane à acacias épars et de steppes. Milieu difficile et stimulant auquel il n'aurait pu s'adapter s'il n'avait pu développer son outillage ; courant en effet moins vite sur deux pieds que sur quatre, et se défendant certainement moins bien avec ses petites canines et ses petites incisives que n'importe quel autre prédateur, il a fallu pour compenser qu'« il ait son dentier dans la main » (Kortlandt).

La préhistoire s'allonge de 2 millions d'années. Deux des gisements est-africains, l'Omo en Éthiopie et l'est du lac Rodolphe au Kenya, ont livré les outils de pierre taillée les plus vieux du monde ; ils proviennent de sites en place qui dépassent 2,5 millions d'années (localité Omo 84 et cinérite KB5 de l'est du lac Rodolphe) et de récoltes de surface paraissant dérivées de niveaux de plus de 3 millions d'années. Il n'est pas impossible que les gisements de l'Afar en Éthiopie (Hadar) viennent s'ajouter aux deux premiers : des éclats ont été recueillis en place en 1974, dans un niveau de 3 millions d'années.

Ces industries, contre toute attente, ne sont pas faites de galets aménagés, mais essentiellement de pièces de très petite taille, en quartz à l'Omo, en basalte à l'est du lac Rodolphe. Ce sont à l'Omo, par exemple, des fragments anguleux (60 %) de quelques millimètres à 4 centimètres de dimension maximale, des nucleus globuleux (10 %) de 2 à 6 centimètres de diamètre, des éclats (30 %) utilisés directement ou retouchés. Il convient d'y ajouter quelques ossements et quelques dents qui présentent des traces indiscutables d'usage (canine de suidé, canine d'hippopotame, à l'est du lac Rodolphe) et même des retouches (basicrâne de siluridé, l'Omo 71).

À Makapansgat, en Afrique du Sud, R. Dart a décrit en 1957 une industrie utilisant l'os, la dent et la corne, qu'il a nommée « culture ostéodontokératique » ; il y distingue des pièces utilisées sans aucune préparation, des pièces simplement brisées (mais d'une certaine manière), des pièces retouchées, des pièces embouties (presque emmanchées). En dépit de son enthousiasme légendaire qui le fait probablement dépasser la réalité (lorsqu'il voit, par exemple, dans les esquilles d'os longs, des cure-dents et dans les boîtes crâniennes d'antilopes, un service pour le thé de 5 heures, ce qui fait parler les Anglo-Saxons de Dartefacts), il semble qu'un certain nombre de ces pièces osseuses aient été véritablement utilisées et même aménagées.

C'est le gisement d'Olduvai qui prend ensuite le relais pour l'industrie, comme il l'avait pris pour l'homme fossile. Dès les niveaux les plus anciens, datés de 1,8 million d'années, les sols sur lesquels l'homme a vécu livrent en abondance une industrie appelée oldowayen et composée cette fois de nombreux galets aménagés. Cette industrie se retrouve dans les niveaux les plus anciens du gisement éthiopien de Melka Kunturé.

Notons d'ailleurs ici que les préhistoriens voient une continuité entre les petites industries de l'Omo et de l'est du lac Rodolphe (que Jean Chavaillon a proposé d'appeler rodolphien) et celles, plus fortes, des couches anciennes d'Olduvai, ou oldowayen, tandis que l'acheuléen, avec ses bifaces et ses hachereaux, fait figure de complexe industriel différent et nouveau lorsqu'il apparaît à Olduvai, au milieu de la couche 2, vers 1,3 à 1,4 million d'années, aux côtés de l'oldowayen évolué.

Ces industries de l'Omo et de l'est du lac Rodolphe, puis celles de Makapansgat, d'Olduvai et de Melka Kunturé, c'est-à-dire les premières industries préhistoriques du monde, partagent toutes les mêmes grands caractères de base :

– les outils, dès qu'ils apparaissent, sont tout de suite très abondants ;

– ces outils peuvent être classés en un certain nombre de types ;

– ces types peuvent être reproduits à un grand nombre d'exemplaires.

Ces caractères doivent désormais entrer dans la définition des hominidés : l'outil est occasionnellement associé au grand singe ; à partir du moment où il apparaît associé à l'homme de manière permanente, il l'est tout de suite en grande quantité. Des prototypes ont dû être rapidement essayés puis adoptés pour des propos précis ; si bien que les plus anciens outils que l'on découvre composent déjà une sorte de panoplie. Ces types d'outils, dès qu'ils sont retenus, doivent être enseignés ;

c'est pourquoi ils apparaissent durant des centaines de milliers d'années et dans des gisements distants de centaines de kilomètres sous les mêmes formes, reproduites à l'infini.

Cela implique une vie en communautés, communautés élémentaires peut-être, réduites à une ou plusieurs familles ; mais cela implique aussi une éducation de l'enfant qui reçoit de la génération de ses parents un capital de connaissances ; l'étude anatomique des restes d'australopithèques et d'hommes montre d'ailleurs, par l'usure différentielle des dents, que s'accentue à cette époque le retard de l'éruption dentaire ; ce retard signifie que s'allonge la durée de l'enfance et de l'adolescence, mouvement esquissé dès le miocène (chez *Kenyapithecus* et *Ramapithecus*, par exemple) ; l'enfant passe ainsi beaucoup plus de temps avec la mère, le temps qui lui permet d'apprendre.

Nous avons vu que l'appareil masticateur, essentiellement végétarien, s'adapte peu à peu à un régime plus carné : l'homme est un omnivore ; à partir de ce tournant et de cet élargissement de son régime, il va d'ailleurs tirer étonnamment parti de son milieu d'existence ; on pourrait presque dire qu'il devient un « omnivore opportuniste », ce qui va faciliter considérablement sa conquête du monde. Mais l'addition de la viande au régime végétarien l'oblige à chasser, et un partage du travail va dès lors se faire ; certaines personnes de la communauté quitteront l'habitat et partiront chasser, explorer, conquérir : ce sont probablement les hommes ; d'autres personnes assureront la cueillette : ce sont sans doute les femmes, retenues par les enfants.

Mais quels indices avons-nous de ces premières chasses ? Sur un sol d'habitation d'un des niveaux inférieurs d'Olduvai, trois crânes d'antilopes, *Parmularius altidens*, présentent le même type de choc au-dessus de l'orbite ; il n'est pas impossible qu'il s'agisse de l'impact d'une arme de jet (bola, sphéroïde, galet à facettes).

En plusieurs endroits d'Olduvai et de l'est du lac Rodolphe, des squelettes de grands mammifères (éléphants, *Dinotherium*, *Pelorovis*, hippopotames) ont été retrouvés presque entiers, accompagnés de quantité d'outils. Dans un niveau de la base de la séquence d'Olduvai, par exemple, les ossements d'un squelette d'éléphant gisaient associés à plus de 200 outils ; or ce n'était pas un sol d'habitation car il n'y avait aucun autre reste notable alentour. L'aire de dispersion des os de ce squelette était celle des outils. Il y a toutes les chances pour qu'il s'agisse là d'indices de dépeçage d'un de ces gros animaux.

Sur les sols d'habitation, enfin, la variété des ossements nous donne une idée de la diversion des menus. La présence d'ossements de grands mammifères confirme d'ailleurs, s'il en était besoin, leur consommation.

Toutes ces observations nous apprennent que la viande entrait désormais clairement dans le régime ; que cette viande venait d'animaux au moins parfois tués à la chasse ; que, pour la première fois chez des primates supérieurs, cette viande pouvait provenir d'animaux aussi gros ou même plus gros que le chasseur (cela est d'ailleurs une intéressante caractéristique de l'hominidé ; le chimpanzé, quand il adjoint un peu de viande à son ordinaire, ne s'en prend jamais à du gibier, mort ou vivant, aussi gros que lui : ce ne sont que rongeurs, insectivores ou petits carnivores). L'hominidé innove ; que la bête soit chassée par lui et attirée dans un piège ou qu'il la trouve morte, ce que l'on ne sait pas, il va de toute façon, et pour la première fois dans l'histoire de son groupe, dépecer plus gros que lui. Les chasseurs consomment probablement cette viande en partie sur place ; mais, d'après les gros ossements retrouvés sur les sols d'habitation, il semble que ces chasseurs rapportent également des quartiers de viande à la communauté. En ce sens encore l'homme innove : c'est le premier primate à rapporter et à partager la viande de sa chasse.

Un autre type d'indice est extrêmement intéressant. Dans le niveau archéologique le plus ancien d'Olduvai (1,8 million d'années), le docteur Louis Leakey fouillait un jour un sol d'habitation appelé DK1. Surpris par l'abondance des pierres de basalte qui jonchaient le sol, il en observa la disposition et dut se rendre à l'évidence : ces pierres n'étaient pas disposées n'importe comment : groupées en petits tas, elles formaient un cercle. Il s'agissait d'une structure artificielle. Tout concourt à y voir les restes d'une habitation. Les tas de pierres auraient pu caler des branches, réunies au sommet et recouvertes d'herbes, par exemple. Il faut noter, en outre, que comme dans les habitations d'aujourd'hui, l'intérieur du cercle était pratiquement vide alors que les outils multiples et les débris de cuisine variés jonchaient le sol jusqu'aux abords du cercle, à l'extérieur de celui-ci.

Dans un niveau un petit peu moins ancien, puisqu'il n'atteint que 1,75 million d'années, toujours à Olduvai, une autre structure, en croissant cette fois, a pu être mise en évidence : protection quelconque, paravent ou palissade.

Enfin dans le niveau le plus bas de Melka Kunturé (1,5 million d'années), Jean Chavaillon a mis au jour une structure assez comparable. Au milieu d'un sol couvert de restes d'outillage et de faune, il a dégagé une surface de 2,50 à 3 mètres de diamètre, vide et légèrement surélevée, plate-forme qui a pu supporter une habitation.

Qui est l'auteur de ces outils, le chasseur, le bâtisseur de huttes ? On n'en sait rien, bien sûr.

On peut cependant dire que la culture ostéodontokératique n'est associée qu'à *Australopithecus africanus* ; on peut encore noter qu'à l'Omo, pendant 700 000 ans, les petites industries lithiques ne sont géologiquement associées qu'à *Australopithecus africanus*. À Olduvai, *Australopithecus robustus* et *Homo habilis* sont contemporains de l'oldowayen et des « constructions » ; la tendance est de les attribuer au second, mais ce n'est pas démontré.

On peut tout de même dire que le développement du système nerveux dans la lignée *Australopithecus africanus-Homo habilis* – augmentant l'intelligence et permettant, un de ces jours-là, l'éclosion de la conscience – et que la transformation de la denture dans cette même lignée vers une adaptation à plus de viande dans le régime ont dû entraîner l'établissement de cette première société, son installation dans des habitats permanents, l'organisation de la chasse pour les communautés, l'apparition et le rapide développement de l'outil pour le dépeçage.

Nous aurions fortement tendance à attribuer la plus grande part de cette activité culturelle successivement à *Australopithecus africanus* d'abord, puis à *Homo habilis*, et enfin, à plus forte raison, à *Homo erectus*.

Tout a donc l'air de se passer comme si, un jour d'il y a 5 à 10 millions d'années, apparaissait dans le quadrant oriental et méridional du continent africain un groupe d'hominidés, les australopithèques, et comme si, un jour d'il y a 3 à 5 millions d'années, naissait, de l'un d'entre eux, dans cette même région du continent africain, le genre *Homo*, l'homme ; l'outil fabriqué semble remonter à cette époque, mais il pourrait bien être une invention de certains des australopithèques ; il aurait précédé l'homme. Le développement du cerveau et l'élargissement de l'omnivorie conduisent celui-ci à la mise en place des grands traits d'une structure sociale ; l'homme s'organise en petites communautés qu'il installe sur des territoires et dans des habitations qu'il aménage ; il cueille et chasse, taille la pierre, l'os, la dent, la corne et probablement le bois pour améliorer l'exploitation du milieu qui l'entoure ; et les progrès qu'il fait dans ce sens, il les enseigne à ses enfants, thésaurisant, par-dessus l'inné instinctif, les premières données de la connaissance, l'homme nous apparaît comme un primate de savanes ouvertes dont la défense a été l'intelligence. Il ne court pas bien et mord mal, mais il développe l'outil qui l'aide à manger et à ne pas être mangé. L'homme nous apparaît bien sûr enfin comme un primate, des tropiques sûrement, d'Afrique peut-être.

Cet important effort de la recherche paléontologique internationale depuis dix ans en Afrique orientale, en même temps que se développèrent les travaux de biochimie, d'éthologie et d'écologie des primates, a largement participé à nous faire prendre conscience du profond enracinement de l'homme dans le monde animal – au point qu'on ne sait pas bien quel ascendant commencer à appeler *Homo* –, à nous faire prendre conscience de la très grande ancienneté de son origine – puisqu'on avance aujourd'hui des chiffres de plusieurs millions d'années qu'on n'aurait jamais osé imaginer auparavant –, à nous faire prendre conscience en même temps de toute l'originalité de l'homme dans ses créations, ses constructions, ses rapports sociaux dès le début de son histoire.

Enfin, l'ampleur de cette recherche est-africaine, dans sa conception et sa réalisation, a apporté un nouveau style à la paléontologie humaine : beaucoup plus de précisions dans la récolte des données sur le terrain, beaucoup plus de précisions dans leur exploitation en laboratoire, l'intégration de beaucoup plus de données en même temps ; l'usage de toutes les techniques physiques et mathématiques adéquates ; la collaboration, même quand elle était compétitive, de chercheurs de tous pays, et de toutes disciplines ; dix années d'une très grande aventure scientifique.

Prospections et fouilles

Forte au plus d'une quinzaine de personnes à l'origine (au Tchad), mes expéditions se sont vite développées pour finir par atteindre le chiffre un peu limite, étant donné les problèmes de logistique, de la cinquantaine de participants, dont une trentaine de chercheurs. Mais, en permettant ainsi, pour la première fois, à un large éventail de spécialistes d'exercer leurs compétences directement sur le terrain, cette politique nouvelle a vite entraîné une transformation inattendue du style des recherches dans ces disciplines ; les diverses études géologiques, tectoniques, sédimentologiques, paléontologiques, paléoanthropologiques, préhistoriques, au lieu d'être comme auparavant juxtaposées, se sont trouvées étroitement associées dans une compréhension globale, forcément meilleure, de l'évolution du milieu étudié et des êtres qui le peuplaient[1].

Le bilan scientifique a été à la hauteur de l'engagement ; des centaines de milliers de fossiles de vertébrés, d'invertébrés, de bois, de pollens, des centaines de restes d'hominidés, des milliers de pierres taillées ont été recueillis, dans des formations sédimentaires ou volcaniques dont les âges isotopiques ou magnétostratigraphiques ont été obtenus. Après dix années d'analyses complémentaires en laboratoire, le scénario de l'origine et de l'évolution de l'homme a acquis, grâce aux résultats de ces expéditions et à ceux de deux autres opérations importantes, celle d'Olduvai-Laetoli et celle du lac Turkana, une image tout à fait claire et cohérente.

À la fin du miocène (10 millions d'années), l'Afrique équatoriale, couverte de forêts et de savanes boisées d'un océan à l'autre, est peuplée de grands singes quadrupèdes et arboricoles au redressement occasionnel. Soudain, géologiquement parlant, un important événement tectonique – effondrement de 4 000 mètres et soulèvement de 4 000 mètres – s'y produit : la Rift Valley se dessine en effet perpendiculairement à l'équateur et se borde à l'ouest d'une muraille de montagnes (monts de la Lune, du Ruwenzori, etc.).

La répartition nouvelle des masses d'air entraînée par cette situation topographique, elle-même nouvelle, maintient

1. Grâce à des crédits du CNRS (dont une action spécifique et une RCP qui en prit le relais) et à des aides complémentaires de l'Institut équatorial de recherches et d'études géologiques et minières de Brazzaville, de la Wenner-Gren Foundation for Anthropological Research de New York, de la compagnie Air France et de la Fondation Singer-Polignac de Paris, Yves Coppens put conduire, de 1960 à 1977, seul ou en collaboration, assisté en permanence de Françoise Le Guennec-Coppens, 20 campagnes de recherches paléontologiques et préhistoriques de trois à six mois chacune, dans le nord du Tchad, de 1960 à 1966, dans le sud de l'Éthiopie, de 1967 à 1976 (expédition de l'Omo, en collaboration avec Camille Arambourg et Francis Clark Howell) et dans l'est de l'Éthiopie, de 1972 à 1977 (expédition de l'Afar, en collaboration avec Maurice Taieb et Donald Johanson).

précipitations généreuses et forêts de l'Atlantique à la muraille, tandis qu'elle diminue les unes et par suite les autres de la muraille à l'océan Indien. La population originelle de grands singes divisée malgré elle en deux va donc aussi subir l'événement et ses conséquences ; sa partie occidentale va poursuivre son adaptation au milieu arboré et donner naissance au rameau des panidés ou paninés, chimpanzés et gorilles ; sa partie orientale va devoir innover pour s'adapter au milieu de plus en plus découvert qui s'offre à elle et donner naissance à notre propre rameau celui des hominidés ou homininés[1].

Les hominidés, dont le berceau est donc cette province biogéographique, que l'on nomme Afrique orientale, vont, en 8 millions d'années, passer d'un premier stade, préhumain ou australopithéciné, à un deuxième, humain ou homininé, et se déployer de proche en proche à partir de 3 millions d'années, de leur pays d'origine à l'Afrique tout entière, puis à l'ensemble de l'Ancien Monde, et enfin à la totalité de la planète. Le stade préhumain, de mieux en mieux connu, grâce notamment à la mise au jour en Afar d'un squelette moins incomplet que les autres et devenu célèbre sous le nom de Lucy, se présente comme à la fois traditionnel (petit encéphale, genou, cheville, pied et membre supérieur adaptés au grimper) et novateur (répartition humaine des lobes du cerveau, petite canine et fortes dents jugules à émail épais et surtout redressement permanent du corps, locomotion bipède, parturition anté-ischiatique, première pratique probable de la taille de la pierre).

Le stade humain, apparu il y a 3 millions d'années, par nouvelle nécessité d'adaptation à une sécheresse encore plus drastique, se présente quant à lui comme équipé d'un meilleur encéphale, deux fois plus volumineux que celui du préhumain, et d'une denture plus performante, adaptée à la consommation

1. L'hypothèse demeure ; son aspect géographique, réduit ici à l'Afrique de l'Est, a dû être élargi.

d'un régime omnivore à très large spectre. C'est évidemment cette transformation anatomique et comportementale, entraînant un meilleur degré de réflexion et une plus grande mobilité, transformation aidée par une démographie croissante et un équipement culturel plus diversifié, qui va permettre aux hominidés, sans délai, de conquérir, d'écosystème en écosystème, la totalité du monde et de ses milieux et d'esquisser bientôt leur implantation sur les planètes du système solaire avant d'aborder d'autres planètes, d'autres étoiles.

Tradition française des recherches est-africaines

Les travaux français de paléontologie en Afrique orientale ont une longue histoire puisque le premier mémoire de paléontologie de vertébrés de tout le continent africain se trouve être celui publié en 1948 par Camille Arambourg sur les faunes des gisements de l'Omo en Éthiopie et qui décrivait des récoltes faites par l'auteur dès 1932 et 1933. Et si Camille Arambourg avait organisé cette expédition lointaine en 1932, c'est parce qu'il avait été informé lui-même de la présence dans cette région de l'Afrique orientale de vertébrés fossiles grâce au récit de l'expédition française du vicomte du Bourg de Bozas qui les avait découverts dès 1902 ! Ma première visite en Afrique orientale remonte à 1963 ; invité par Louis Leakey, paléontologiste britannique établi à Nairobi, je m'étais rendu au Kenya et en Tanzanie pour visiter les gisements et fouiller sous sa direction. Mais les grands travaux paléontologiques et paléoanthropologiques français en Afrique orientale n'ont véritablement commencé qu'en 1967 avec la mission française de l'Omo sous la direction de Camille Arambourg et sous ma direction sur le terrain, partie de l'expédition internationale appelée International Omo Research Expedition ; une action spécifique de trois ans (1967-1969) du Centre national de la recherche scientifique avait permis à cette importante mission de voir le jour ; des fonds de la direction du département des sciences humaines du CNRS en prolongèrent généreusement de quatre années (1970-1973) le fonctionnement, tandis que je mettais sur pied, pour en prendre le relais, une recherche coopérative sur programme intitulée « Anthropologie des hommes fossiles et paléontologie des vertébrés du tertiaire et du quaternaire d'Afrique », créée le 1er janvier 1972 sous le n° 292. C'est aussi en 1972 que Maurice Taieb et moi-même, en collaboration avec deux collègues américains, Donald Johanson et Jon Kalb, fondions l'International Afar Research Expedition pour l'exploration de la dépression sédimentaire si fossilifère de l'Afar éthiopien. Sans statut CNRS, cette expédition reçut ses crédits de chacun d'entre nous, des formations dont nous dépendions ou que nous dirigions : le Laboratoire de géologie du quaternaire du CNRS en ce qui concerne Maurice Taieb, la RCP 292, la Wenner-Gren Foundation for Anthropological Research (New York) et, plus tard, la Fondation Singer-Polignac (Paris) en ce qui me concerne. Ma participation aux travaux du laboratoire associé 49 (centre de recherches anthropologiques du musée de l'Homme) me permettait par ailleurs de monter au Laboratoire d'anthropologie du musée de l'Homme une équipe de paléoanthropologistes qui venait appuyer l'équipe plus mobile et à plus large spectre de la RCP. La RCP devait durer neuf ans (trois contrats de trois ans : 1972-1980), tandis que le laboratoire associé (devenu unité associée 49) développait son équipe paléoanthropologique.

Pendant ce temps, et depuis 1965, Jean Chavaillon exploitait le très beau gisement préhistorique de Melka Kunturé près d'Addis-Abeba grâce à des crédits du Laboratoire de géologie du quaternaire du CNRS, à deux RCP successives du CNRS et à un soutien permanent du service des fouilles du ministère de Relations extérieures ; ce sont ces formations et la RCP

292 qui en ont pris en charge les travaux de paléontologie ou de paléoanthropologie.

Enfin, en 1981, le CNRS voulut bien créer une nouvelle action spécifique pour nous permettre de clore les grandes expéditions et d'assurer le retour dans leurs pays d'origine des collections que nous avions sorties pour étude.

Ces vingt années ont ainsi vu se faire des quantités de travaux de paléontologie et de paléoanthropologie. C'est pour publier les travaux monographiques de paléontologie humaine que nous avons créé les « Cahiers de paléoanthropologie » du CNRS en 1981[1] ; c'est pour publier les travaux de paléontologie animale et végétale que nous créons aujourd'hui cette autre série sous le titre de « Travaux de paléontologie est-africaine[2] ».

Les grandes cueillettes

Un jour de l'automne 1969, un ami géologue, Maurice Taieb, vint me rendre visite dans mon laboratoire du musée de l'Homme. Maurice Taieb préparait alors sa thèse sur la géologie du bassin hydrographique du fleuve Awash, dans l'est de l'Éthiopie, et il venait de découvrir sur le terrain une très belle dent fossile qui l'intriguait.

Comme j'avais déjà à mon actif dix années de recherches et de collectes paléontologiques sur le terrain africain, je n'eus pas de peine à reconnaître une dernière molaire d'une espèce éteinte d'éléphant que j'avais souvent rencontrée, *Elephas recki*. J'ajoutai même à cet ami très impressionné – il l'a écrit dans un livre – « entre 2 et 3 millions d'années ! » Cette datation relative n'était pas elle non plus difficile à estimer ; les molaires d'éléphants ressemblent à des radiateurs ; elles sont

1. 21 volumes parus.
2. 5 volumes parus.

faites d'une succession de lames d'ivoire enveloppées d'émail que lie du cément. Or ces molaires, pour des raisons de changement progressif d'alimentation – des feuilles à l'herbe – de leurs propriétaires augmentent avec le temps le nombre et la hauteur de leurs lames tandis qu'elles réduisent la largeur de ces mêmes lames ainsi que l'épaisseur du ruban d'émail qui les circonscrit. La fourchette chronologique – d'ailleurs très large – que je proposai avait donc été simple à calculer.

Le site que Maurice Taieb venait de découvrir et qui se nommait Leidy était un dépôt sédimentaire plio-pléistocène fossilifère, le tout premier de cet immense triangle de l'Afar ; il convenait d'y retourner et d'y avoir désormais l'œil vigilant du paléontologue.

L'automne suivant, Maurice Taieb revint me voir avec cette fois non plus une pièce mais un petit lot de vertébrés fossiles d'une autre localité de l'Afar, Gawani ; je me souviens de fragments de dents du même *Elephas recki*, de molaires de suidés, de dents d'antilopes d'âge tout à fait comparable à celui suggéré pour Leidy.

J'encourageai bien sûr vivement Maurice Taieb à monter, en dehors de sa recherche de thèse, une opération spécifiquement paléontologique dans cette nouvelle région d'Éthiopie, région pleine de promesses, paléoanthropologiques notamment, étant donné l'âge des sédiments et la qualité de conservation des vertébrés recueillis.

En 1971 se réunit à Addis-Abeba le Congrès panafricain de préhistoire et d'études du quaternaire. Maurice Taieb y présenta ses découvertes et reçut des paléontologues présents des encouragements unanimes comparables aux miens. C'est ainsi que naquit de son initiative, au début de l'année 1972, l'International Afar Research Expedition (l'IARE), qui allait mener cinq importantes campagnes – 1972, 1973, 1974, 1975, 1976-1977 – avant d'être contrainte, pour des raisons d'insécurité grandissante sur le terrain, de cesser son activité.

Nous n'étions que quatre en Afar en 1972, Maurice Taieb et moi, Français, Donald Johanson et Jon Kalb, Américains. En 1973, chacun de nous quatre avait constitué une petite équipe ; il fut donc décidé que l'IARE serait placée sous l'autorité conjointe des quatre fondateurs[1]. À partir de 1974, cette autorité se réduisit à trois et le resta jusqu'à la fin, Jon Kalb ayant décidé de nous quitter et de monter sa propre mission.

Le reste de la petite histoire est sans doute plus connu. Après avoir prospecté, en avril 1972, toute une série de localités, dont bien sûr Leidy et Gawani, nous décidâmes de nous occuper (pour commencer) de l'une d'entre elles, Hadar, plus fossilifère que les autres. À un congrès de paléontologie réuni au Muséum national d'histoire naturelle de Paris cette année-là, je m'offris même le luxe d'annoncer la découverte prochaine d'hominidés à Hadar. Ce n'était pas non plus une grande prédiction puisque nous étions en présence de sédiments du bon âge[2] et de vertébrés en abondance. Ce fut en effet chose faite dès 1973, et puis chacune des campagnes suivantes livra sa moisson d'hominidés, dont la fameuse Lucy en 1974.

Lucy n'a donc pas été la première découverte paléoanthropologique de l'Afar. Si bien que, lorsque Tom Gray, jeune thésard de Donald Johanson, et un collaborateur éthiopien[3] rapportèrent au camp, d'une prospection menée sur le terrain ce dernier jour de novembre 1974, quelques ossements brisés susceptibles d'avoir appartenu à un hominidé ; ils enregistrèrent simplement leur récolte sous un numéro nouveau de localité fossilifère, le numéro 288, avec tout de même la mention spéciale « localité à hominidés ». Toute l'équipe était heureuse mais pas plus que pour la découverte des localités 128 et 129 l'année précédente

---

1. Maurice Taieb ne souhaitant pas reproduire le modèle de division du territoire que nous avions adopté six ans avant, en organisant l'expédition internationale de l'Omo.

2. Nous en avions l'expérience précisément depuis six ans grâce à nos recherches dans la basse vallée de l'Omo.

3. Et puis Donald Johanson lui-même qui n'était pas loin.

ou d'autres encore cette année-ci. Ce furent la prospection plus attentive de ce site les jours suivants et le tamisage des sédiments, entraînés dans une rigole de quelques dizaines de centimètres de large et une dizaine de mètres de long, qui, ayant livré de nouveaux restes d'hominidés de même « pointure », de même couleur, de même degré de fossilisation et ne représentant jamais deux fois le même os du même côté, firent naître l'idée qu'il pouvait s'agir des éléments du squelette d'un seul et même individu, et ce fut, enfin, la découverte dans le même ravineau d'un demi-bassin en état suffisamment lisible qui nous révéla que ce squelette avait été celui d'un sujet féminin. Il a ainsi fallu mériter Lucy pour la comprendre ! La localité 288 n'est donc passée que progressivement du statut de localité à hominidés, à celui de localité à un hominidé, puis de localité à une hominidé, et notre enthousiasme ne s'est développé que progressivement lui aussi et au même rythme. Quant au choix du prénom de Lucy, c'est une cassette des Beatles que l'un de nous possédait et faisait entendre de temps en temps, portant parmi d'autres titres la mélodie « Lucy in the sky with diamonds » qui nous en a fourni l'inspiration ; les ossements préhumains de la localité 288 ayant appartenu à un individu féminin, il est apparu spontanément plus familier et plus élégant aux membres de l'équipe d'appeler ce personnage d'un nom plutôt que d'un numéro ! AL 288 est donc devenu Lucy !

Et c'est ainsi qu'est revenue à la lumière au fond du désert éthiopien, un beau jour de 1974, cette préhumaine de 3 millions d'années qui allait devenir le symbole de la paléoanthropologie, le témoin et le messager de l'histoire de l'homme et de son passé lointain et tropical.

L'exceptionnalité de la découverte de Lucy avait évidemment été de recueillir 52 ossements déterminables du squelette d'un préhumain, ce qui était sans précédent[1]. Il ne s'agissait pas de

1. Le squelette, dit « Little Foot », découvert en Afrique du Sud, s'est révélé, depuis, à la fois du même âge et plus complet.

squelette complet puisqu'il aurait fallu 206 ossements pour y parvenir mais, comme bien des os sont pairs, il était facile de fabriquer le gauche quand on en avait le droit ou inversement et, par suite, pour la première fois possible de reconstituer l'essentiel d'un squelette de ce que l'on nomme de manière un peu (trop) générale australopithèque. Disposer ainsi d'un seul et même individu apportait évidemment beaucoup dans la connaissance de la taille, du poids (Lucy avait sans doute un peu plus de 1 mètre et pesait aux alentours de 25 kilos), des proportions, des articulations et des comportements consécutifs de ces préhumains.

Dans les niveaux de même âge géologique ou d'âge très voisin de ce site de Hadar, nous avons évidemment découvert plusieurs centaines d'autres restes – ceux-là plus épars – d'hominidés rapportables à la même espèce – *Australopithecus afarensis*, ainsi nommée en 1975 par Donald Johanson, Tim White et moi-même – que celle à laquelle appartenait Lucy. C'est donc à partir de Lucy, mais aussi des autres éléments recueillis dans les localités alentour, que nous allons passer rapidement en revue les éléments du squelette de cet hominidé.

Le crâne petit, projeté, à fortes superstructures, à puissante denture de végétarien, recouvrant un encéphale lui-même évidemment petit (400 cm^3), était posé sur la colonne vertébrale comme le serait celui d'un être debout ; la colonne vertébrale, par ses quatre courbures successives reproduisant à peu près celles de notre propre colonne, confirmait la station érigée du personnage. Le bassin, avec sa très grande largeur et son peu de hauteur, se présentait bien comme un bassin dit « en pression », autrement dit contraint, dans une posture bipède, de porter une partie du corps. Les fémurs obliques, par rapport à l'axe vertical du corps, rapprochaient, comme chez tous les êtres redressés, l'axe de gravité des genoux. Lucy était debout.

Mais avec le genou tout se « gâtait ». Contrairement à la manière dont se présente cette articulation chez un bipède, le genou de Lucy offrait une très grande amplitude de rotation. La cheville révélait la même instabilité et le pied, plat, montrait un gros orteil divergeant et des orteils aux phalanges courbes. À l'opposé de la laxité des articulations du membre inférieur, les articulations du membre supérieur apparaissaient particulièrement solides ; quant aux mains, elles se terminaient comme se terminaient les pieds par des phalanges étonnamment incurvées. Toutes ces dernières données révélèrent une pratique probablement encore très active de la locomotion arboricole de son porteur.

Drôle de Lucy, dotée d'un port de tête, des courbures du rachis, de la brièveté du pelvis et de l'obliquité du fémur d'un être debout en permanence à la locomotion incontestablement bipède et puis d'un genou et d'une cheville instables, d'une épaule, d'un coude et d'un poignet très stables et d'extrémités préhensiles des quatre membres d'un être toujours grimpeur et à la locomotion tout aussi incontestablement arboricole. Rendons d'ailleurs grâce ici au fémur, bipède à un bout et grimpeur à l'autre, qui fit ainsi le lien entre ces deux mécaniques que l'on aurait pu croire contradictoires[1].

Ce n'est évidemment qu'en laboratoire, après bien des mois d'observations, de comparaisons, de mesures, que sont apparus les uns après les autres, tous ces caractères, superbe démonstration de l'origine et du sens de l'évolution des hominidés, dans ce maintien plein de nostalgie de l'aptitude au grimper d'avant et ce désir rempli d'espoir de marcher exclusivement sur les deux pattes postérieures d'après.

Beaucoup d'auteurs ont vu en Lucy, ou du moins en l'espèce à laquelle elle appartenait, un ancêtre direct du genre *Homo*.

1. Cette double locomotion des préhumains, mise en lumière pour la première fois avec Lucy, a été brillamment confirmée par la description d'un jeune sujet attribuable à la même espèce *Australopithecus afarensis*, découvert à Dikika, en Afar, par Zeresenay Alemseged en 2000 et nommé Selam et par la description des restes d'une autre espèce, *Ardipithecus ramidus*, découverte à Aramis en Afar par Tim White et son équipe à partir de 1992.

Je ne le pense pas. Cette espèce est, à mon sens, beaucoup trop spécialisée à son âge (géologique) pour avoir été notre grand-mère.

Beaucoup de médias l'ont aussi considérée comme le plus ancien ancêtre ; ce n'est pas le cas et ne l'a jamais été. Lorsque nous l'avons découverte, nous connaissions déjà des restes d'hominidés deux fois plus âgés. À l'époque de Lucy (3,2 millions d'années environ), les préhumains s'étaient déjà largement déployés du Transvaal (Little Foot) au Tchad (Abel) depuis 5 bons millions d'années.

Lucy n'est donc pas une femme mais une préhumaine (son sexe est incontestable malgré quelques débats) ; elle n'est pas la préhumaine la plus ancienne ; elle n'est très probablement pas notre ancêtre. Mais elle demeure le squelette le moins incomplet de son temps, qui a permis de décrire cet état qui n'est plus celui d'un primate et qui n'est pas encore celui d'un homme. Et puis Lucy, c'est désormais l'emblème que l'on sait, que le mythe a ravi à la science.

Parce que ce personnage était reconstituable et qu'il a d'ailleurs été mille fois reconstitué (il y a mille Lucy différentes), parce qu'il était petit, jeune (sûrement pas pour l'époque) et féminin, parce qu'il portait un prénom agréable et connu (de beaucoup), parce qu'il était proche de nous, par tout cela, bien que très éloigné par le temps et par l'espace (il était une fois il y a 3 millions d'années dans la savane quelque part en Afrique orientale...), parce que sa renommée en a fait la grand-mère de l'humanité, Lucy a vite dépassé ses inventeurs pour envahir toutes les imaginations de tous les hommes de toute la Terre ou presque. Elle est devenue héroïne de romans, d'essais, de films, de bandes dessinées, de poèmes, de chansons, elle a donné son nom à un syndrome en médecine du sport, à un complexe en psychiatrie, à une coupe en football, à un effet en sociologie, elle a aussi donné son nom à plein d'enfants dont les parents ont été marqués, d'une manière ou d'une autre, par la puissance de ce symbole.

Que la science poursuive donc bien évidemment avec toute la rigueur qui la caractérise la recherche de la vérité, mais que n'en vive pas moins ce très élégant mythe d'origine que nous, ses papas et parrains, ne sommes pas peu fiers d'avoir inconsciemment engendré. Vive Lucy !

Un demi-siècle

Je suis entré dans la vie professionnelle en 1956, dans le laboratoire de paléontologie des vertébrés et de paléontologie humaine que dirigeait Jean Piveteau à la Sorbonne, il y a donc plus de cinquante ans, et c'est la raison pour laquelle j'ai proposé ce titre de « Cinquante ans de paléontologie humaine », puisque je les ai vécus.

Et si j'ai ajouté à ce titre, le sous-titre de : « De l'anthropologie préhistorique à la paléoanthropologie », c'est parce que, lorsque étudiant à l'université de Rennes à partir de 1951, il y a donc soixante ans, j'ai souhaité faire de la paléontologie humaine, je suis entré dans un laboratoire tenu par Pierre-Roland Giot, géologue, anthropologue, préhistorien, laboratoire qui s'appelait d'anthropologie préhistorique. Lorsque quelques années plus tard, c'était en 1957, j'ai rendu visite à Louis Barral au musée de Monaco, ce musée s'appelait – et s'appelle toujours – lui aussi d'Anthropologie préhistorique.

Et puis cette terminologie, un peu désuète, a été peu à peu délaissée au profit d'anthropologie tout court, ou d'anthropologie *physique* ou *biologique* pour différencier la nôtre de l'anthropologie *culturelle* ou *sociale* (l'anthropologie s'occupant des corps, démarquée elle-même de la préhistoire qui s'occupe de l'esprit, de ses produits et des comportements des hommes), et au profit bientôt, il y a une trentaine d'années, de *paléoanthropologie*, censée tout recouvrir, le corps, l'esprit, l'environnement, la paléontologie humaine et la préhistoire, l'homme ancien et ses milieux, naturels et culturels (mon intitulé de chaire, créée en 1983, au Collège de France, a été « Paléoanthropologie et préhistoire »).

Mon sous-titre veut donc dire qu'on n'aurait pas eu idée de parler de paléoanthropologie il y a cinquante ans, de même qu'on n'aurait pas idée aujourd'hui d'appeler un laboratoire de paléontologie humaine laboratoire d'*anthropologie préhistorique*.

Ce que je me propose de faire ici, c'est d'examiner la manière dont on envisage l'histoire de l'homme aujourd'hui, et la manière dont cette histoire était envisagée il y a cinquante ans.

Voici donc d'abord (aujourd'hui en 2011), la manière dont on raconte l'histoire de l'homme ou, du moins, la manière dont je la raconte.

Il y a une dizaine de millions d'années, sans doute un peu moins, en Afrique tropicale, une population de primates supérieurs (haplorhiniens, simiiformes, catarrhiniens, hominoidea) s'est trouvée séparée en deux pour une raison que je pense environnementale. Disons que les deux niches écologiques qui ont soudain remplacé la niche précédente, unique et boisée, ont été l'une plus couverte et l'autre moins. Et c'est évidemment la moins couverte qui nous intéresse – forêt claire en petits massifs séparés –, car pour exploiter pour la première fois l'alimentation fournie par les arbres (les fruits) et par le sol (les racines), les hominidés qui s'y sont trouvés (et que l'on va appeler homininés pour les distinguer de ceux qui se trouvent dans la niche couverte que l'on appelle paninés) vont s'y adapter par le redressement de leur corps, la locomotion bipède associée à l'arboricolisme, la transformation de la denture (avec épaississement des rubans d'émail) et les comportements qui en découlent (mais ce ne sont pas ces comportements qui ont fait les homininés, comme il est dit parfois).

C'est donc bien, une certaine ouverture du paysage, confirmée par les récents travaux sur *Ardipithecus,* qui va ouvrir l'histoire des homininés, et c'est donc bien la station debout qui en résulte qui va les caractériser, station debout désormais permanente.

Une première longue période va illustrer cette phase préhumaine inaugurale. Elle va d'une dizaine de millions d'années à 4 millions d'années.

Elle se passe et ne se passe qu'en Afrique tropicale, et elle est pour le moment documentée par trois genres et quatre espèces d'homininés :

– *Sahelanthropus tchadensis* ou Toumaï, de 7 millions d'années et du Tchad ;

– *Orrorin tugenensis*, de 6 millions d'années et du Kenya ;

– *Ardipithecus kaddaba*, de 5,8 millions d'années, et *Ardipithecus ramidus*, de 4,4 millions d'années, et tous deux d'Éthiopie.

Ces quatre personnages fascinants, debout, bipèdes et grimpeurs, nous montrent une diversité de leur bipédie (*Orrorin* ne marche pas comme *Ardipithecus*), nous montrent que la rigidité de leur gros orteil (*os peroneum* dans le tendon sans articulation), existant chez les ancêtres communs, a été détournée de sa fonction de saisie au profit de sa nouvelle fonction d'aide à la locomotion bipède (c'est une exaptation par excellence), nous montrent aussi un très faible degré de dimorphisme sexuel, preuve s'il en était besoin, d'une existence dans un territoire encore assez couvert.

Vers 4 millions d'années, dans la niche écologique qui est devenue celle des homininés, l'ouverture du paysage, commencée, comme on l'a vu, il y a 10 millions d'années et à l'origine du redressement de leur corps, s'accentue.

Certains vertébrés en sont de bons marqueurs. C'est par exemple le temps d'émergence des éléphants brouteurs, *Mammuthus, Elephas, Paleoloxodon.*

Et, chez les homininés, c'est aussi un temps nouveau, celui du kényanthrope à face plate et celui surtout des australopithèques plus agressifs, meilleurs marcheurs et au dimorphisme sexuel important que l'on pouvait attendre dans un milieu beaucoup plus exposé à la prédation.

Ces australopithèques sont connus au Tchad, en Éthiopie, au Kenya, en Tanzanie et en Afrique du Sud. Parmi eux, certains, tel *Australopithecus afarensis*, marchent mais grimpent encore ; d'autres, tel *Australopitecus anamensis* du Kenya et d'Éthiopie, ne grimpent plus. Nous voici donc déjà en présence et pour la première fois d'une bipédie exclusive.

Il y a un peu moins de 3 millions d'années sonne le temps de la troisième ouverture du paysage, celui que j'ai appelé l'événement de l'(H)Omo ou (H)Omo Event, lorsque je l'ai découvert et décrit dans la basse vallée de l'Omo, sans H, en Éthiopie entre 1967 et 1977.

Les vertébrés, les invertébrés, la flore, les sédiments nous montrent et nous démontrent ce changement climatique de manière éclatante. Un seul exemple, mais je pourrais en présenter beaucoup : le quotient du nombre de pollens d'arbres sur le nombre de pollens d'herbes est il y a 3 millions d'années de 0,4 et il y a 2 millions d'années de 0,01.

Les homininés ne seront pas en reste. Eux aussi vont proposer des solutions à la fois communes, dans leur stratégie, dans l'ensemble de l'Afrique tropicale, et en même temps élégamment diversifiées en fonction de la province biogéographique dans laquelle ils se trouvent.

Les solutions sont trois, une robuste et deux graciles.

Une dissuasion physique d'abord, une forme robuste d'australopithèque à corps incontestablement plus puissant et mâchoire énorme à développement dentaire postcanine impressionnant pour une consommation accrue de plantes fibreuses.

Une dissuasion intellectuelle ensuite, avec la naissance du genre humain à encéphale incontestablement plus gros, plus compliqué, mieux irrigué, à denture plus réduite et plus harmonieuse pour une alimentation plus omnivore, voire carnivore. Une deuxième solution gracile qui, tout en gardant un petit cerveau et une aptitude à grimper, va améliorer ses capacités de marche et de course.

En Afrique orientale, la solution robuste se décline successivement avec l'émergence des formes zinjanthropiennes, *Zinjanthropus aethiopicus* et *Zinjanthropus boisei*, et la solution gracile, c'est le genre *Homo, Homo habilis, Homo rudolfensis* ; en Afrique méridionale, la solution robuste a des réponses comparables à celles de l'Afrique de l'Est, mais différentes et sans liens de filiation directe, *Australopithecus prometheus* (anciennement Little Foot) et *Paranthropus robustus*, et la solution gracile avec la filiation *Australopithecus africanus*, *Australopithecus sediba* sans descendance. Et, en Afar, une solution robuste tout à fait originale est illustrée par *Australopithecus garhi*, à grosses dents et petite tête.

Le genre *Homo* est donc né d'un préhumain aux environs de 2,7-2,8 millions d'années en Afrique tropicale, et peut-être plus précisément en Afrique orientale, de la nécessité de s'adapter à un changement climatique, un assèchement.

Cette adaptation, comme on vient de le voir, est passée par un accroissement du volume du cerveau et surtout par une complexification de cet organe et de ses performances ; un seuil de complexité semble avoir été franchi, qui a permis à son porteur de savoir qu'il savait et, par suite, pour la première fois (à ce degré) d'anticiper. D'où l'apparition simultanée des premiers outils en pierre fabriqués, outils au second degré, évidemment taillés pour une fonction à venir.

Une intéressante question survient alors, à ce point de l'histoire ; en deux sites distants d'un millier de kilomètres – Kada Gona en Afar éthiopien et Lokalelei au Turkana kényan –, deux localités côte à côte chaque fois offrent des outils taillés de manière très différente, les uns à la frappe très bien maîtrisée, les autres au contraire très mal traités. S'agit-il d'ateliers de taille opportuniste, d'outils destinés à des fonctions différentes, fabriqués par les mêmes homininés ; ou d'ateliers de taille dus à deux espèces d'homininés aux aptitudes bien différentes, voire l'une ayant copié l'autre. La question reste ouverte. Personnellement je pense possible l'émergence, plusieurs fois chez plusieurs homininés, de la taille de l'outil par développement parallèle ou copie à cette époque privilégiée.

Toujours est-il que pour la première fois aussi, dans l'histoire des homininés, le genre *Homo* s'est très vite déployé au-delà de son berceau tropical africain parce que sa réflexion était meilleure et sa curiosité plus grande ; parce que devenu mangeur de viande, il est devenu plus mobile ; parce que devenu prédateur, il a naturellement agrandi son territoire ; parce que, équipé d'outils, il est devenu plus audacieux et plus efficace ; parce que, ayant réussi son adaptation, son effectif a grandi ; parce que des changements environnementaux l'y ont poussé : il y a 2 millions d'années, on le retrouve en effet en Afrique du Nord (Aïn Boucherit), peut-être plus de 2 millions d'années en Israël (Yron), aux environs de 2 millions d'années, dans le Caucase, en Inde, au Pakistan, à Java, en Chine, plus de 1,5 million d'années en Europe (Italie, France, Espagne).

Et puis le premier homme se fit deuxième, sans doute plusieurs fois, puis troisième au pluriel également ; je veux dire qu'*Homo habilis* ou quelqu'un des siens se fit *Homo erectus* et qu'*Homo erectus* se fit *sapiens*, mais c'est sûrement (forcément) plus compliqué que cela ! Dans un espace immense et avec de petites populations, on ne peut évidemment plus parler d'homogénéité ; les dérives génétiques font leur ouvrage et on voit apparaître des divergences suffisamment longues pour que la différenciation devienne spécifique. On compte aujourd'hui ainsi cinq espèces différentes, se démarquant les unes des autres, depuis 1 million d'années parfois, quelques centaines de milliers d'années d'autres fois.

– L'*Homo neandertalensis* émerge d'*Homo erectus* en Europe (on donne 600 000 ans à l'homme de Mauer que l'on nomme *Homo heidelbergensis*, ce qui veut en fait dire « vieux Neandertal ») et reflue vers le Proche-Orient puis le Moyen-Orient.

– L'homme de Denisova se démarquerait de Neandertal il y a quelques centaines de milliers d'années ; on l'a retrouvé quelque part dans l'Altaï sibérien, il avait alors 40 000 ans.

– L'homme de Java se sépare de l'*Homo erectus* de l'Asie continentale il y a un peu plus de 1 million d'années et vit dans cette île un endémisme de centaines de milliers d'années ; il devient à terme l'homme de la Solo à Java, un *Homo erectus* évolué.

– L'homme de Florès dérive du précédent et s'est adapté à l'isolement de la petite île de Florès par acquisition, comme tant de vertébrés, d'un certain idéal énergétique, le nanisme insulaire.

– Quant à l'*Homo sapiens*, né il y a plus de 500 000 ans de l'*Homo erectus*, il va connaître, après des métissages très minoritaires avec l'homme de Neandertal et l'homme de Denisova, que la paléogénétique est en train de tenter de reconstituer, une destinée particulière puisque c'est lui qui va prévaloir, la démographie aidant, sur toutes les autres espèces humaines et qui va terminer le peuplement de la Terre.

Voyons maintenant ce qu'était la paléontologie humaine il y a cinquante ans.

Comme je l'ai déjà dit, j'étais chercheur à la Sorbonne dans la fin des années 1950, attaché à un laboratoire que dirigeait Jean Piveteau.

Or Jean Piveteau s'était lancé dans la fabrication courageuse d'un *Traité de paléontologie* en sept volumes. Et il se trouve que le septième volume, celui sur « les primates et la paléontologie humaine », entièrement écrit par lui (les autres volumes étaient des collectifs), est sorti en 1957, il y a donc cinquante-quatre ans, donnant joliment le bilan de cette discipline il y a un demi-siècle. Parcourons-le donc pour en connaître la teneur.

Après une belle introduction philosophique sur ce que Jean Piveteau appelait le paradoxe humain – corps de primate primitif à bien des égards et développement psychique extravagant à bien d'autres égards –, l'auteur pose le cadre chronologique de notre histoire, cadre relatif, astronomique, géologique, paléontologique, archéologique. Et là apparaît tout de suite l'immense progrès de nos méthodes durant les cinquante ans dont nous parlons ; souvenons-nous que la toute première datation au potassium-argon – utilisant la désintégration du potassium 40 radioactif en calcium et en argon dans des matériaux volcaniques (la sanidine des ponces) – n'a été publiée qu'en 1961, il y a juste cinquante ans ; c'était la mesure de l'âge de *Zinjanthropus boisei* découvert en 1959 par Louis Leakey et réalisée par Evernden et Curtis à Berkeley ; *Zinjanthropus* (contemporain d'*Homo habilis*, découvert plus tard) était déclaré avoir 1,75 million d'années.

Or, je cite Jean Piveteau en 1957 : « L'homme était connu dans la phase interglaciaire succédant à la glaciation gunzienne... il y a tout lieu de penser que nous n'en saisissons pas là l'apparition première... C'est donc alors à 600 000 ans au moins qu'il convient de faire remonter sa venue sur terre... »

Nous disposons aujourd'hui, faut-il le rappeler, d'un bon calendrier, alimenté par de nombreuses méthodes que l'on croise et qui nous date par exemple Toumaï, le premier préhumain incontestable, de 7 millions d'années et *Homo habilis*, le premier humain incontesté, de 2,7 millions d'années au moins.

Ensuite, évitant de parler de filiation préhumains-humains au sein des homininés, comme nous tentons de le faire, Jean Piveteau parle de double genèse humaine.

Il décrit « l'individualisation, relativement aux autres primates, du rameau dont l'homme marque le terme », ce que nous avons appelé nous aussi préhumains ou premiers homininés à partir de 10 millions d'années et « en un second temps, de l'apparition de l'homme », ce que nous avons appelé humains ou genre humain, derniers homininés pour le moment.

Dans l'individualisation du rameau humain, Jean Piveteau va prendre en compte les australopithèques – découverts et décrits dès 1925 en Afrique du Sud –, mais il va retenir aussi l'oréopithèque, *Oreopithecus bambolii*, des lignites de Toscane que l'on a depuis écarté de notre histoire.

Mais ne lui jetons pas la pierre ; qui sait ce qu'aura retenu de nos arbres phylétiques d'aujourd'hui, la paléontologie humaine des années 2061.

Et puis Jean Piveteau entre alors de plain-pied dans l'histoire du genre *Homo* en traitant l'ensemble des documents paléontologiques dont on disposait à l'époque en trois grands paliers, à la fois successifs et progressifs : les archanthropiens, les paléanthropiens et les néanthropiens.

Les archanthropiens, ce sont les hommes de Java et les hommes de Pékin, qu'il place tous les deux dans le genre *Pithecanthropus* et auxquels il rattache l'homme algérien de Ternifine. Il s'agit là bien sûr de ce que nous appelons *Homo erectus*, le premier humain considéré comme tel à une époque où nous échappaient *Homo habilis, Homo rudolfensis* et *Homo ergaster* (dans la mesure où ces deux derniers confirment leur spéciation).

Les paléanthropiens, beaucoup plus nombreux et beaucoup moins homogènes, réunissent ce que nous appelons les néandertaliens, mais aussi les hommes de Solo (pour nous, *Homo erectus* évolués) ou les hommes de Rhodésie (pour nous, *Homo sapiens* archaïques).

En fait, faute d'un minimum de fossiles, on a affaire ici à une classification horizontale, par paliers morphologiques, là où, disposant de beaucoup plus de fossiles aujourd'hui, nous avons tenté une classification verticale, phylétique. Ce qui entraîne deux remarques. La première est paléontologique.

Les phylums, même séparés, poursuivent leur évolution de manière quasi parallèle : l'homme de la Solo (*Homo erectus*), l'homme de Neandertal (*Homo neandertalensis*), l'homme moderne (*Homo sapiens* et *Homo rhodesiensis*) se développent dans le même sens d'une augmentation incontestable de leur capacité endocrânienne, d'où probablement leur association, il y a cinquante ans, dans le même « panier » des paléanthropiens. La seconde remarque est très humaine : comme ce sont les hommes de Java les plus anciens que l'on a trouvés les premiers (Trinil), on est embarrassé par les derniers (hommes de la Solo) et comme ce sont au contraire les hommes de Neandertal les plus récents que l'on a trouvés les premiers (Gibraltar, Engis, Neander), on est embarrassé par les premiers (d'où l'homme de Mauer, *Homo heidelbergensis* et le groupe d'Ehringsdorf, Steinheim classé un peu à part, etc., sans parler de ceux de Fontéchevade, Swanscombe, etc., dits à tort pré-*sapiens*, ou encore peut-être d'*Homo antecessor*).

Enfin les néanthropiens « qui ne comprennent que le seul *Homo sapiens* », écrit Jean Piveteau, ne posent pas de véritable problème, sauf qu'ils apparaissent sous des appellations que nous n'utilisons plus : race de Cro-Magnon, race de Grimaldi, race de Chancelade, *Homo sapiens fossilis* d'Asie ou d'Afrique, de Malaisie ou d'Australie.

En cinquante ans donc, le « *fossil record* », comme disent les anglophones, a été multiplié par dix, quelquefois par cent, parfois par mille. Et il est évident qu'on y voit plus clair lorsqu'on est en présence d'un millier de fossiles qu'en présence d'une dizaine. Mais cela est en partie dû à un changement de mentalités qui a fait partir les paléontologistes eux-mêmes sur le terrain au lieu d'attendre les fossiles dans leurs laboratoires.

En cinquante ans, par ailleurs, se sont développées et multipliées les méthodes de datation, absolues d'abord U/Th, Rb/Sr, K/Ar, Ar40/Ar39, Be10/Be11, etc., mais relatives aussi recoupant les premières, magnétostratigraphie, racémisation des acides aminés, résonance de Spin, thermoluminescence, de sorte que, mieux rangés dans le temps, les fossiles ont mieux laissé voir leurs successions, voire leurs filiations.

S'est ajoutée aux méthodes de datation, la multiplication bien évidemment des méthodes d'études des fossiles ; explorations facilitées par le développement de l'imagerie (radiographie, tomographie, tomodensitographie, scanner, synchrotron, IRM), par le développement de la microscopie, de la spectrométrie de masse et de la recherche des isotopes stables, de l'électronique, des biostatistiques, des calculs automatiques, des simulations, des modélisations et des réalisations stéréolithographiques « magiques ».

Tout cela a fait mieux décrire et mieux comprendre ce qu'étaient les taxons découverts et comment ils se reliaient les uns aux autres, ou pas.

Et c'est cette meilleure connaissance anatomique et fonctionnelle et, petit à petit, paléogénétique des espèces préhumaines et humaines et de leur situation dans le temps qui a fait la classification horizontale par niveaux d'organisation se faire verticale en s'efforçant de bâtir de vraies généalogies, de vrais arbres phylétiques ou des cladogrammes hennigiens.

L'Italie n'est évidemment pas en reste tout au long de cette histoire.

Il y a cinquante ans, Jean Piveteau rendait hommage, entre autres collègues italiens, à Carlo Blanc, Sergio Sergi, Antonio Ascenzi, V. Marcozzi, G. Ristoni, P. Graziosi, mettant en bonne place par exemple les paléanthropiens du Monte Circeo et de Saccopastore.

Et puis sont venus, toutes disciplines confondues, Aldo Segre, Emma Rabino Massa, Silvana Borgognini Tarli, Alberto Broglio, Marcello Piperno, Carlo Perreto, Giacomo Giacobini, Brunetto Chiarelli, Fiorenzo Facchini, Amilcare Bietti, Fabio Parenti, Pietro Passarello, Roberto Macchiarelli, Giorgio Manzi, Francesco Mallegni, Margarita Mussi, Emmanuel Anati, A. Azzarolli, et les grands sites de Castel di Guido,

Monte Poggiolo, Torre in Pietra, Isernia la Pineta, Venosa, Ceprano, Grimaldi, Balzi Rossi, avec *Homo erectus, Homo cepranensis, Homo neandertalensis, Homo sapiens*, etc.

Merci d'avoir bien voulu m'écouter. J'espère beaucoup venir, dans cinquante ans cette fois, écouter la leçon inaugurale du centième anniversaire des congrès de l'Association anthropologique italienne.

Un site

La province du Gauteng est un pays calcaire, calcaire très ancien (dolomie), plein de trous (karsts), remplis par tous les détritus de la surface du sol accumulés depuis que se sont établies les communications entre cette surface et les cavités, accumulations (roches détritiques) formant à la longue des dépôts indurés (brèches) ; on comprend par suite que ces dépôts soient ainsi devenus, à l'intérieur, de précieux enregistrements de l'histoire de l'extérieur.

Mais voilà que, dans le Gauteng, vers la fin du XIXe siècle, les prospecteurs ont trouvé de l'or et que, pour exploiter cet or, ils ont eu besoin de chaux. Alors ils ont ouvert des carrières partout dans le calcaire rejetant les brèches qu'ils rencontraient et dont évidemment ils n'avaient rien à faire. Et puis sont arrivés les paléontologues que seules les brèches intéressaient ! Rebut pour les uns, trésor pour les autres. Alors ils se sont mis à les ramasser, bloc après bloc, sur les tas (crassiers) qu'en avaient fait les carriers ou dans les cavités où elles étaient encore en place. Et ils y ont trouvé toute la mémoire de plusieurs millions d'années.

Et c'est ainsi qu'un grand paléontologue sud-africain, le docteur Robert Broom, recueillit sur la propriété de la famille Bolt, des ossements fossiles de vertébrés dès les années 1930. Plusieurs vagues de chercheurs sont passées depuis sur ce complexe de sites, dit de la « ferme des Bolt », et y ont recueilli de très nombreux et précieux fossiles répartis entre 4 millions (sans doute un peu plus) et 1 million d'années (sans doute un peu moins) et déduit l'environnement de cette tranche de temps nulle part aussi illustrée en Afrique méridionale, et particulièrement importante puisque c'est celle des derniers préhumains et des premiers humains.

Il faut saluer la grande qualité du travail de l'équipe de chercheurs qui exploite actuellement ce territoire. Amorcée dès 1996, il y a donc quinze années, avec d'ailleurs, entre autres parrainages celui de mon institution, le Collège de France, cette recherche n'a fait que se structurer, s'enrichir de nouveaux scientifiques et de nouveaux projets et s'enorgueillir de brillants résultats. Merci et bravo à cette coopération franco-sud-africaine, à son fondateur Francis Thackeray, à ses promoteurs Brigitte Senut et Martin Pickford, et à ses acteurs Dominique Gommery et Stéphany Potze et leurs collègues, et merci bien sûr aux autorités du Ditsong National Museum of Natural History de Pretoria.

La magie de la science

Les trois syllabes de Charavines se sont, à juste raison, merveilleusement inscrites dans bien des mémoires comme celles du nom du site subaquatique néolithique type – le mythe de la cité lacustre ressuscité et corrigé – qu'une fouille exemplaire avait sorti de l'eau et du temps, telle une Pompéi de 4 600 ans ! C'était dans les années 1970 et 1980 et puis, sans bien sûr qu'on les oublie, lesdites syllabes n'ont plus résonné autant que l'auraient voulu la communauté scientifique qui attendait le développement des analyses de leurs récoltes et le public qui souhaitait en savoir plus. Mais voici que pour le plus grand bonheur des archéologues et des passionnés d'archéologie, le maître de cette belle aventure, Aimé Bocquet, a repris la plume et nous livre ici, comme un fascinant rappel, ce qu'a été cette opération, tant sur le plan scientifique que sur les plans méthodologique, logistique et humain.

Merci à l'auteur, chef d'entreprise et pionnier à bien des égards, d'avoir eu le courage d'y « replonger » avec le même enthousiasme et la même fraîcheur qu'en 1971 et d'avoir eu l'idée de fabriquer ce véhicule accessible et séduisant pour transporter le DVD des données forcément plus arides. Le préfacier, qui, au cours de sa vie professionnelle, a eu aussi l'occasion de mener de lourdes équipes et d'être confronté à des problèmes de science, de méthode ou d'hommes et à des obligations consécutives de décisions, s'est littéralement régalé.

Sous seulement quelques mètres d'eau donc, à l'abri de l'air et de la lumière, les témoins de ces quelques années de la vie de quelques dizaines d'humains d'il y a quelques milliers d'années sont demeurés immobiles et intacts – il « suffisait » d'aller les chercher –, chargés dans leur immense mémoire d'une infinité d'informations d'une incroyable précision – il « suffisait » de savoir la lire. Et c'est ainsi que, grâce au travail d'une trentaine d'années de recherches dont quinze sur le terrain – je devrais dire dans l'eau –, et grâce à leur intelligent pilotage, on a appris par exemple que quelques familles sont arrivées au bord du lac de Paladru à Charavines dans le Bas-Dauphiné en 2668 avant Jésus-Christ et ont décidé de s'établir sur sa plage ; d'autres familles les ont alors rejointes et un premier village d'une cinquantaine de personnes a vécu là entre vingt et trente ans ; cette petite communauté s'en est alors allée chercher ailleurs des sols plus neufs, les leurs étant quasiment épuisés ; trente à quarante ans plus tard, d'autres familles sont arrivées, ont apprécié ce même site régénéré et y ont construit leurs grandes maisons de bois et d'herbes pour un temps comparable au séjour du premier village, jusqu'à ce qu'une crue du lac ne les fasse le quitter, cette fois précipitamment. Les maisons étaient donc là avec leurs équipements, leurs objets en pierre, en os, en métal mais aussi en matières organiques ; la vie quotidienne de ces gens s'en déduisait, comme leurs activités de chasse, de cueillette mais aussi de culture et d'élevage, leur alimentation (son acquisition et sa fabrication), leurs travaux communs ou singuliers, leurs maîtrises et leurs talents, l'organisation de leur société, leur artisanat local et leurs importations onéreuses, et que sais-je encore ? Tout s'y retrouvait, s'y exprimait, s'y comprenait. Quel bonheur de sortir de la vase un poignard en silex au manche en hêtre collé à la gomme de bouleau et habillé d'un rameau de sapin à l'enroulement maintenu jointif par une ficelle ou encore une perle de cuivre à l'antimoine de facture cévenole ou une autre en ambre qui ne pouvait venir que de la Baltique ! Quelle magie de recueillir de blocs séchés suffisamment de graines pour proposer une liste de 80 espèces végétales cultivées pour la consommation ou pour le tissage ; quelle merveille de pouvoir transcrire un amas de branches, d'écorces, d'herbes, de mousses, de feuilles, de copeaux, de fougères en deux dimensions en toits à deux pans, en murs en branches entrelacées, en aires de couchage ou en sols humides et généreux en trois dimensions !

J'arrête là cette liste que la préface n'a évidemment pas à établir, mais je me suis laissé facilement emporter par l'enthousiasme que cette fouille et ses résultats ont sans peine fait naître et s'épanouir en moi.

Lisez donc Charavines et vous contracterez aussi ce virus de la connaissance, vous apprendrez le miracle de la conservation ; vous apprendrez aussi que l'acquisition de ces objets n'est pas simple et celle des données qu'ils contiennent non plus. Mais vous éprouverez sûrement l'immense joie de la recherche et l'extraordinaire jubilation de la croissance de ses résultats lorsque, au terme de mille efforts, elle aboutit.

Merci à Aimé Bocquet de nous avoir donné une leçon de préhistoire, une leçon de recherche, une leçon de ténacité.

C'est un bonheur et un honneur de l'aider à promouvoir les travaux de son équipe et leurs produits.

Et sa magie encore

Synchrotron ! Quel drôle de nom n'est-ce pas, savant et mystérieux, pour désigner une simple machine. Et Soleil ! Quel drôle de prénom, ne trouvez-vous pas, éblouissant et généreux, pour éclairer le drôle de nom !

Eh bien, jamais binôme n'aura en fait été plus complémentaire, le petit nom décrivant le contenu éclatant de toutes ses lumières, le patronyme expliquant le contenant et toutes ses manières.

Imaginez en effet un grand anneau (plus de 350 mètres de circonférence), englobant, excentré, un petit anneau dans lequel on lance des particules (des électrons) et dans lequel on les accélère ; quand leur vitesse atteint celle de la lumière ou presque, on les aiguille vers le grand anneau, mais comme leur tendance est d'aller tout droit, on les oblige, à coup d'aimants, à tourner sans cesse et, à chacun de leurs virages, ces gentils électrons, bousculés, émettent de la lumière.

La synchronisation de ces champs magnétiques est ainsi à l'origine du nom de famille de ce géant, et le faisceau de particules, ou rayonnement synchrotron, à l'origine de son prénom céleste.

Mais l'histoire se poursuit, bien sûr, toujours aussi magique, puisque l'on va se permettre alors, en possession de cette lumière électromagnétique, d'en trier les longueurs d'onde et d'en sélectionner certaines pour se promener dans l'intimité atomique et moléculaire des êtres et des choses.

Et par ces fenêtres, comme des trous de serrure, qu'on appelle lignes de lumière, on voit ! On voit les virus et l'organisation des tissus, la structure des roches et l'architecture des cheveux, la synthèse des plastiques et la composition des alliages. On voit des images fixes, des images en trois dimensions, des images mobiles et, pour voir toutes ces images, on se sert de méthodes aux bien jolies appellations aussi – fluorescence, tomographie, spectrographie, diffraction, diffusion et que sais-je encore –, en les faisant souvent précéder du terme générique « micro » (puisque c'est dans l'infiniment petit que l'on opère) et suivre du nom du rayonnement préférentiellement utilisé (X, infrarouge, ultraviolet). Et l'usage de ce supermicroscope est, comme la curiosité de l'homme, insatiable et infini.

Nous nous sommes rencontrés Soleil et moi. J'ai aperçu ses pieux (il en a 600 et ils ont 15 mètres de haut), heurté son béton (il en a des tonnes), enjambé ses câbles (il en a des kilomètres). Eh bien Soleil n'en est pas moins séduisant ! Il l'est précisément par le contraste entre son dehors, gros et lourd, son dedans, fin et précis, et la puissance de son « comportement ». On dirait une gigantesque scie circulaire posée à plat et dont les dents seraient les lignes de lumière. Soleil est une force de la culture – le génie de ses inventeurs – et une force de la nature – la détermination de ses électrons.

Voyez plutôt, à votre tour, sa jolie présentation, pleine de savoir et de poésie et pleine de talent aussi. Le Synchrotron Soleil la méritait.

L'application

L'homme est un mammifère dont une des principales caractéristiques est le port érigé et, consécutivement, la locomotion bipède, curieuse adaptation à un milieu qui de boisé s'était fait plus ouvert il y a une (petite) dizaine de millions d'années en Afrique tropicale. Mais c'est notre bien proche ancêtre, le pithécanthrope indonésien, de 1 (gros) million d'années seulement, qui a bénéficié du joli qualificatif d'*erectus* dans sa dénomination latine binominale conventionnelle.

C'est en effet à Java (à Trinil, au bord de la rivière Solo) en 1891 qu'un jeune médecin hollandais, Eugène Dubois, engagé dans l'armée des Indes néerlandaises et passionné de paléontologie, découvrait et nommait un hominidé fossile nouveau *Pithecanthropus erectus*, le « singe homme debout », frappé par la mise au jour dans le même niveau géologique d'une calotte crânienne très archaïque et d'un fémur étonnamment « moderne ». C'était alors incontestablement le plus ancien fossile d'hominidé « redressé » que l'on connaissait. Les paléontologistes ont découvert depuis bien des fossiles d'humains ou de préhumains debout plus anciens, mais nos règles internationales de nomenclature sont telles que c'est le fossile de Java qui conservera pour « toujours » son nom spécifique d'*erectus* associé à celui générique d'*Homo* (qui a remplacé *Pithecanthropus* dans nos classifications simplifiées). C'est un drôle de bricolage qu'a donc inventé la nature en dressant ainsi un corps quadrupède pour lui permettre de se nourrir pour la première fois, parce que la nécessité s'en était fait sentir, à terre (de racines) en même temps que dans les arbres (de fruits) ; ces tout premiers préhumains (hominidés) cumulaient d'ailleurs, à ces époques, arboricolisme (grimper) et bipédie (marcher). Inutile d'ajouter qu'une bipédie assortie d'une aptitude au grimper était différente, dans son organisation anatomique comme dans sa pratique, d'une bipédie exclusive. Et le paléontologiste a eu ainsi le loisir de décrire la belle diversité biomécanique des bipédies successives et celle aussi de bipédies contemporaines. Mais il ne faut évidemment pas oublier que le redressement du corps a permis bien des comportements nouveaux et combien révolutionnaires dans l'histoire de la vie ; il a libéré les mains du sol avant qu'elles ne se libèrent des arbres et avant qu'elles ne s'emploient plus tard, le développement qualitatif et quantitatif du cerveau étant survenu, à fabriquer des outils. La descente du larynx, participant probablement à l'adaptation au grand coup de sécheresse, des années 2,7 à 2,8 millions, des voies respiratoires supérieures, a permis par ailleurs, précieux produit dérivé, l'émergence du langage articulé. Et le dialogue à trois – cerveau, main, langage – ouvert alors dans cette Afrique tropicale décidément féconde n'a plus cessé et a fait l'humanité consciente, pensante, libre et responsable.

Mais revenons au redressement du corps ; il faut croire que, malgré ses inconvénients squelettiques autant que circulatoires, il a en effet constitué un vrai avantage puisque, tant de millions d'années après cette innovation cocasse, nous sommes encore debout et c'est cette anatomie-là, qui allie arrogance et dignité, que nous offrons, humbles, aux orthoprothésistes, chaque fois qu'elle est endommagée.

Et nous voici de plain-pied dans le passionnant ouvrage de Philippe Fourny, juste combat d'une profession mais hymne aussi à la gloire de la station debout. J'ai beaucoup appris de ce livre et suis enchanté d'avoir été sollicité pour l'introduire et participer ainsi à l'éloge d'un grand métier.

J'ai appris ses balbutiements et l'incroyable imagination des premiers orthoprothésistes déjà dignes de ce titre qui dotent par exemple une femme kazakhe estropiée de 2 300 ans d'une patte de bélier ou un précolombien accidenté de 1 100 ans d'un corset en écorce ; j'ai admiré les grandes figures d'Ambroise Paré (XVIe siècle) qui avait compris que chirurgie n'allait souvent pas sans appareillage, ou de Nicolas Andry de Bois-Regard (XVIIIe siècle) qui inventa le noble nom d'orthoprothèse à l'occasion de la publication d'un traité sur sa pratique, et j'ai suivi la progression de l'organisation de la profession, même si celle-ci n'a pas été régulière, de la naissance d'une confrérie sous Charles VI (XIVe siècle) et de la création des Invalides (XVIIe siècle) à la fondation de l'Union française des orthoprothésistes en 1987 et à celle du Haut Conseil des professions paramédicales il y a seulement quatre ans.

J'avais mesuré moi-même – tout en étant bien conscient de la différence considérable de mes deux exemples –

l'évolution des techniques et celles des matériaux que ces techniques emploient, ayant crapahuté au Tibesti avec le géographe Robert Capot Rey qui dévissait son pilon chaque soir sous la tente (c'était dans les années 1960) et me disait sa crainte de voir sa prothèse volée la nuit par les cynocéphales chapardeurs, et ayant « conversé » souvent avec Stephen Hawking (la dernière fois c'était à Rome en 2009) qui répondait à mes propos, et même à mes plaisanteries, par une voix de synthèse qui égrenait les mots qu'il choisissait (en cillant) sur un écran sur lequel ces mots défilaient. Mais je n'avais jamais si bien suivi les progrès et les contraintes d'une profession, passée du travail du bois, du fer ou du cuir à celui du duralumin, de la fibre de carbone ou des plastiques et de ses prises d'empreintes au plâtre que l'on corrige au ciseau à celles virtuelles sur écran que l'on manipule au stylet.

L'orthoprothésiste doit, bien sûr, connaître l'anatomie mais une anatomie dynamique – on l'appelle « fonctionnelle » ; il doit donc connaître la biomécanique ; il doit connaître les matériaux et leurs caractéristiques, les plâtres ou la manipulation des stéréolithographies pour les moulages réels ou virtuels et puis les bois et les cuirs, les polyéthylènes et les polypropylènes, les silicones et les titanes et savoir les travailler ; même si les petites pièces peuvent désormais être fabriquées en série tout en demeurant modulables, comme chaque dommage est, par définition, unique, il doit, comme l'artiste, réaliser chaque fois une pièce originale. Et pour parvenir au mieux au terme de sa réalisation, l'orthoprothésiste doit en outre travailler en équipe, en amont avec le médecin, le chirurgien, l'infirmier, en aval avec le kinésithérapeute, l'ergothérapeute, l'assistante sociale. Comme il peut avoir enfin à suivre son patient toute sa vie, ne serait-ce que pour adapter ses équipements à l'évolution de son corps, il doit porter aussi un peu son « âme » ; Denis Brun, cité par

Philippe Fourny, dit joliment que la prothèse, qui sert à se déplacer, « sert aussi à être ».

Saluons donc ce métier, cette vocation pourrait-on dire, de connaissance et de recherche, d'art et d'assistance, de compétence et de cœur, qui en mettant le handicapé debout et en lui apportant efficacité, confort et discrétion, lui rend sa dignité. Et saluons Philippe Fourny qui a voulu et su faire connaître cet art, ses extraordinaires qualités humaines mais aussi son historique, l'évolution de sa pratique en fonction de l'évolution de la démographie et des conflits, en fonction de l'évolution de l'imagerie médicale et de la numérisation des équipements, en fonction de l'évolution des matériaux et de la manière de les travailler, et les progrès de son organisation confrériale et syndicale, ceux de l'élargissement social de ses applications et ceux de la qualité de l'enseignement de ses techniques.

J'irai voir désormais qui se cache derrière tout handicapé, compensé ou corrigé, et je suis sûr que le lecteur fera comme moi.

L'innovation

Honneur et surprise se mêlent lorsqu'une préface vous est demandée par une prestigieuse université de technologie pour son *Abécédaire* ; honneur parce que c'est toujours un privilège d'être choisi pour ouvrir un travail, surprise parce que le travail en question est la présentation d'une somme de programmes plus audacieux les uns que les autres, évidemment projetés dans un avenir qui ressemble souvent à du rêve. Or la paléontologie que je m'efforce de servir depuis bien des années est, comme chacun sait, une science qui ne s'occupe que du passé et, bien qu'elle tente parfois de s'exercer en passant des alliances avec des sciences et des technologies d'autres horizons, et qu'en ce sens il existe fort heureusement bien des innovations de sa pratique, on ne peut guère parler de fossiles du futur. Tant pis donc pour les chercheurs de Compiègne, que j'admire pourtant beaucoup, tant pis pour les rédacteurs de leurs projets et ceux de l'*Abécédaire*, je ferai une préface paradoxale !

Je dois dire d'abord que je me suis promené dans ces lettres et leurs illustrations avec gourmandise mais inquiétude, un peu perdu dans le virtuel, l'immatériel, le numérique, le xénobiotique, la scalabilité, la séparabilité et puis j'ai fini par m'y plaire et même par m'y installer. Destinés à transformer nos vies, en améliorant sans cesse notre confort, par une réduction des risques, par une meilleure maîtrise des paramètres en présence, de leur organisation, de leur gestion, tous ces projets jonglent avec l'infiniment petit – l'échelle nanométrique est de 10^{-9} – ou la dimension de la planète, la multiplication des capteurs et l'installation de réseaux, la modélisation de systèmes et la manipulation de l'outil mathématique et on entend parler de réalité immersive et de Post-it virtuels, d'Internet et d'intercapt, de Web participatif et de biopuces ! La santé de l'homme est sur la sellette en permanence, la communication entre les hommes aussi, leur transport, leur habitat, leurs villes, mais leurs émotions ne sont pas oubliées et les termes de qualité, coopération, rencontres se retrouvent dans tous les programmes ou presque.

Sans vouloir en profiter pour placer l'expérience de ma discipline au cœur de toutes ces créations, inventions, découvertes, je voudrais quand même raconter à tous les brillants scientifiques et ingénieurs de Compiègne, quelques constats préhistoriques et réflexions préhistoriennes.

Imaginez le monde de Lucy par exemple ; nous sommes, il y a un petit peu plus de 3 millions d'années, quelque part dans une savane tropicale ; il y fait chaud, parfois humide, le monde alentour est bruissant, bruyant, cris des oiseaux, piaillement des singes, craquements des branches et des fourrés sous les pas des antilopes, des hipparions ou de temps en temps des pachydermes qui ne font aucun effort pour réduire les décibels qui de toute façon leur sont familiers. Et puis soudain, peu de temps, très peu de temps (géologique) plus tard, de nouveaux bruits surviennent et ces tout nouveaux bruits qui sont secs, pointus, acides ou graves, ronds, roulant ont dû surprendre, étonner, inquiéter. « L'homme est entré sans bruit », dit joliment Teilhard de Chardin, mais il ne dit pas qu'après être entré il en a fait beaucoup – en articulant et parlant soudain, et Dieu sait s'il est bavard, et en frappant la pierre pour fabriquer tout aussi soudainement armes et outils à n'en plus finir –, et il ne dit pas non plus qu'il n'a plus cessé d'en faire. Pour les oreilles des éléphants et des dinothères, des notochères et des koudous, des hyènes et des dinofelis, ce fut, à n'en pas douter, une intrigante nouveauté et une pollution certaine. Et je ne parle pas de l'intrusion, depuis deux cents ans, des bruits de moteurs que l'on entend désormais, absolument partout, au point que l'inquiétude parfois vous envahit – je l'ai ressentie au milieu des kilomètres carrés de toundra – lorsqu'on ne les entend plus !

Voici donc l'homme sur Terre ; il s'y installe, y prospère, sort des écosystèmes et puise dans la nature tout ce dont il a besoin de manière habile et opportuniste et crée, invente, innove, montrant tout de suite son adaptabilité et son génie. Mais c'est dans cette superbe course, qu'il n'a jamais interrompue depuis l'émergence de sa conscience il y a presque 3 millions d'années, que l'on voit se dissocier les vitesses respectives de ses inventions et de leurs applications et celles de ses mentalités et de leurs maturations. Il faut à la société un temps de compréhension, d'admission, de digestion avant de faire sienne une innovation et vous êtes, à Compiègne, bien placés pour savoir ce que cela veut dire. Il a fallu des centaines de milliers d'années pour passer du percuteur dur (pierre sur pierre) au percuteur tendre (bois sur pierre), des milliers d'années pour se rendre compte que l'argile cuite, dont on avait compris les qualités particulières, pouvait être avantageusement utilisée pour fabriquer des contenants !

Enfin quelle joie pour l'esprit de voir le préhumain savoir, puis l'homme, peu à peu savoir qu'il sait et l'homme moderne de mieux en mieux le faire savoir en peignant ou en gravant les murs de ses abris ou les objets de ses usages il y a de cela presque 50 000 ans ; ses messages sont alors codés, associés et signifiants, mais pas encore linéaires ; ils le deviendront, il y a de cela un peu plus de 5 000 ans, et écritures et alphabets seront inventés plusieurs fois en plusieurs endroits du monde, avec chaque fois une imagination et un graphisme qui font l'admiration de leurs descripteurs et de leurs interprètes. Et puis voici les hypertextes, les renvois en réseaux, faute des lignes qui explosent, la nécessité de nouveaux rangements des lieux, la naissance d'une nouvelle sémantique des liens !

Et je pourrais, au terme de cette introduction déjà longue apporter bien d'autres témoignages de ma vieille préhistoire au bien-fondé des recherches de l'Université de technologie de Compiègne, aux qualités de ses programmes, à l'inventivité de ses laboratoires, à l'éclat des esprits de ceux qui les animent ; je suis très conscient du fait que c'est évidemment parce que l'alphabet dont nous usons n'a que 26 lettres que cette liste des innovations a mis un point à cet ouvrage et je souhaiterais, en conclusion, le faire prendre aussi conscience au lecteur. Comme, par définition, l'innovation est un nouveau départ, je suivrai désormais chacun de ses parcours, de leurs résultats et de leurs mises en application avec autant d'attention, d'intérêt et d'enthousiasme que j'en ai eu à prendre connaissance de ses programmes.

Vive la science et la technologie ; et vive la connaissance et la liberté qu'elle génère.

Les découvertes

J'ai réfléchi au feu en termes d'origine et de fonctions et vous propose un exposé en six points, rangés dans un ordre que je dirais d'émergence.

LE FEU FASCINE

Le feu fascine comme la mer, parce qu'il bouge ; on resterait des heures devant les bûches qui se consument. Le feu fascine au point qu'il est parfois l'œuvre de pompiers eux-mêmes. Et le feu a certainement fasciné l'homme depuis toujours. Comme l'homme est provocateur, il a dû chercher très tôt à le « titiller », à le capturer, à l'entretenir, à le maîtriser. Que dit la préhistoire ? Qu'il y a eu des feux liés aux humains, volontaires ou pas, depuis très longtemps. Un préhumain sud-africain a même été appelé *Australopithecus prometheus*, mais c'était sans doute lui faire trop d'honneur. Des feux très anciens n'en ont pas moins été signalés en Afrique du Sud (Swartkrans), en Afrique de l'Est (Chesowanja) dans des niveaux archéologiques d'âge supérieur à 1 million d'années, mais on n'est pas sûr que ces feux-là aient eu une origine anthropique. Par contre, les feux de Gesher Benot Yagov en Israël (800 000 ans), de Zhoukoudian en Chine (500 000 à 700 000 ans), de la grotte de l'Escale près d'Aix-en-Provence (600 000 ans), du Menèz Dregan dans le Finistère (500 000 ans), de Terra Amata près de Nice (400 000 ans) semblent avoir été délibérément allumés et entretenus dans des foyers. L'homme s'est donc rendu maître du feu, première énergie domestiquée, en différents points de la planète, entre 800 000 et 500 000 ans.

On a dit que c'était par le spectacle des volcans que l'homme préhistorique avait eu cette première fascination pour le feu. Mais il n'y a pas de volcans partout. On a dit aussi qu'il l'avait découvert grâce au phénomène de l'orage. En fait, je crois cette révélation plus simple et plus universelle : le feu est partout. J'ai vécu un jour, à la frontière du Kenya, du Soudan et de l'Éthiopie, alors que j'installais mon campement pour la nuit, un feu de brousse spontané par une réverbération que je n'ai pas identifiée et ce feu m'a bien sûr fasciné comme il a dû fasciner les humains depuis 3 millions d'années.

N'oublions pas l'importance de la fascination pour le feu symbole et le feu magie, le feu qui détruit mais qui purifie, le feu qui efface et dont on renaît, le feu qui se consume et qui prie.

LE FEU ÉCLAIRE ET IL ÉCLAIRE TRÈS LOIN

Les militaires savent bien que, dans les moments et les endroits où ils ont à se camoufler des yeux de l'ennemi, ils ne peuvent fumer sans risquer de se faire repérer. Dans les eaux réputées fréquentées par des pirates, j'ai toujours été étonné de voir les paquebots, pourtant gros et sur lesquels je naviguais, éteindre leurs feux ! Un jour, dans le nord désertique du Tchad dans lequel je travaillais, j'avais reçu la visite exceptionnelle, en avion léger et privé, de l'ambassadeur de France (j'étais à environ 800 kilomètres de la capitale Fort-Lamy) ; j'ai alors proposé à l'ambassadeur un choix entre la visite d'un site paléontologique proche mais peu spectaculaire (Bochianga) et un site plus lointain (70 kilomètres) mais riche en gros ossements d'éléphants fossiles (Kolinga) ; il a bien sûr choisi le second, pensant sans doute à 70 kilomètres de piste. Mais, dans le désert, les terrains sont variés, parfois faciles, parfois difficiles et bien sûr dépourvus de pistes. Nous avons donc navigué à la boussole, à l'aller, mais ne sommes arrivés à Kolinga qu'à la tombée de la nuit ; et c'est aux étoiles que nous avons fait le retour ; pauvre ambassadeur, il n'a plus dit un mot, tant il était inquiet, et ne s'est exprimé, rassuré, qu'à la vue, à une bonne dizaine de kilomètres, des feux de mon campement ! Je pense qu'il raconte encore son aventure !

LE FEU CHAUFFE ET LE FEU BRÛLE

Et c'est probablement la première chose que l'homme a ressentie : ça chauffe si c'est pondéré, ça brûle si c'est trop chaud.

Et ce chauffage a dû accompagner les hommes dans leurs déploiements dans des régions aux températures moins clémentes que celles de leurs tropiques d'origine et faciliter leur adaptation aux épisodes froids des changements climatiques qu'ils ont eu à subir et auxquels ils n'ont pas eu d'autres choix que de s'adapter.

Mais les hommes ont aussi très vite appris que chauffer le bois permet de le travailler, chauffer l'ivoire autorise à le courber, chauffer le silex améliore sa taille, chauffer l'argile change son état, chauffer l'ocre en transforme la couleur, chauffer les métaux les fait fondre et s'allier pour acquérir des propriétés nouvelles de solidité et de résistance (du cuivre au fer en passant par l'étain, le plomb et par suite le bronze au fur et à mesure de la maîtrise de températures plus élevées).

LE FEU CUIT

À partir du moment où l'homme a dû s'apercevoir de cette possibilité de transformation de la nourriture, je pense qu'il a dû tout cuire, goûter, retenir ou rejeter.

La cuisson d'un certain nombre d'aliments a d'ailleurs dû changer notre denture ; nos dents ont diminué en taille et en nombre et continuent de le faire. La cuisson a aussi transformé, je dirais affiné, notre goût, notre odorat, sans parler des autres organes des sens entrant dans le choix des aliments, leur allure, leur texture, leur couleur et leurs transformations par le feu. N'est-ce pas, d'ailleurs, un feu de brousse qui, ayant piégé et brûlé un gibier et répandu son odeur de « cuit » alentour, a fait l'homme gourmand réfléchir et conquérir le feu qui donne faim !

LE FEU PROTÈGE

Dans quelque brousse du monde que ce soit, un campement humain attire les animaux des environs ; ils viennent parfois, narines au vent, de très loin, par curiosité et bien sûr espoir de nourriture facile, y compris celle de gibier humain. Parmi ces animaux se trouvent en effet parfois des prédateurs peu fréquentables ! Les paléontologues et les préhistoriens ont trouvé bien des restes de préhumains ou d'humains marqués des « signatures » incontestables de ces consommations animales (os broyés, cassés ou plantés de l'empreinte des dents qui s'en sont saisis).

Toujours est-il que le feu protège. D'instinct ou d'expérience, tous les animaux se tiennent à l'écart des feux, des braises et de toute chaleur suspecte.

Et, par voie de conséquence, les humains, rassurés, en sécurité, vont utiliser ce temps nouveau (c'est surtout la nuit qu'on est vulnérable) pour échanger des idées, réfléchir, échafauder des projets, envisager des réalisations.

Grâce au feu, à sa lumière et à sa protection, le temps de l'homme s'est allongé, enrichi et apaisé.

ET LE FEU DATE

Merveilleux retour sur investissement en effet, la découverte de la thermoluminescence a permis de dater les feux.

Sous l'effet du chauffage de certaines roches, des électrons contenus dans leurs cristaux sont déplacés. Le nouveau chauffage de l'échantillon permet le retour des électrons à leur place initiale, ce qu'ils font en émettant de la lumière. Or il se trouve que la mesure de cette lumière est directement proportionnelle à la quantité d'électrons déplacés.

Le feu s'autodate !

Le feu fascine donc, éclaire, chauffe, cuit, protège et date.

Les résultats

« Quel événement a fait basculer l'histoire ? »

Une réponse s'impose immédiatement : l'instant où, il y a 3 millions d'années, un hominidé a eu l'idée « géniale » de se saisir d'un caillou et puis, surtout, d'un autre caillou et de taper sur le premier avec le second afin de le transformer pour qu'il serve mieux son propos. Après 15 milliards d'années, ce n'est ni plus ni moins que l'irruption du milieu culturel, pour la première fois, dans le milieu naturel. C'est pour la première fois aussi l'intervention provocante de l'homme sur son environnement pour l'aménager à son profit, ce qu'il n'a cessé de faire depuis.

Les idées

C'est en hommage à la mémoire de François de L'Espée que j'écris cette introduction, évidemment reconnaissant à la fidélité de l'éditeur, Tallandier, et à celle de l'auteur Pascal Picq de me l'avoir confiée.

Dès ma première rencontre avec François de L'Espée, il y a de cela cinq ou six ans, nous avions en effet envisagé d'associer nos « compétences » respectives d'éditeur et d'auteur pour publier quelque chose sur l'extraordinaire histoire de l'homme. C'est ainsi qu'est né le numéro spécial d'*Historia* de novembre-décembre 1997, premier numéro tenté en couleurs (m'avait confié François de L'Espée) et dont le succès s'est poursuivi par une reprise sous la forme d'un joli petit ouvrage de poche intitulé *Origines de l'homme*. Encouragé par la belle réponse du public à notre initiative, François de L'Espée avait immédiatement envisagé une autre « production », un élargissement du sujet et de son traitement sous la forme d'une sorte d'album beaucoup plus généreux en textes et en images. C'est donc Pascal Picq, collaborateur, collègue et ami, qui s'est courageusement saisi de cette proposition et voici le brillant résultat de ce travail que François de L'Espée aurait été si heureux de voir aujourd'hui sous presse.

Remarquable synthèse en effet que celle de Pascal Picq qui a su placer la fresque la plus actualisée de l'histoire de l'homme – et Dieu sait si l'actualité du passé est exigeante – dans la perspective si éloquente de l'histoire des sciences qui en traitent, histoire vieille d'un peu plus de deux siècles seulement. Mais si passionnante soit cette histoire, c'est sa facette inattendue qui a eu, et a, dans une certaine mesure encore, toutes les peines du monde à s'imposer. L'histoire de la paléoanthropologie, c'est au fond l'histoire d'un bousculement permanent des mentalités.

À la fin du XVIIIe siècle et un très léger soulèvement du voile des dogmes, on peut dire que c'est le XIXe siècle qui a été celui qui a véritablement fait prendre conscience – ou tenté de le faire – de l'origine animale de l'homme ; l'homme apparut soudain comme n'ayant pas toujours eu la même allure, le même corps, le même visage, n'ayant pas toujours été conscient, comme s'inscrivant par suite dans une évolution qui le conduira dans l'avenir vers une autre allure encore.

Le XXe siècle n'a d'ailleurs fait que conforter cette déclaration en agrandissant notre filiation aux dimensions (connues) de l'Univers ; l'histoire de l'homme s'inscrit dans l'histoire de la vie qui s'inscrit dans l'histoire de la Terre, inscrite évidemment elle-même dans l'histoire du ciel. Grâce à ses progrès en physique et en chimie, le XXe siècle a chiffré ces histoires gigognes ; on peut raconter les 15 derniers milliards de l'histoire du monde ; la Terre quant à elle, n'a pas 5 milliards d'années, la vie en a 4 milliards, les préhumains pas 10 millions, l'homme, 3 millions. Après avoir donc assené les concepts de transformation et de filiation, la paléoanthropologie et ses alliées, l'astronomie, la géologie et la paléontologie, imposaient celui de la conception du temps et de sa profondeur. Les grandes lignes de la généalogie familiale se mettaient en même temps en place pour ne plus guère bouger – les préhumains tropicaux et africains, les humains africains, eurasiatiques puis océaniens et américains devenant peu à peu *sapiens*, sauf en Europe où s'est développée l'exception néandertalienne ; les ajustements aujourd'hui ressemblent plus à des pièces complémentaires précisant les contours et accentuant les couleurs qu'aux révolutions que les médias se plaisent à annoncer à chaque mise au jour nouvelle. Qu'apportera donc le XXIe siècle ? Sûrement grâce à des fouilles plus fines et à leurs lectures beaucoup plus élaborées, une bien meilleure appréhension de l'éthologie de l'homme, du progrès par paliers mais sans faiblesses de sa pensée, de ses connaissances, de l'accroissement consécutif de sa liberté et de la responsabilité, son corollaire, en somme de sa maîtrise de lui-même et du monde.

Les interprétations

La Vénus de Lespugue présente une curieuse anomalie anatomique qui, loin d'être le signe d'une maladresse, révélerait plutôt une extraordinaire maîtrise du jeu et de l'image.

La Vénus de Lespugue, en Haute-Garonne, est une des pièces maîtresses de l'art paléolithique, découverte en 1922 dans la grotte des Rideaux. Elle a été recueillie dans un contexte archéologique très riche du gravettien, daté de 22 000 ans. Haute de 147 millimètres, elle représente un personnage de sexe féminin, taillé dans un morceau d'ivoire de mammouth. Elle comporte une tête ovoïde, petite et projetée, parfaitement lisse du côté du visage, mais portant, de l'autre, une longue chevelure bien coupée et coiffée, figurée par des traits gravés parallèles. Le cou est élégant et bien dégagé. Des épaules tombantes et menues surmontent un thorax avec des seins lourds aux attaches basses qui descendent sur le ventre. Le dos est lisse et délicatement voûté par le mouvement de la tête, penchée en avant. Des bras courts et symétriques s'appuient sur les seins. Une taille délicate fait ressortir un ventre petit et rond. Des fesses développées, mais peu cambrées, dominent des cuisses fortes, couvertes d'une sorte de pagne fait de bandes tressées terminées par des franges. Enfin les jambes courtes et serrées se terminent par des pieds à peine ébauchés. La description de la Vénus de Lespugue souligne sa parenté avec les autres Vénus du gravettien, même si les fesses et les seins sont particulièrement généreux, proposant un équilibre des formes rarement égalé. Cependant, un détail anatomique d'importance saute aux yeux : les fesses sont à l'envers !

Le geste qui vient alors immédiatement à qui observe la statuette est de la retourner pour les mettre à l'endroit. Alors on voit apparaître un autre personnage. Les pieds et les jambes du premier figurent la tête du second, la constriction des genoux devenant son cou ; les cuisses, son buste ; le pagne, sa chevelure. Ce second personnage, vraisemblablement de sexe féminin, a cette fois les fesses et le sillon interfessier dans le bon sens. L'ambiguïté de cette double image fascine ; un personnage féminin, fin, élégant, parfaitement modelé, attire l'attention sur une partie de son corps ; une particularité anatomique, et pas la moindre, retient et donne une clef, celle d'un second personnage, inattendu, magique, comme une énigme.

Est-ce simple jeu de l'artiste ou cette réalité n'a-t-elle pas, comme dans tant de cultures, un sens symbolique ou mythologique ? Cette anomalie flagrante n'a pas échappé à de nombreux auteurs, mais ils ne l'ont pas prise au sérieux, ils n'y ont vu qu'une sorte d'« hérésie anatomique » bien singulière et bien peu réaliste. Face à la perfection artistique de la statuette, je suis, pour ma part, intimement persuadé qu'il n'y a aucune erreur, aucune étourderie, aucun manque d'observation dans cette merveilleuse réalisation. L'artiste a voulu réaliser, avec une maîtrise sans faille, quelque Janus de la mythologie gravettienne. Aussi, quelle ne fut pas ma surprise lorsque, de passage au musée d'Aquitaine de Bordeaux, son conservateur me fit découvrir une plaquette gravée du site de Laussel, en Dordogne, là où la célèbre Vénus à la corne en ronde-bosse fut découverte.

Entre 1908 et 1914, les fouilles mirent au jour, sur une surface réduite de quelques dizaines de mètres carrés, une collection de plaquettes gravées de représentations féminines dans un niveau archéologique identique à celui de Lespugue. L'une des premières plaquettes découvertes, haute de 20 centimètres, propose en effet une gravure de piètre qualité où figurent sans ambiguïté deux femmes opposées par le bassin. Leurs têtes ont une forme subcirculaire, pincée au cou et tout le reste du bas-relief s'inscrit dans un cartouche ovale : on y distingue des seins, plus forts d'ailleurs d'un côté que de l'autre, des bras encadrant le corps de chaque côté et une région assez mal dessinée, représentant probablement le bassin. Il s'agit donc de deux représentations de face, en carte à jouer. Les préhistoriens refusèrent d'y voir un jeu délibéré, probablement symbolique, d'un personnage féminin double ou d'un double personnage, préférant reconnaître tantôt un accouchement, tantôt un accouplement.

La manière dont ces statuettes ont été abandonnées est troublante. À Laussel, la disposition fait penser à un autel, ou tout au moins à la possibilité de venir contempler la figurine comme on le fait pour une fresque ou un tableau. Mais qu'une Vénus aussi soigneusement sculptée que celle de Lespugue ait pu être abandonnée, voire jetée, au milieu d'outils et d'esquilles d'os, nous laisse perplexe.

Quelle importance faut-il donner à ces représentations inversées ? Jeux, symboles, cultes, rituels ? Peut-être finirons-nous par trouver la réponse. Commençons par créditer les artistes du gravettien d'une volonté plutôt que de leur attribuer une maladresse. Ils ont compris que l'ambiguïté et le mystère ne nuisaient pas à leurs œuvres...

Les conclusions

Le caractère sacré des grottes m'apparaît incontestable. J'ai longtemps travaillé dans le massif du Tibesti au Sahara et j'ai été frappé par la superposition des dessins exécutés, à travers le temps, sur les mêmes pierres, alors qu'à côté, il y avait des kilomètres carrés de parois restées vierges. Pourquoi ? Aujourd'hui, on a abandonné les théories de l'abbé Breuil pour qui l'homme préhistorique représentait les animaux dans le but de mieux les chasser. En effet, les animaux peints sont différents des animaux consommés. Ainsi, à propos de Lascaux, on peut dire, par plaisanterie, que les sandwichs des artistes étaient au renne mais, sur les parois, vous ne verrez que de petites et rares représentations de ces animaux. Quant à l'apparition, dans la grotte Chauvet, de la hyène et de la panthère, souvenez-vous qu'on ne les chasse guère pour les manger. Leroi-Gourhan avait d'ailleurs remarqué qu'il existait une distribution organisée des dessins ; à l'entrée, un certain type, un autre type au milieu, un autre encore au fond. Et cette organisation de signes révélait qu'il s'agissait bien d'un temple, comme dans nos églises où le bénitier est à l'entrée et l'autel dans le chœur orienté. Il y a, dans la préhistoire, une élaboration complexe de la pensée symbolique et mythique : elle attend son Champollion.

Elle m'incite à avoir beaucoup de respect pour les hommes de Cro-Magnon qui avaient couvert les parois de leurs grottes d'une véritable « écriture ». Près de ces figures reconnaissables, on ne remarque d'ailleurs pas assez les signes abstraits (points, virgules, zigzags, grilles) qui y sont toujours associés. À ce sujet, il est intéressant de noter que les premières écritures linéaires (apparues il y a 6 000 ans) ont conservé un certain nombre des signes abstraits de l'art paléolithique supérieur.

Le besoin de connaître les origines de l'humanité n'intéresse pas que les spéléologues et les préhistoriens. De toute évidence, il intéresse tout le monde. Les conférences faites sur de pauvres ossements, quelques dents et des pierres taillées pas très spectaculaires attirent chaque fois des milliers de personnes qui cherchent, sans doute, une réponse à leur angoisse existentielle. Je regrette pourtant qu'elles gardent autant de préjugés. Cela tient en partie au XVIIIe siècle et à son mythe du « bon sauvage » et à l'empire colonial du XIXe siècle. Mais je supporte mal le mépris dans lequel on tient par exemple les Aborigènes d'Australie qui nous servent souvent de références. Il est vrai qu'ils n'ont inventé ni Ariane 4 ni les satellites. Par contre, eux ne connaissent pas les problèmes d'exclusion qu'engendre de plus en plus notre société moderne. Alors qu'est-ce qui est le plus important ? La question ne se pose sans doute pas. On a tous le même poids d'histoire et on l'a utilisé en fonction des nécessités à des environnements qui, eux, diffèrent.

Lascaux

Lascaux, ou Lascaud, ou Lascouts, est un lieu-dit du Périgord, à la porte de Montignac, au bord de la Vézère. Étymologiquement, Lascaux voudrait dire « endroit désert », « endroit pierreux », endroit médiocre en quelque sorte ! C'est une colline de calcaire marin crétacé d'une centaine de millions d'années que les eaux de ruissellement n'ont cessé et ne cessent de pénétrer et de façonner en un gruyère en transformation permanente.

Or un des trous de ce gruyère a été visité il y a 18 000 ans par les habitants de ce pays à une époque où le climat était devenu doux (ou presque) après avoir été froid, et où la faune, tempérée avec quelques souvenirs des temps frais, et la flore était devenue comparable à l'actuelle. Ces hommes, dits de Cro-Magnon par les anthropologues du XIXe siècle, étaient à la recherche d'un lieu discret pour le consacrer à leurs dieux. Ce trou-ci leur convint ; il était très modeste, 3 000 m^3 seulement, pas très profond, de 6 à 20 mètres selon les endroits, fait d'une grande salle, de deux galeries et peut-être d'un puits. Ils commencèrent donc à s'équiper pour en faire une cathédrale. Armés de petites pierres creuses garnies de graisse et plantées de mèches en guise de lampes, de silex à graver, de pinceaux de fibres et de tampons de poils à peindre et, bien sûr, d'une palette de berlingots d'oxyde de fer, d'oxyde de manganèse et de kaolin et de bâtons de charbon de bois, les peintres et les graveurs de cette société de chasseurs, forts d'une foi profonde, d'une parfaite connaissance des mythes de leurs cultures et de leurs transcriptions, mais forts aussi d'un incroyable talent, s'installèrent dans la cavité et en firent le sanctuaire chef-d'œuvre que l'on sait.

Depuis 3 millions d'années, l'homme sait qu'il sait et la possession de cette conscience lui a fait percevoir les formes au point d'oser en créer ; tapant sur une pierre avec une autre, il a « transformé », au sens propre, la première et, à partir de ce moment d'audace et d'imagination, il n'a plus cessé d'inventer, élaborant des formes de plus en plus compliquées, de plus en plus belles aussi, et de plus en plus efficaces lorsqu'elles étaient destinées à des fonctions. Le préhistorien suit parfaitement ainsi l'évolution des formes réalisées par les préhistoriques mais aussi l'évolution de leur perception des formes naturelles en découvrant par exemple leur intérêt grandissant pour les couleurs, les densités, les curiosités au point de les collecter pour le plaisir, pour s'en servir ou pour s'en orner le corps. Cette montée vers la complication intellectuelle et esthétique a débouché un jour d'il y a une cinquantaine de milliers d'années sur la projection de formes sur des objets ou des parois, formes qui, en elles-mêmes, ou, à plus forte raison, associées, prenaient un sens ; même si leur groupement n'était pas linéaire, c'était bel et bien une écriture. Et ces dessins, peintures, gravures, signes, vont couvrir des millions de roches à travers le monde, à découvert ou en cavités, en fonction des possibilités offertes par les pays où ils ont été créés. Or il se trouve que, pour beaucoup de raisons, dont certaines sans doute nous échappent, Lascaux est devenu une sorte de grotte emblématique, de grotte symbole, symbole de l'art préhistorique, de sa beauté, de son mystère, de son antiquité, de sa conservation.

Le préfacier que je suis est plus paléontologue que préhistorien, plus apte à décrire les artistes que leur art ; mais ma nomination à la présidence du conseil scientifique de la grotte m'a fait bien sûr m'occuper ès qualités de sa conservation et mieux fréquenter aussi le monument lui-même et en ressentir la puissance. En remerciant l'auteur et l'éditeur de m'avoir demandé cette préface, je voudrais la terminer en livrant mes impressions de ce sanctuaire de presque vingt millénaires, impressions qui ne sont que personnelles et n'ont par suite aucune prétention d'explication. La première, immédiate, que l'on peut appeler émotionnelle, est une impression d'émerveillement ; elle est facile à comprendre et certainement universelle ; elle incite à la contemplation. La seconde, tout aussi instinctive alors qu'elle est sans doute plus intellectuelle, est une impression de sermon ; la richesse des figures et des signes, leur densité, leurs enchaînements et leurs associations enveloppent le visiteur comme s'il était pris dans une sorte de discours assourdissant, précis, dont le « beau » masque mal l'insistance, un discours qui fait presque peur ; elle incite à l'écoute. La troisième, que je qualifierais de spirituelle, est au contraire une impression de paix, en même temps que de transport par la foule des animaux-véhicules vers le panthéon des artistes, leurs dieux, leurs cieux ; elle incite à la méditation.

Mais lisez, avec la gourmandise qui a été la mienne, ce livre savant de Jean-Michel Geneste, préhistorien, conservateur et directeur des recherches de Lascaux, et réfléchissez sur les œuvres de cette grande école de peinture que les dépliants de la série nouvelle de la collection « Découvertes Gallimard » mettent mieux en valeur que bien des images trop partielles d'éditions antérieures.

Les représentations

Au terme de la lecture de toutes ces extraordinaires images – une préface pour un préfacier vient toujours en dernier ! –, on se prend à rêver d'un musée ou d'un CD ou d'un DVD qui offrirait ainsi au public l'album complet des reconstitutions de chacun des hommes fossiles et de tous, réflexion sur la relativité de la science et les limites de l'objectivité des esprits qui la font, réflexion aussi sur la puissance de l'imaginaire et les limites de l'inventivité des fictions qu'elle propose.

La batterie de filtres qui se place ainsi entre l'exubérance (relative) d'une imagination et la sagesse (relative) de sa production est évidemment la cause de cette réduction en cascade de la richesse d'une pensée, canalisée par les idées du moment, de l'endroit, du créateur et de tout ce qui l'a fait.

Même si le Neandertal de la revue *L'Illustration* des premières années du siècle et celui des ouvrages d'Augusta des années 1950 sont, par exemple, de purs produits de leurs auteurs, respectivement Kupka et Burian, dont on pourrait par suite retrouver sans peine les styles et les idées, ils n'en représentent pas moins des conceptions typiques de leurs époques (qu'un demi-siècle sépare) et de leur continent (et même d'une partie de celui-ci, l'Europe centrale). On est en présence de la classique influence qui inconsciemment imprègne chacun. Cet ouvrage comme sa préface en sont déjà un exemple pour ceux d'il y a vingt ans et ils le deviendront pour ceux pour lesquels dans vingt ans ils auront vingt ans.

Mais quand il est question d'homme et à plus forte raison de son origine, de son évolution, de ses racines, un prestige particulier vient s'attacher aux images. Il s'agit du prestige qui se dégage de l'histoire de l'humanité et de celui plus modeste, mais non moins réel, qui s'attache à l'histoire d'un peuple, d'un pays, d'une nation, d'une région – la notoriété en est d'ailleurs d'autant plus grande que cette histoire s'enfonce plus profondément dans un passé lointain qui ne peut être que glorieux, la gloire étant une fonction du temps. L'Éthiopie est par exemple très fière, et c'est facile à comprendre, d'être « entrée » dans le berceau de l'humanité, référence désormais très fréquemment utilisée dans les discours officiels, solennels, destinés à la promotion du pays ; elle est devenue par suite très attachée aux symboles qui ont accompagné cette admission et aux images qu'on leur a données. Le Tchad, dont les frontières n'ont pas beaucoup d'années, a inscrit le tchadanthrope dans sa Constitution, preuve s'il en est besoin de l'ancienneté du pays – quelle que soit l'ancienneté du fossile qui, elle, pose problème – et de la légitimité de la nation. Arrivé à une certaine taille, le mythe ne peut plus être atteint par les arguments scientifiques, écrit à juste raison Marc Antoine Kaeser.

Mais l'image peut aussi, de manière un petit peu plus provocante, voire délibérément tendancieuse, s'habiller des vêtements d'une philosophie, d'une idéologie, d'un dogme, pour leurs promotions, leurs diffusions, leurs influences. Il importe sûrement peu de rencontrer au Cameroun ou au Zaïre des Vierge Marie noires, en France plus récemment, des Marianne noires ; il n'est sans doute pas très grave non plus de trouver en Angleterre des zinjanthropes aux yeux bleus ou en Italie des Lucy aux tailles pincées et aux fesses rondes. Mais chacun sait que ce n'est plus la même chanson lorsque les traits de certains dérapent vers la mauvaise caricature.

Analyses critiques d'œuvres de sculpteurs, de dessinateurs, de peintres, d'écrivains ou de metteurs en scène, analyses aussi d'œuvres de préhistoriens et d'historiens, ce très bel ensemble d'articles donne à la fois l'idée de la richesse du sujet et de la difficulté qu'ont eue et qu'ont encore ceux qui se sont adonnés à représenter les hommes d'avant et leurs comportements, dans l'honnêteté – même s'ils surestimaient leur objectivité, comme dit Wiktor Stoczkowski – ou dans le grossissement du trait – avec la parole du savant comme caution, comme dit Noël Coye ; des balayages diachroniques, se saisissant d'une période ou d'un homme fossile particulier, viennent compléter les réflexions de tous sur la force du passé mais aussi son éloignement. Finalement, notre manière machinale et si horripilante de dire automatiquement en parlant des hommes fossiles, avec un air entendu et compassé, « nos lointains ancêtres » a peut-être quelque chose d'intuitif ! Merci à Albert Ducros de m'avoir invité à ouvrir ce volume ; tous ses lecteurs auront sûrement à cœur, et c'est bien ainsi, de mieux lire les préhistoriens pour mieux imaginer les préhistoriques.

La triche

Mais qu'est donc ce livre ? Un essai savant, un policier insolite, une fiction maquillée, une enquête embrouillée à plaisir ? Eh bien, si extravagant que cela puisse paraître, ce livre n'est que le récit – mais, quel récit ! – d'un véritable épisode de l'histoire des sciences, de l'histoire de nos sciences (celles de l'auteur et de son préfacier), un épisode d'importance puisque c'est celui d'un incroyable canular qui a duré près d'un demi-siècle, qui a entraîné l'écriture de plus de cinq cents articles et livres et qui a fait sérieusement marquer le pas à l'avancement de ce secteur de la recherche.

Il « se met en place » dès la première décennie du XXe siècle ; la quête des origines de l'homme est alors un vrai sujet d'intérêt scientifique, mais aussi d'intérêt populaire.

Depuis Darwin, un certain public s'en est en effet emparé et chaque découverte d'ancêtre potentiel entraîne force commentaires évidemment contradictoires. La paléontologie humaine, puisqu'il faut l'appeler par son nom, ne disposait alors que de trois types de fossiles humains à analyser, à interpréter et à classer : l'homme de Neandertal, le mal-aimé, que l'Allemagne, la Belgique, la France, la péninsule Ibérique (Gibraltar) et la Croatie avaient déjà produit ; l'homme de Cro-Magnon, le sauveur, qui avait montré son grand front et son menton sur les bords de la Vézère, mais dans des niveaux postérieurs à ceux de Neandertal ; et le pithécanthrope, l'exotique, qui, parce qu'il venait de Java, n'était pas *a priori* porteur de beaucoup de crédit. Le monde savant et le monde public, qui n'aimaient ni Neandertal, parce qu'il était trop vilain, ni pithécanthrope, parce qu'il était trop d'ailleurs et ne se satisfaisaient pas de Cro-Magnon, parce qu'il était trop récent, étaient en attente du *very ancient, modern looking, ancestor* !

Pour des raisons que l'on ignore encore, un fraudeur de génie, perfectionniste et très au fait de ce qu'était la recherche en géologie, en paléontologie animale, en paléontologie humaine et en préhistoire, et parfaitement au courant de leurs méthodes, de leurs raisonnements et de leurs soucis, a offert au monde savant et, qui mieux est, au monde savant anglais, frustré de n'avoir pas encore d'ancêtre national, celui – providentiel – que tous espéraient. Il plaça aux bons endroits, très anciens, dans le bon contexte paléontologique et préhistorique, très cohérent, au bon moment, très réceptif, sous le nez de l'amateur adéquat, très désireux de renommée, un crâne d'homme et une mandibule de singe, le crâne suffisamment cérébré pour plaire, la mandibule suffisamment simienne, après quelques « améliorations » humanisantes, pour que la part de l'évolution soit respectée.

La leçon fut magistrale mais rude ; la recherche de nos origines, transformant il est vrai ceux qui s'y adonnent en vedettes, même éphémères, fit chavirer cette fois encore les têtes rendues aveugles et de parti pris ; quels que soient par ailleurs, les soucis d'objectivité de ces chercheurs-là, leurs jugements n'ont pas pu, cette fois-là non plus, se dégager des idées du moment.

Mais c'est à Herbert Thomas de raconter cette incroyable histoire et il le fait admirablement ; il faut dire qu'il est allé rechercher, lire, visiter, vérifier, plus que n'importe lequel des trente enquêteurs qui l'ont précédé, toutes les personnes et tous les documents susceptibles d'éclairer ce dossier. Le résultat est à la mesure de l'effort ; passant en effet au même crible les données de l'affaire et celles de l'accusation, il a fait, selon ses propres dires, « de quelques prétendus coupables de présumés innocents » ! Et au terme de cette révision particulièrement brillante du procès, l'auteur ne retient formellement aucun des douze suspects mais pense par contre, en son âme et conscience, que Charles Dawson, le principal acteur, connaissait la vérité. Ce livre est passionnant, riche, dense, bien mené, bien écrit.

Les collections

Un beau jour d'il y a quelque 20 milliards[1] d'années et que nous n'avons aucune raison de considérer comme le premier, une grande explosion survint qui projeta dans l'espace la matière jusque-là concentrée. Si dispersée qu'elle fût, cette matière s'organisa alors en galaxies d'abord, puis en étoiles et bientôt en planètes. Or, un beau jour d'il y a quelque 5 milliards d'années, au creux d'une de ces galaxies du nom de Voie lactée, une de ces étoiles, le Soleil, se forma à son tour et autour de lui un ballet de planètes, réglé en une chorégraphie commodément appelée système solaire. Un beau jour d'il y a quelque 4 milliards

1. On dit aujourd'hui 13,7 milliards.

d'années, de la matière d'une de ces planètes naquit un bien étrange phénomène, la vie, qui se développera et se diversifiera tellement qu'il finira par constituer une sorte d'immense arbre de formes reliées entre elles par un nouveau système qu'on appellera filiation. Or au bout d'une des multiples branches de cet arbre, un beau jour d'il y a 8 millions d'années, se détachera à son tour, un rameau de formes nouvelles, les hominidés, qui vont créer de toutes pièces un autre bien curieux phénomène, la culture ; et ce phénomène se développera et se diversifiera tellement qu'il finira par constituer lui aussi une sorte d'immense bulle qui enveloppera complètement ses inventeurs, réunis en une population qui couvrira la planète et qu'on appellera humanité. Et cette humanité, grâce à la culture, tentera bientôt de comprendre sa propre nature, la nature de la vie, la matière de la Terre, l'histoire de l'Univers.

C'est cette histoire-là, merveilleuse au premier sens du terme, qui va constituer l'extraordinaire propos des muséums, dont le contenu sera donc d'échantillonnage, qualitatif et quantitatif, des météorites qui nous ont abordés, des planètes que nous avons délibérément, directement ou indirectement, visitées, des roches de notre Terre, des restes des êtres qui y vivent et de ceux qui y ont vécu, des restes des Hominidés et aussi de ceux de leurs cultures. Les muséums – et leurs variantes, parcs, réserves, jardins, zoos, musées de sites, centres de sciences, écomusées – sont ainsi à la fois lieux de mémoires et lieux d'instruction, lieux où sont recueillis, rangés, conservés, les témoignages de l'histoire du monde et de l'histoire de son histoire, et lieux où sont expliqués, sur pièces ou sans pièces, les mécanismes qui ont fait que ces histoires se sont déroulées de cette façon-là. Comme c'est la culture – la connaissance – qui, remplaçant l'instinct, a donné peu à peu à l'homme sa liberté, on comprendra le rôle essentiel de référence que jouent les muséums en même temps qu'ils remplissent celui d'inventaire et de mise en ordre des objets et des êtres. Sans cette mémoire, force et fragilité de l'humanité, la connaissance, qui n'est transmissible que par l'éducation, ne serait plus, et l'homme non plus.

Ce superbe livre que je suis fier d'ouvrir raconte ainsi la lente élaboration de l'idée de collections puis de celle de muséums et l'histoire de ces divers établissements en France ainsi que l'exceptionnalité de leurs contenus, trésors auxquels sont toujours associés de grands noms de pionniers, érudits curieux et généreux. Reflets de l'histoire des sciences, on peut y reconnaître l'évolution des idées, de la typologie à la variabilité, de la population à l'écosystème, des macrorestes à la banque de gènes. Notre monde y apparaît dans son étonnante diversité, et son fonctionnement dans son impressionnante complexité. Que l'on ne s'imagine pas que, parce que naissent de nouvelles sciences, de nouvelles méthodes, de nouvelles technologies, ces collections prennent de l'âge ; les premières ne peuvent se développer sans les secondes et ce serait stupidité que de céder à la mode des unes en imaginant qu'il faut abandonner les autres ; les sciences forment un tout, et l'avancée d'un secteur ne se fait jamais bien longtemps en laissant les autres à la traîne.

Je souhaite au lecteur de se passionner comme j'ai pu le faire pour la beauté surprenante de l'histoire de la nature et pour les aventures divertissantes de l'histoire des naturalistes. Je souhaite aussi beaucoup que ce beau texte et son illustration somptueuse l'incitent à se rendre dans ces muséums qui, contre vents et marées, se sont battus pour garder, dans les meilleures conditions, ces morceaux de patrimoine mondial.

La plus belle des collections

Depuis presque deux siècles les paléoanthropologues, les préhistoriens, les archéologues, les historiens, les anthropologues et les ethnologues se sont efforcés d'aller à la rencontre de tous les hommes d'avant et de tous les hommes d'ailleurs, dans l'espace – sur tous les continents – et dans le temps – dans tous les sédiments.

En cette fin de millénaire et pour la première fois, même s'ils ne les ont pas encore tous rencontrés, ils ont beaucoup progressé dans leur inventaire : nous savons en effet que les premiers hommes n'ont pas plus de 3 millions d'années, qu'à partir d'un berceau africain ils se sont déployés sur l'Ancien Monde d'abord, sur le Nouveau Monde ensuite, et qu'il y a eu une centaine de milliards d'hommes depuis les premiers. Notre connaissance des autres cultures – des milliers – de ces milliards d'hommes depuis 200 000 générations n'a donc jamais été aussi considérable.

Si l'on se souvient qu'aux XVe et XVIe siècles, la Renaissance et l'humanisme qu'elle a engendré sont nés de la découverte totalement inattendue d'autres cultures, celles en l'occurrence de l'Antiquité hébraïque, grecque et romaine, on réalise que l'on se trouve aujourd'hui dans la même position qu'il y a un demi-millénaire, mais combien plus riche, et que, sans le savoir, nous avons l'immense privilège de pouvoir nous nourrir d'un nouvel humanisme, celui-là universel.

Lorsque j'ai entendu parler d'une ouverture du Louvre à d'autres cultures qu'à celles que notre scolarité a bien voulu nous révéler, j'ai trouvé l'idée formidable. Qu'un grand pays, aux rives du IIIe millénaire, prenne ainsi l'initiative sans rompre avec une grande tradition classique à laquelle nous ne pouvons qu'être attachés, puisque nous en sommes pétris et issus, de s'élargir généreusement à tous les arts de toutes les cultures de toute la Terre m'est apparu comme d'une avant-garde intelligente et, en même temps, comme un pied de nez à toute velléité d'apartheid culturel.

L'idée étant française, le Louvre étant notre plus prestigieuse vitrine, je n'ai pas pensé une seconde qu'une telle réalisation puisse être proposée à une autre institution. Que par ailleurs le musée des Antiquités nationales, le musée des Arts africains et océaniens, le musée Guimet, le musée de l'Homme, etc., se fédèrent pour réussir son coup de maître me paraissait également sans ombre, d'autant plus que cela ne retirait rien à aucun, à part un prêt dont chacun pouvait s'honorer et qui lui donnait en outre l'occasion d'appeler chez lui le public du Louvre.

Mais, après avoir évoqué ce grand projet avec quelques responsables de quelques-uns des grands établissements cités, je me rends parfaitement compte que le problème n'est pas si simple et que, finalement, la réunion en un seul lieu, soit-il le plus fameux, d'une sélection de témoins d'excellence de toutes les cultures du monde n'est peut-être pas la solution idéale ; la présentation de ces témoins-là dans leurs écrins habituels, ceux qui ont la responsabilité et la compétence de les conserver, en est une autre, qu'il faut peut-être repenser avec des liens et des renvois plus apparents.

S'il n'y a pas de suite à cette belle histoire, je regretterai quand même cette idée agréable, peut-être trop intellectuelle, de voir présentes, en un seul lieu et quel lieu, pour la première fois au monde, les plus élevées des réalisations de tous les hommes de la planète depuis les premiers, sans jugement de valeur de leurs auteurs.

Vigilance

La science a pour mission de décrire le monde et de tenter de comprendre comment il fonctionne. Elle croit avoir ainsi compris que l'histoire du monde est celle d'une matière qui n'a jamais cessé de se compliquer et de s'organiser depuis 15 milliards d'années ; d'inerte elle est devenue en partie vivante, et de vivante, en partie pensante. L'homme est curieusement le seul réceptacle de ce dernier état de la matière, le plus compliqué et le mieux organisé pour le moment, état paradoxal que l'on pourrait caractériser par le privilège d'être libre et la contrainte d'être responsable.

Or la préhistoire, qui est la seule discipline à assister au passage de l'état vivant à l'état pensant, constate que c'est la connaissance qui fabrique le libre arbitre ; l'évolution biologique de l'homme se ralentit en même temps et, parce que se développent sa culture et sa société, conscience et connaissance créent un écran de culture entre les sollicitations de son environnement et son être biologique ; comme cet écran réagit plus vite que ne le fait son corps, l'homme change moins vite que ne changeaient ses grands ancêtres. Et il en sera probablement ainsi tant qu'il trouvera la parade (culturelle) à ses agresseurs (naturels).

Comme la science est par excellence connaissance, il n'est pas pensable de ralentir sa progression, puisqu'elle est, dans ses développements mêmes, source de plus grande liberté, de mieux-être, mais aussi de mieux avoir, avec les conflits que cela peut entraîner. Comme la liberté ne va donc pas sans les limites de responsabilité qui l'accompagnent (liberté et responsabilité devraient être exprimées par le même mot), ces avancées de la science ne peuvent se faire sans la responsabilité des scientifiques et la vigilance de tous.

N'ayons donc surtout jamais peur de la science, mais ayons-la à l'œil !

Enthousiasme

Cher Monsieur Valenta,

Votre livre est impressionnant par le champ qu'il ouvre, audacieux par les problèmes qu'il affronte, séduisant par la curiosité qu'il inspire ; votre enthousiasme est communicatif et votre passion ne peut laisser indifférent. Merci de m'avoir offert le plaisir de partager votre émerveillement ; merci de m'avoir donné le privilège de m'enflammer pour, et bien sûr parfois contre, vos jugements.

C'est une idée très généreuse en effet qui a présidé à la rédaction de votre témoignage ; celle de proposer à vos contemporains une sorte de traité de la part scientifique de ce qui doit désormais entrer dans la formation de tout esprit cultivé, ce que, pour cette raison, on appelle la « culture scientifique ». Mais elle est devenue sévère cette culture, par ses chiffres, ses calculs, ses formules, ses concepts, l'abstraction de son infiniment petit et celle, rejoignant l'autre, de son infiniment grand : la Terre se déplace à 2,16 millions de kilomètres à l'heure dans l'espace intergalactique, la lumière nous arrive à 1,80 milliard de kilomètres à l'heure des étoiles : un virus peut avoir un cent millième de millimètre de long, un atome, un dix millionième. Mais, dites-vous très joliment et avec une modestie encourageante, ce que j'ai compris, n'importe qui peut le comprendre, ce que j'ai appris, n'importe qui peut l'apprendre. Et vous avez parfaitement raison. La science est difficile certes, son appréhension exige un effort. Mais à qui la mérite, elle apparaît avec éclat. Et vous le démontrez.

« Ayant épuisé nos superlatifs, nous demeurons interdits », dites-vous aussi. « *Otchevidnoye, Neveroyatnoye !* » « L'invraisemblable évidence ! », s'exclament les Soviétiques. « La réalité dépasse la fiction », disons-nous : la science est en effet source permanente d'étonnement, d'admiration, de réflexion, de poésie. Les frontières qu'elles partagent avec l'imagination se déplacent sans cesse et très vite vers l'explication, sans pour autant laisser entrevoir une limite à cette quête. Quel que soit l'endroit où se situent les frontières citées, la science et ses démonstrations déboucheront de toute façon, toujours, sur le rêve.

Il ne serait pas choquant d'intituler ce livre *Les Contes de la Mère Science ou les Mythes de l'Univers, de la Terre, de la vie et de l'homme*.

Démocrite, il y a 2 500 ans, imagina l'atome ; avec des grossissements de 10 millions de fois, aujourd'hui on le voit et on le photographie. En plagiant Pascal, on pourrait écrire : « Fiction au ve siècle avant, vérité au IIe millénaire après » !

Au-delà du discours scientifique souvent habilement associé à celui si précieux de son histoire, discours dont la communauté compétente a apprécié la rigueur, vous avez su en outre livrer votre réaction personnelle, fraîche et vive, étonnamment soumise à la science, admirablement libre devant tout ce qui fait par ailleurs la réflexion de l'honnête homme, « philosophie, morale, religion, politique, art, beauté, architecture et autres goûts et couleurs ». Je partage et soutiens avec vigueur votre belle, courageuse et intelligente analyse des grandes données de la science. Permettez-moi de déclarer, avec non moins de vigueur, que j'aime Beaubourg, que je suis un fidèle auditeur des percussions hurlantes, que j'encourage avec ferveur la compétition olympique, et que les vérités révélées m'intéressent au même titre que celles échafaudées par les systèmes philosophiques dans la même grande histoire de l'esprit. Ne dites-vous pas, quelque part, qu'on se déchirait déjà au temps des Grecs anciens (et sûrement avant) « sur le sens de la vie et le destin de l'homme ».

Mais de querelle point, cher Monsieur Valenta. Je trouve votre entreprise exemplaire et brillante. J'aime votre travail et la clarté avec laquelle vous l'exposez. J'aime votre capacité d'étonnement et les réflexions originales dont vous avez su semer votre discours. J'aime la façon dont vous aimez la science et son esprit, esprit qui est ainsi devenu le vôtre. J'aime le bel enchaînement de votre pensée et la part que vous n'oubliez jamais de réserver à l'histoire.

C'est donc par l'expression d'une admiration sincère que je terminerai cette lettre-préface. C'est un grand bonheur pour moi de rencontrer la physique, la biologie et la paléontologie, l'histoire et la métaphysique, sous la même signature et en l'occurrence au travers de votre pensée. Je souhaite à de très nombreux lecteurs le même bonheur, je souhaite qu'ils se laissent entraîner par la logique de votre démarche et envahir par la fraîcheur de votre enthousiasme.

Diffusion

Il n'est pas original de dire que les sciences préhistoriques et paléoanthropologiques ont fait, en vingt ans, des progrès considérables ; leur cadre chronologique s'est tout à coup trouvé chiffré ; les méthodes de fouilles sont devenues plus rigoureuses, l'effort de recherche a entraîné la récolte de données innombrables ; la collaboration entre disciplines a fait redécouvrir l'importance des études du milieu...

On s'est aperçu que la famille des hommes et que l'homme lui-même étaient fort anciens ; que leurs liens avec le monde animal étaient chaque jour plus nombreux et plus profonds ; que l'évolution culturelle avait plus d'influence qu'on ne l'imaginait sur l'évolution biologique ; et que l'environnement avait joué un rôle essentiel dans cette évolution.

Il n'est pas plus original de dire qu'en vingt ans le public du monde entier s'est passionné chaque jour davantage pour ces disciplines. Le développement de l'information et l'effort des scientifiques pour la transmettre y sont évidemment pour quelque chose, mais le besoin de chacun de se tourner vers le passé pour comprendre la nature de l'homme et tenter, dans une période d'anxiété générale[1], d'entrevoir son avenir a dû jouer un rôle encore plus important.

Les résultats sont là : 300 000 visiteurs en dix-sept mois à l'exposition *Les Origines de l'homme* au musée de l'Homme de Paris (plus que pour n'importe quelle autre exposition à ce musée depuis sa fondation) ; 180 000 visiteurs en huit mois aux *Trois millions d'années d'aventure humaine* au Muséum d'histoire naturelle ; un préhistorien choisi pour la couverture

1. Que je ne comprends pas.

de *Time Magazine* en 1977 ; 459 000 exemplaires d'un ouvrage sur nos origines vendus en sept ans après avoir été traduit en huit langues...

La Fondation Nobel, émue de l'universalité de cet engouement et de la mutation psychologique qu'elle entraîne, l'a bien compris, qui a réuni en Suède, au mois de mai 1978, un colloque.

Progrès de la préhistoire et de la paléoanthropologie et demande insistante du public d'en être tenu au courant ont fait qu'il était souhaitable de tenter une mise au point collective sur les principaux aspects de ces recherches. C'est évidemment le but de ce numéro hors série de *Science et vie*, et nous sommes heureux d'en saluer la réalisation.

Le lecteur y trouvera la succession chronologique des hominidés et de leur outillage, quelques considérations sur leur environnement et leurs sociétés, un inventaire critique des méthodes de datation et une brillante digression sur la génétique. Mais tout cela n'est qu'un matériau, le seul que peut livrer le scientifique sans aller outrageusement au-delà des interprétations qui lui sont permises.

Il est cependant possible d'entrevoir, au travers de ces données, quelques grands sujets de réflexion que nous voudrions livrer dans cet avant-propos, qui pourrait aussi être un épilogue.

Dans l'enchaînement des êtres aux noms latins parfois insolites qui racontent l'histoire d'une transformation, on pourrait ne voir qu'une démonstration de plus des théories de l'évolution, et dans l'apparition, au bout de la route, du genre *Homo* que nous sommes, un exemple de plus de monophylétisme.

Mais, là où le fait scientifique tout à coup se prolonge, c'est lorsqu'on réalise que la mise en évidence de cet enchaînement signifie que nous faisons partie d'une lignée tout à fait comparable aux autres lignées animales et végétales, et que nous demeurons par suite extrêmement dépendants de notre corps, toujours susceptible de transformations, et c'est aussi lorsqu'on réalise que le monophylétisme du genre *Homo* veut dire que tous les hommes de la Terre ont la même origine et la même durée d'histoire, quelle que soit la variabilité actuelle de leurs adaptations.

Dans la progression spectaculaire de la taille de la pierre et de l'os et la multiplication des formes au fil des millénaires, on pourrait tout aussi bien se contenter d'admirer le développement des techniques et l'étonnant accroissement des connaissances humaines. Dans la transformation des climats qu'ont subie nos ancêtres, on pourrait ne voir évidemment qu'une simple instabilité du décor. Mais, ici encore, l'implication devient considérable lorsqu'on constate que la croissance cumulative et exponentielle de la culture semble avoir eu une action sur l'évolution anatomique des artisans de cette culture. Ou lorsqu'on établit qu'il y a eu un rapport incontestable entre les changements climatiques et les changements biologiques des genres et des espèces successives de notre arbre généalogique.

En plus de la merveilleuse histoire de notre humanité, nous voici donc certains d'être tous frères, d'être ensemble soumis aux lois de la vie, malgré l'impression que nous avions d'en avoir la maîtrise ; de demeurer fortement influencés par la culture que nous fabriquons ; et d'être encore susceptibles de nous transformer sous la pression des changements du milieu dans lequel nous vivons et sans lequel nous ne pourrions vivre.

Que l'on y réfléchisse.

Mais que l'on cesse de faire une différence naïve et à bien court terme entre sciences fondamentales et sciences appliquées. La préhistoire et la paléoanthropologie – sciences « gratuites » par excellence – se trouvent tout à coup placées sur le devant de la scène pour nous apporter leurs secours.

Le public, lui, ne s'y est pas trompé.

Diffusion encore

Je suis évidemment très honoré d'avoir à introduire, sous le patronage prestigieux de l'Unesco, cette réunion de beaux textes de tous les horizons du monde sur le grand thème de la vulgarisation scientifique.

La science et son corollaire, la diffusion, sont certainement aussi anciens que l'homme lui-même. Dès que l'homme a su qu'il savait, il a dû en effet contracter cette fièvre de l'exploration du monde qui ne l'a plus quitté, établir les classifications d'animaux, de plantes, de roches, bâtir son idée de la géographie, de la géologie, de l'écosystème de la région qu'il fréquentait, ne serait-ce que pour des raisons de stratégie alimentaire ou utilitaire et transmettre ses connaissances et ses observations – en faisant sûrement des efforts de synthèse et de simplification – aux membres de son groupe, voire à ceux du groupe voisin. Des expérimentations ont dû se réaliser, des comptabilités s'établir, peut-être des spécialités se mettre en place, et tout cela s'enseigner par apprentissage, reproduction, imitation, leçons, stages.

Dès que l'homme taille la pierre, par exemple, il obtient des formes, et ces formes, il va très vite les mettre à l'épreuve de multiples activités avant de n'en retenir véritablement que quelques-unes dont l'efficacité lui paraîtra convaincante ; en effet, sur des sols d'habitations vieux de 3 millions d'années, le préhistorien découvre des types d'outils, même si leur nombre est encore modeste, qui démontrent que des formes précises ont été adoptées pour des fonctions précises et qu'elles ont été reproduites et par conséquent enseignées. Il est amusant de suivre de la même manière l'évolution de l'expérimentation de cette taille qui passe successivement par l'utilisation du percuteur dur – pierre sur pierre –, par la découverte du percuteur tendre – bois sur pierre –, par celle du percuteur au second degré – pierre sur bois sur pierre –, et par celle, très astucieuse, du chauffage de la matière première à tailler avant de la percuter. Réflexions, essais et apprentissages jalonnent toute cette longue épopée. Quant à la découverte des nombres, elle doit faire partie des premières observations du chasseur, voire de ses premiers mensonges ; on trouve des alignements d'incisions sur des ossements de plusieurs dizaines de milliers d'années, mais on trouve surtout, dès 12 000 ans, des jetons d'argile de différentes formes symbolisant sans doute unités, multiples et sous-multiples, enfermés dans des bulles elles-mêmes faites d'argile ; la bulle représente l'enveloppe et les jetons, l'information sur la quantité de produit faisant l'objet de l'offre ou de la transaction. On aura plus tard l'idée d'imprimer, sur la surface extérieure de la bulle, son message, par simple pression des jetons qu'elle contient ; et puis l'on s'apercevra vite que ce ne sera plus utile de répéter cette information, une fois dehors, une fois dedans. Et c'est ainsi que disparaîtront les jetons et que naîtront les tablettes et... l'écriture. L'homme sut compter avant d'écrire, et c'est peut-être parce qu'il sut compter qu'il apprit à écrire. Tout au long de ces extraordinaires expériences de l'histoire de l'homme se dessinent ainsi recherche, invention, expérimentation, adoption, diffusion. Science est connaissance ; la connaissance n'est pas innée, elle s'acquiert et ne s'engrange que si elle est communiquée.

Mais les sociétés ont grandi et se sont compliquées, le savoir et le savoir-faire ne se sont plus partagés de la même manière ; la transmission est devenue sélective et, pendant bien des millénaires et dans bien des sociétés, la connaissance en général et ce qui existait de la connaissance scientifique en particulier, sont demeurés l'affaire de quelques-uns. L'extraordinaire développement des sciences et des techniques que nous vivons depuis deux siècles et qui ne fait que progresser tandis que s'étend, bien que de façon plus chaotique, la démocratie, fait désormais de la vulgarisation une nécessité, nécessité « intéressée » d'expliquer la science aux hommes qui décident, mais nécessité morale aussi d'offrir une culture scientifique à tous les hommes de la Terre. Il est en effet banal de dire que sciences et techniques ont envahi notre vie, qu'il s'agisse de la vie domestique, de la conserve au surgelé, de l'ordinateur à la télévision ; qu'il s'agisse de la vie professionnelle, de la mécanique à l'électronique, de l'imprimerie au traitement de textes ; de nos loisirs, de notre santé, de nos déplacements, de notre information et, par suite, de notre pensée. L'extraordinaire nouvel humanisme qui caractérise la fin de ce millénaire, et qui nous apporte, grâce à l'ethnologie, la sociologie, la préhistoire, l'histoire, l'archéologie, la connaissance de toutes les cultures qui existent ou ont existé dans le monde, nous apporte aussi une moisson d'acquisitions scientifiques et de réalisations techniques tout à fait stupéfiante.

La science, simple appréhension de notre monde, ne l'oublions pas, est belle ; elle est source intarissable d'étonnement ; sa démarche a l'élégance fascinante de la logique et ses applications l'extravagance de la créativité de l'homme. Mais la science est difficile, elle est ingrate, elle est rébarbative à qui ne la fréquente pas tous les jours ; elle nécessite une longue initiation, l'acquisition de bases de plus en plus étoffées, la pratique de techniques de plus en plus nombreuses, la maîtrise d'un langage de plus en plus élaboré. Il est facile de comprendre que sa transmission, son enseignement, sa vulgarisation ne sont pas des opérations aisées. Il convient donc de poser probablement deux préalables à celles-ci ; un savoir scientifique incontestablement du meilleur niveau – on ne peut transmettre clairement ce que l'on n'a pas totalement assimilé – et un désir réel lié à un plaisir tout aussi sincère de le faire partager – on ne peut expliquer vraiment ce que l'on ne souhaite pas raconter.

Mais qu'est-ce donc que vulgariser ?

C'est d'abord simplifier ; rendre accessible à d'autres qu'aux experts le propos de leurs expertises. En autres termes, en dehors des articles pour ses pairs et des communications aux congrès qui les réunissent, on vulgarise chaque fois que l'on transmet.

Les degrés de cette transcription sont bien sûr multiples, mais la démarche qui préside à l'élaboration d'un exposé pour des scientifiques d'autres domaines ou celle qui régit la préparation d'une leçon pour des enfants de classes élémentaires est absolument la même ; on serait d'ailleurs probablement surpris de constater le peu de différence qui s'établirait entre les deux discours. Mais vulgariser, c'est aussi séduire. Il convient d'habiller la science pour la présenter, pour rendre apparent tout le merveilleux qu'elle porte en elle, en un mot, pour la faire aimer ; et, pour ce faire, il faut se faire aimer soi-même ! Simplifier et séduire paraissent donc être les deux qualités majeures d'une bonne vulgarisation.

Simplifier la science et la faire aimer, et pour y parvenir, développer ses qualités de scientifique bien sûr, mais aussi, tout simplement, ses qualités d'homme, respectueux de tous les autres humains et du monde qui les entoure, telle est donc la noble fonction de la vulgarisation scientifique. Elle fait sienne, en les superposant en partie, les trois concepts que l'Organisation des Nations unies pour l'éducation, la science et la culture juxtapose dans son sigle ; la vulgarisation scientifique n'est-elle pas en effet un enseignement de ce qui est devenu la culture scientifique ? Je ne laisserai pas enfin cette tribune sans émettre un vœu. Que l'on adopte, une fois pour toutes, sans vain commentaire chaque fois qu'on l'emploie, ce mot de vulgarisation, puisque de toute façon il n'y en a pas d'autres. Nous avons vu qu'il signifiait « enseigner », c'est-à-dire partager, que sa pratique était aussi ancienne que l'homme, au point qu'elle est une partie de la définition de la conscience qui le caractérise. Oublions sa connotation condescendante datant de l'âge, bien passé, où connaissance était privilège et science, domaine réservé.

Diffusion toujours[1]

Il était une fois, il y a 15 milliards d'années, un tout petit endroit, mais d'une densité et d'une chaleur telles que son existence ne put qu'être éphémère. Et savez-vous ce qui arriva ? Le tout petit endroit éclata ! Dans toutes les directions de l'espace, devenu plus grand, la matière répandue s'organisa ; galaxies et soleils, planètes et météores se formèrent, peuplant les nues d'une infinité de mondes, dépendants, dans un Univers qui ne cessait de grandir et de se compliquer.

Il était une fois, il y a 5 milliards d'années, dans ce grand univers, une toute petite planète, mais d'une densité et d'une température telles que son eau y demeura liquide et son air, volatil. Et savez-vous ce qui arriva ? La vie bientôt s'y installa. Et ainsi, tout au long des 4 derniers milliards d'années, se construisirent des millions d'espèces, toutes parentes, toutes différentes et de plus en plus compliquées.

Il était une fois, il y a 3 millions d'années, au bout d'une des branches de cette grande généalogie, une toute modeste espèce, mais d'une activité et d'une curiosité telles qu'elle ne put rester longtemps naturelle. Et savez-vous ce qui arriva ? La réflexion soudain l'enveloppa.

« Quand, pour la première fois dans un vivant, l'instinct s'est aperçu au miroir de lui-même, c'est le monde tout entier qui a fait un pas. L'homme est entré sans bruit », écrit Pierre Teilhard de Chardin. Après ces milliards d'années d'histoire cosmique, géologique, biologique, cette histoire que

1. Lors de la séance solennelle des cinq académies, tenue sous la Coupole le 22 octobre 1991, six discours furent prononcés sur le thème de l'information. Tour à tour, les représentants des académies et le président de l'Institut prirent la parole : ce concept fut évidemment pris au sens le plus actuel par la plupart des orateurs ; avec un recul historique par le représentant de l'Académie des inscriptions et belles-lettres ; et, bien sûr, avec un recul immense, allant jusqu'à l'évocation même de son origine, par l'auteur, préhistorien, représentant l'Académie des sciences.

l'on appelle naturelle, il est en effet impressionnant de voir, lentement, grossir le cerveau et, un beau jour, au travers de quelques pierres maladroitement mais délibérément éclatées, poindre la conscience.

La science est certainement aussi ancienne que la conscience ; elle est née le jour où l'homme, pour la première fois, a accordé un instant d'attention à une goutte d'eau, de lait, de sang, à un morceau de pierre, de fruit, de peau, et où il s'est posé à leur propos une question. Et puis, dès que ce même homme a confié son interrogation à un autre, en la simplifiant pour la rendre plus claire, il a créé l'information : réflexion et transmission ont ainsi constitué la culture, tandis que celui qui avait écouté ce qui venait de lui être dit et qui l'avait retenu devenait le premier homme cultivé. Et cette fièvre de l'exploration du monde n'a plus quitté l'homme ; il a dû établir sans délai des classements d'animaux, de plantes, de roches, se construire des cartes de géographie, de géologie, d'écologie, reconstituer les règles de succession des jours et des lunes, d'enchaînement des saisons, d'occurrence des pluies et des brumes, des coups de vent et de beau temps, et il a dû transmettre ses connaissances et ses observations aux membres de son groupe.

Mais l'on comprend aisément que, la pensée ne se fossilisant pas, le concept de science, alors confondu avec celui de culture, ne peut s'appliquer que lorsque apparaît son premier témoignage palpable conservé : l'outil manufacturé. Et cet outil, fabriqué avec un autre outil, a environ 3 millions d'années. C'est à Shungura, sur la rive droite du fleuve Omo, dans le sud-ouest de l'Éthiopie, qu'ont été recueillis les plus anciens outils aménagés du monde. Ce sont de petits éclats, exceptionnellement retouchés, la plupart en quartz, mais certains en jaspe, en calcédoine, en quartzite, réunis sur des sols jusqu'à atteindre des concentrations de plus de 100 pièces au mètre carré, sols qui devaient représenter des haltes de cueilleurs : les arêtes coupantes de ces outils se révèlent en effet, au microscope optique, être porteurs des stigmates que laissent sur la pierre son utilisation dans la découpe des fruits durs ou l'épluchage des tubercules couverts de sable. Il y a 3 millions d'années donc, alors que ses mains ne sont pas encore complètement libérées de leur rôle locomoteur, l'hominidé, redressé, qui n'est peut-être pas encore tout à fait l'homme, s'est semble-t-il pour la première fois saisi d'une pierre, puis d'une autre, a frappé l'une avec l'autre et est parvenu à donner à la première la forme qu'il recherchait pour l'employer à la place de son corps. Bien que l'essentiel de son comportement fût alors encore instinctif, une part de lui-même disposait donc déjà de son libre arbitre, et c'est évidemment cette part consciente, grandissante, qui va s'employer à observer, explorer et apprendre, essayer, inventer et créer, montrer, raconter et transmettre.

À Lascaux, à Rouffignac, on trouve, à côté des grandes compositions picturales, vieilles de 15 000 à 17 000 ans, les mêmes sujets exécutés avec beaucoup moins de maîtrise, « comme si, écrit André Leroi-Gourhan, des individus qui n'étaient pas forcément très doués, avaient superposé, sur la seule surface disponible, à proximité des grandes œuvres, les reproductions du thème central ».

À Pincevent, près de Fontainebleau, sur un sol de 12 000 ans, un ensemble de lames de silex remarquablement éclatées et le rognon dont elles provenaient, réduit à l'état de ce que l'on appelle un nucleus, étaient entourés de plusieurs petits tas de lames de silex, de taille de qualités très inégales, associées chaque fois à leur nucleus ; le fouilleur a eu alors véritablement l'impression, mais il ne pourra sans doute jamais le prouver ni d'ailleurs par suite l'exprimer, qu'il se trouvait en présence d'une classe, le maître au centre représenté par cette taille exemplaire, un cercle d'élèves autour de lui, tentant tant bien que mal de l'imiter, l'ensemble des matériaux ayant servi à la leçon ayant été, très négligemment, laissé sur place !

Mais que sont donc devenus ces trois termes - science, information, culture - que nous venons de rencontrer si liés à leur origine, au point d'avoir eu alors quelque peine à les dissocier ?

Les sociétés se sont compliquées. Le savoir et le savoir-faire, la connaissance en général sont devenus l'affaire de quelques-uns. Ce n'est que depuis deux siècles que les choses ont changé : la science a circonscrit son territoire. Elle s'est, peu à peu, armée de la raison, chargée de raconter comment était fait le monde. Riche de l'élégance de sa démarche et de l'extravagance de ses applications, elle est devenue ainsi source intarissable d'étonnement. Mais la science est difficile, très difficile parce que le monde est compliqué, très compliqué. Sa recherche est exigeante, ingrate, obscure ; elle nécessite une initiation de plus en plus longue, l'acquisition d'outils de plus en plus complexes, la maîtrise de langages de plus en plus élaborés, et la découverte, qui est souvent la seule information qui chemine jusqu'à la culture, ne survient la plupart du temps qu'au terme d'un immense travail, d'une incroyable patience, d'une infinie persévérance, qui demeurent totalement cachés.

52 ossements d'un squelette de préhumain de 3,5 millions d'années, récoltés dans la dépression de l'Afar, dans l'est de l'Éthiopie en 1974, ont fait par exemple l'objet de dix thèses en quinze ans, ce qui représente, à raison de trois années en moyenne par thèse, trente années de recherches ! Un étonnant portrait en est certes résulté : il s'agit d'un petit personnage, d'une vingtaine d'années, de sexe probablement féminin, bipède, d'un peu plus de 1 mètre et de 25 kilos, végétarien, friand de fruits, de légumes et de jeunes pousses, au cerveau modeste mais bien fait, grimpant agilement aux arbres et marchant en roulant des épaules et des hanches au point de faire parfois se croiser ses pas. Mais les savantes analyses anatomiques, fonctionnelles, biomécaniques, mathématiques, mises en œuvre pour y parvenir, allant même jusqu'à faire

appel parfois aux méthodes de l'ingénierie, ont complètement disparu de l'information.

La culture, quant à elle, a pris deux sens. Dans l'immense perspective dans laquelle nous venons de nous placer, elle apparaît en effet soudain comme d'une autre nature que la nature elle-même, et ce sera là son premier sens. D'abord anecdotique, on la voit se développer lentement, très lentement, puis de manière exponentielle au point d'agir en retour sur la biologie dont elle ralentit puis arrête l'évolution. La connaissance, répondant en effet de plus en plus et de mieux en mieux à la place du corps aux sollicitations du milieu naturel, dégage l'homme de la vie instinctive. Le milieu culturel – l'apprentissage, l'instruction, l'accroissement du savoir et sa transmission – va ainsi, en grossissant comme boule de neige, lui donner ni plus ni moins sa liberté et sa responsabilité, en un mot sa dignité. Dans ce premier sens est donc culturel tout ce qui n'est pas naturel.

Mais, à cette conception-là de la culture, englobant toute la vie consciente avec son acquis, ses traditions et ses pratiques, s'ajoute, sans s'y opposer, une notion de culture plus sélective, plus restrictive – goût esthétique, connaissance de certaines valeurs et de leur sens –, qui conduit à celle d'homme cultivé, ce dernier terme traduisant l'étendue des connaissances de la personne ainsi qualifiée, connaissances scientifiques comprises.

L'information se situe évidemment entre science et culture, ce dernier concept pris dans sa seconde acception, et elle se pratique toujours de la science vers la culture. On pourrait la définir comme l'expression simplifiée de la première pour le bénéfice de la seconde, tout en sachant parfaitement qu'il y a autant de niveaux d'information et par suite de degrés de simplification qu'il y a de types d'interlocuteurs. Le langage scientifique, chargé de toute sa technicité et de ses multiples réserves, n'est finalement utilisé que de manière exceptionnelle, de l'expert à ses pairs ; mais, dès que l'audience s'élargit, dès qu'un impur se glisse dans le sérail, le langage se nettoie et s'allège, ne serait-ce que pour remplir son rôle de communication et ainsi de suite, si je puis dire, au fur et à mesure de l'accroissement, parmi les récepteurs, du pourcentage de ceux qui ne savent pas. Le danger est évidemment de voir le propos peu à peu se dépouiller au point d'en devenir méconnaissable. Il n'est malheureusement pas de règle situant le seuil de simplification au-delà duquel il ne convient plus de porter l'information, sous peine de la rendre totalement fausse, étant bien entendu que toute simplification, presque par définition, l'est un petit peu. La tâche est donc difficile, mais elle est heureusement possible et parfaitement souhaitable à quelque niveau que ce soit.

L'information scientifique est en effet pour tout le monde. Nous venons de voir que c'était le savoir qui avait démarqué l'homme de la vie animale, et l'accroissement de ce savoir qui lui avait peu à peu offert la réflexion et le choix ; le progrès de l'humanité passera donc aussi par l'instruction, l'éducation, l'information. Chacun a droit à toute la connaissance du monde et quiconque en détient une parcelle a le devoir de la faire connaître. Les moyens de communication et de transmission se multipliant de façon extraordinaire, il sera de plus en plus facile de faire savoir ce que l'on sait, et on peut souhaiter que ces moyens soient aussi utilisés à cela.

Il se pose, bien sûr, outre la question de l'accessibilité au message, celle de la langue de communication : on ne communique toutes les nuances que permet la pensée que dans sa propre langue.

La palette des moyens, médias, dit-on, mis à la disposition de l'information est d'une extrême richesse et peut encore s'accroître au gré de l'imagination du scientifique qui la pratique : l'enseignement et ses variantes – conférences, applications, démonstrations – viennent immédiatement à l'esprit, comme exemples de transmission directe et traditionnelle, suivis des diffusions plus larges, avec ou sans images – radios, télévisions, cassettes, disques – ou de présentations plus longues, avec ou sans sons – musées, collections, parcs, expositions –, mais n'oublions pas les habillages plus indirects – essais, romans, cinémas, théâtre – ou plus insolites – timbres, flammes, médailles, monnaies –, et tellement d'autres encore. Le moyen doit évidemment s'adapter au public auquel le message est destiné et sa forme au moyen qu'il doit emprunter, le contenu n'en étant, bien sûr, jamais affecté.

Le prénom que nous avons ainsi donné au petit personnage éthiopien de 3,5 millions d'années par exemple, sa féminité, sa gracilité, son ancienneté et sa place dans notre filiation ont fait de ce squelette incomplet une sorte de symbole illustrant merveilleusement l'origine animale, lointaine, unique, africaine, de l'homme, et le message scientifique et philosophique, important et sévère, s'est en quelque sorte nourri lui-même de l'imagination de ses destinataires : des reconstitutions ont été réalisées, des fictions écrites ; on les a portées à la scène, à l'écran, et il n'est plus un ouvrage universitaire ou scolaire qui n'utilise ce fossile pour retenir l'attention et raconter l'évolution.

La science a envahi notre vie quotidienne et professionnelle, nos loisirs, nos déplacements, notre santé, notre pensée, l'information scientifique est devenue nécessité et nous nous en réjouissons, nécessité intéressée d'expliquer la science aux hommes qui décident, mais nécessité morale aussi d'offrir une culture scientifique à tous les hommes de la Terre. Tous les hommes de la Terre précisément, ceux de partout et ceux de tous les temps, viennent de leur côté de nous offrir, grâce aux enquêtes de l'ethnologie et de la sociologie et à celles de la préhistoire, de l'archéologie et de l'histoire, toutes les cultures, au sens premier, et par suite toute la connaissance de toutes les acquisitions scientifiques et techniques auxquelles ils étaient parvenus en 3 millions d'années de travail, de recherche, de réflexion et d'information. Nous sommes ainsi, en cette fin de millénaire, certainement pour la première fois dans l'histoire du monde, en possession de la plus grande partie du savoir thésaurisé par les 100 milliards d'hommes qui nous ont précédés. Par cette exceptionnelle moisson, les possibilités électroniques dont on dispose pour l'engranger, la puissance des médias que l'on maîtrise pour la faire connaître, l'époque que nous avons la chance de vivre est extraordinaire. Jamais aucun épisode de notre passé n'a ainsi reçu un tel flot d'informations, jamais aucune civilisation, et celle-ci est mondiale, n'a été nourrie d'un tel humanisme. Ainsi l'homme cultivé doit désormais apprendre beaucoup, mais apprendre aussi le merveilleux de la science et de la magie de son usage, et l'homme de science doit apprendre à faire connaître partout son savoir, à le faire aimer et à se faire aimer lui-même.

Il était une fois, 3 millions d'années après Jésus-Christ, éparpillée dans la plus grande partie de l'Univers, une société surhumaine, nourrie d'une connaissance et d'une ambition universelle, mais d'une dispersion telle qu'elle faillit en périr. Et savez-vous ce qui arriva ? L'information la sauva !

SOURCES

Préface, *in* E. Buffetaut, *Des fossiles et des hommes*, Robert Laffont, 1991, p. 7-8.

« La Grande Aventure paléontologique est-africaine », hors-série du *Courrier du CNRS*, avril 1975, n° 16.

« Origines de l'homme. Les grandes expéditions paléontologiques des décennies 60 et 70 », *in L'Afrique d'une société savante*, Société des africanistes, musée de l'Homme, 1993, p. 33-35.

« Préface », *in* Y. Coppens et F. Clark Howell, *Les Faunes plio-pléistocènes de la basse vallée de l'Omo (Éthiopie)*, t. 1 : *Périssodactyles, artiodactyles (Bovidae)*, CNRS Éditions, « Travaux de paléontologie est-africaine », 1985, p. 7-8.

« Lucy », *in* « Les fabuleuses découvertes du XXe siècle », *Les Dossiers d'archéologie*, décembre 2000-janvier 2001, n° 259, p. 130-133.

« Cinquante ans de paléontologie humaine. De l'anthropologie préhistorique à la paléoanthropologie. Lecture magistrale, XIXe Congrès de l'Associazone

Antropologia italiana, Turin », *Journal of Biological Research*, 2012, vol. LXXXII, n° 1, p. 19-22.

« Foreword », *in* D. Gommery, S. Potze, F. Sénégas, L. Kgasi, S. Prat et S. Badenhorst, *Bolt's Farm : The Kingdom of Large Cats in the Cradle of Humankind,* Ditsong National Museum of Natural History, 2010, p. 5-6.

« Préface », *in* A. Bocquet, *Les Oubliés du lac de Paladru. Ils dormaient depuis 5 000 ans à Charavines en Dauphiné,* Éditions Lieux de mémoire/ La Fontaine de Siloé, p. 11-12.

« Préface », *in* V. Moncorgé et M.-P. Gacoin, *Les Orfèvres de la lumière. Une visite au synchrotron Soleil,* Le Pommier, 2010, p. 7.

« Préface », *in* P. Fourny, *Homo erectus, le combat d'une profession,* Le Cherche Midi, 2011, p. 8-11.

« Préface », *in Abécédaire de l'innovation,* Université de technologie de Compiègne, 2011, p. 7-11.

« Le feu : symbole et révolutions » *in La Puissance du feu. Du mythe de Prométhée aux défis du futur en Méditerranée,* discours d'ouverture, Actes des VIIes rencontres internationales Monaco et la Méditerranée, Monaco, p. 45-48.

« Il y a 3 millions d'années : la naissance de la "culture" », *in* dossier « Les événements qui ont fait basculer l'histoire selon... les scientifiques », *Marianne*, 7-13 juillet 2003.

« À la recherche de nos origines », *in* « Les origines de l'homme », numéro spécial *Historia*, novembre-décembre 1997, n° 50, p. 6-9.

« Vénus ou Janus ? », *in* E. Azoulay (dir.), *100 000 ans de beauté*, t. 1 : *Préhistoire : Fondations*, Gallimard, 2009, p. 203-206.

« Comme un temple ou une église », *Témoignage chrétien,* 3 février 1995, p. 20.

« Préface », *in* J.-M. Geneste, *Lascaux*, Gallimard, « Découvertes », 2012, p. 3.

« Préface », *in* A. et J. Ducros, *L'Homme préhistorique. Images et imaginaire,* L'Harmattan, 2000, p. 7-8.

« Préface », *in* H. Thomas, *Le Mystère de l'homme de Piltdown. Une extraordinaire imposture scientifique,* Belin, « Pour la Science », p. 5-6. © Belin, 2002.

« Préface », *in* P. Guillet (dir.), *Trésors des Muséums de France,* La Martinière, 1994, p. 9.

« Une idée formidable », *in* « Les arts premiers au Louvre », *Le Figaro*, vendredi 23 février 1996, p. 18.

« Ayons-la à l'œil », *in* « Faut-il avoir peur de la science ? », *L'Humanité Hebdo*, samedi 19-dimanche 20 octobre 2002, p. 20.

« Préface », *in* A. Valenta, *La Passion de connaître,* Éditions du Rocher, 1991, p. 23-24.

« Le public ne s'y trompe pas », *Science et vie,* 1979, hors-série, n° 129, p. 4-7.

« Présentation », *in* « La vulgarisation scientifique dans un monde qui change », *Impact, science et société,* 1988, vol. 38, n° 4, Unesco, p. 315-317.

« De l'information scientifique : entre la recherche et la culture », *La Vie des sciences. Comptes rendus,* série générale, 1993, t. 10, n° 1, p. 45-49.

Chapitre 5

AUTEURS ET ACTEURS

Gens d'ici, gens d'ailleurs

Mais qui sont donc ces gens, les gens qu'on trouve, les gens qui trouvent. Anonymes ou nommés, ils méritent tous, au même titre, notre intérêt, notre attention, notre curiosité, notre respect.

C'est ce défilé insolite et délibérément mêlé de portraits que nous allons, en ce dernier chapitre, tenté de peindre pour le lecteur, avec ce que nous avons trouvé de plus personnel en chacun, « anatomie » ou caractère, silhouette ou humeur, génie de l'adaptation ou génie de l'ouvrage et nous nous sommes efforcés d'y mettre rigueur, authenticité, admiration, sans complaisance.

Deux dames

Le professeur Michel Vergé-Franceschi m'a fait l'honneur et la surprise de m'inviter à ouvrir les quinzièmes Journées universitaires d'histoire maritime de Bonifacio sur le bien joli thème de *La Femme et la Corse*, en me demandant de parler de Lucy et tout de même aussi un peu de la Dame de Bonifacio. Comment aurais-je pu refuser pareille invitation, pareille destination, pareil sujet ! Voici donc résumés quelques éléments de ce que j'ai pu dire de ces deux élégantes personnes, toutes les deux désormais fameuses.

Lucy est en fait une prédame. Âgée d'un peu plus de 3 millions d'années, Lucy est un petit squelette qui fut découvert en 1974 dans des sédiments lacustres de la région de l'Afar, dans le nord-est de l'Éthiopie, par une expédition franco-américaine que je codirigeais. Comme c'était la première fois que l'on découvrait autant d'ossements d'un même squelette de cette antiquité, il nous a été possible d'en reconstituer la taille (un peu moins de 1 mètre), le poids (25 kilos), l'âge (une vingtaine d'années parce que c'est plus poétique), les proportions et par suite la silhouette. Et c'est évidemment la raison pour laquelle ce petit personnage, que nous avons appelé pour la science *Australopithecus afarensis*, a très vite bénéficié d'un surnom devenu célèbre, Lucy, désormais symbolique de l'origine ancienne, tropicale et africaine de l'humanité.

Lucy a un petit crâne, à fortes superstructures, à puissante denture de végétarien, recouvrant un cerveau d'environ 400 cm^3 (nous possédons aujourd'hui un cerveau d'environ 1 000 cm^3 de plus) ; sa colonne vertébrale présente quatre courbures successives révélatrices d'une station érigée, que la position du crâne nous avait déjà suggérée, station confirmée s'il en était besoin par la morphologie du bassin à grande largeur et faible hauteur, contraint de porter une partie du corps. Et, comme chez tous les êtres redressés, les fémurs, obliques par rapport à l'axe vertical du corps, rapprochent cet axe des genoux. Lucy était incontestablement debout.

Mais avec le genou, tout se « gâte » ! Contrairement à la manière dont se présente cette articulation chez un bipède, le genou de Lucy offre une grande amplitude de rotation. La cheville révèle la même instabilité et le pied, plat, montre un gros orteil divergent et des orteils aux phalanges courbes. À l'opposé de la laxité des articulations du membre inférieur, les articulations du membre supérieur, poignet, coude, épaule, apparaissent très solides. Or laxité en bas, solidité en haut ont toutes deux la même signification : une aptitude au grimper. Quant aux mains, elles se terminent comme se terminent les pieds par des phalanges incurvées. Lucy était incontestablement arboricole !

Drôle de Lucy, debout en permanence à terre et habile grimpeur en l'air ! De sexe féminin incontestable (malgré quelques débats), elle devait vivre en société (petits groupes de 15 à 20 individus), se nourrir de fruits, de jeunes pousses, de racines, de tubercules et de quelques proies peut-être, marcher sans beaucoup courir mais n'en grimper pas moins pour se protéger des prédateurs et dormir.

Sur le plan scientifique, c'est elle qui nous a appris que les préhumains étaient passés par cette phase de double locomotion (confirmée depuis par les descriptions d'*Orrorin* – 6 millions d'années du Kenya – et *Ardipithecus* – 4,5 à 5,5 millions d'années d'Éthiopie) avant d'avoir acquis, pour des raisons d'adaptation à des conditions environnementales, une bipédie exclusive qui est devenue la nôtre.

Sur le plan public, bien qu'on ait trouvé plus ancien, plus complet, mieux conservé et de parenté plus proche, le mythe nous a ravi Lucy et c'est elle, petite, jeune (sûrement pas pour l'époque), exotique, féminine, au prénom agréable et connu (de beaucoup), qui est devenue dans l'imaginaire et sans doute pour longtemps la grand-mère de l'humanité.

La Dame de Bonifacio, quant à elle, est une vraie dame. Âgée de plus de 9 000 ans, elle a été découverte, dans les mêmes années 1970, dans l'abri-sous-roche (calcaire) d'Araguina-Sennola par les préhistoriens François de Lanfranchi et Michel-Claude Weiss. Cette frêle dame, qui mesurait 1,54 mètre et pouvait avoir 30 à 35 ans, avait été inhumée dans une petite fosse bordée de grosses pierres, enduite pour l'honorer d'une poudre brun-rouge (ocre) et recouverte de sable. Elle reposait sur le dos, la tête sur le côté droit, la bouche fermée, les bras le long du corps, les pieds joints.

La Corse, qui était alors couverte d'un maquis d'arbousiers et de genévriers, né d'incendies naturels de forêts de chênes, d'ifs et de pins, avait ainsi été visitée depuis plus de

10 000 ans par de petits groupes nomades, venus d'Italie, auxquels avait dû appartenir la dame qui nous intéresse. Ces populations, qui vivaient de végétaux, des produits de la côte (coquillages et poissons) et du gibier alors abondant (représenté notamment par le petit lapin *Prolagus* éteint depuis), devaient occuper les plaines côtières de manière probablement saisonnière.

Saluons la qualité des fouilles d'Araguina-Sennola, qui conduisirent, de 1966 à 1975, à l'identification de 18 niveaux archéologiques sur 6 mètres de hauteur, permettant de suivre l'histoire des peuplements de la Corse des plus anciens (mésolithiques) aux médiévaux.

Mes deux dames, curieusement associées grâce à Michel Vergé-Franceschi, ont été heureuses autant l'une que l'autre d'ouvrir ce colloque et de vous souhaiter d'excellents travaux.

Mes héros

Quand la question de choisir les huit personnalités les plus importantes de l'histoire de l'humanité m'a été posée, j'ai pensé que l'humanité avait traversé 3 millions d'années de créativité aujourd'hui anonyme avant d'aborder les cinq derniers millénaires, qui seuls nous ont laissé quelques noms... mais qu'il fallait s'en souvenir. J'ai donc choisi les huit hommes – ou femmes – suivants :

1. Celui qui, le premier, a eu l'idée – il y a 3 millions d'années – de taper sur un caillou avec un autre pour améliorer la forme du premier et le rendre plus efficace, outil, sculpture et symbole à la fois.

2. Celui qui le premier a eu l'idée – il y a 500 000 ans – de taper sur un caillou avec un morceau de bois, ou d'os, ou de corne, réalisant ainsi des percussions beaucoup plus précises et des outils bien meilleurs (on appelle ce percuteur

un « percuteur tendre », par opposition au précédent que l'on nomme « percuteur dur »).

3. Celui qui – il y a 400 000 ans[1] – a trouvé la manière de faire du feu au lieu d'attendre que la foudre ou le soleil fournisse de temps en temps cette première énergie si précieuse pour la protection, le chauffage et la gastronomie. Je placerais volontiers ici le nom d'Henri Becquerel qui, à la fin du siècle dernier, 400 000 ans après la maîtrise du feu, a découvert la radioactivité artificielle, un autre feu, la seconde grande énergie que l'humanité ne va pas tarder à maîtriser à son tour. Il reçut pour cela le prix Nobel en 1903.

4. Celui qui – il y a 100 000 ans – a eu la curiosité de réfléchir le premier, devant la beauté des fossiles et des minéraux, à leurs formes, à leurs couleurs, et peut-être à leurs significations, au point de les ramasser et de les conserver dans sa maison, là où on les a retrouvés. On appelait son peuple Neandertal.

5. Celui qui – il y a 40 000 ans – a eu la curieuse idée de graver le premier sur un caillou l'image qu'il avait dans la tête pour faire savoir aux autres et aux dieux qu'il savait – peut-être aussi, pour le simple plaisir de dessiner une forme.

6. Celui qui – il y a 12 000 ans – a eu l'idée de représenter symboliquement les dizaines, les centaines et les milliers (ou toute unité avec ses multiples et ses sous-multiples) par des jetons d'argile de formes différentes (sphères, cubes, parallélépipèdes rectangles...). C'était le début de l'écriture par la comptabilité. Je placerais ici volontiers le nom de Gütenberg qui a eu l'idée de diffuser, par l'imprimerie, les messages de l'écriture, c'est-à-dire les idées.

7. Celui qui – il y a 8 000 ans – a eu l'idée de fondre l'or et le cuivre et de couler ces premiers métaux maîtrisés par l'homme dans des moules pour leur donner des formes belles, symboliques ou utiles.

---

1. On dit aujourd'hui 800 000.

8. Celui qui – il y a 5 000 ans –, faisant la même chose avec l'étain, a eu le premier l'idée d'un alliage aux propriétés différentes et parfois meilleures, en mêlant cuivre et étain, et en inventant le premier produit totalement humain : le bronze.

Que cet hommage aux hommes préhistoriques rappelle au lecteur que, bien avant l'Antiquité, dont les livres scolaires sont remplis, des centaines de milliers d'années d'histoire se sont écoulées. L'homme est apparu il y a 3 millions d'années, et il lui a fallu 200 000 générations et 100 milliards d'individus pour arriver jusqu'à nous.

Bernard Buigues

Je me suis rendu au Tchad en janvier 1960. J'ai conduit, dans les régions sahéliennes et sahariennes de cet immense pays, quatre campagnes de prospections et de fouilles archéologiques et paléontologiques – 1960, 1961, 1963-1964, 1965-1966 –, totalisant à peu près deux années de terrain. J'ai ainsi parcouru, dans les limons pulvérulents du Bahr el-Ghazal, les graviers des regs, les sables des ergs et les diatomées des mares sèches du Borkou, les galets des *enneris* du piémont du Tibesti ou les rochers de l'Ounianga, des dizaines de milliers de kilomètres en Dodge power-wagon, en Land Rover ou en Toyota. Je ne peux pas dire que j'ai souffert de ces jours entiers de yo-yo entre le siège et le toit en tôle des cabines surchauffées, de ces cheminements dans les vents de sable qui picotent, de ces alternances de cuissons et de frissons et de ces nuits dans le sable sous le ciel étoilé, car j'ai adoré ce climat, ce pays, ses habitants, ce mode de vie et la recherche que j'y menais. Mais quand, en décembre 1966, un ami breton, Y. R., vint me rejoindre à Fort-Lamy pour un congrès d'archéologie et que nous survolâmes en DC3, confortablement assis, le sillon du Bahr el-Ghazal, l'erg du

Djourab, la falaise d'Angamma, le Zouarké et le caillou noir du Tibesti pour nous rendre à une excursion dudit congrès dans les environs de Bardai, je souffris pour la première fois, sans rien en dire, devant la désinvolture de mon ami dont c'était le premier voyage en Afrique, lorsque regardant, de temps à autre seulement, au milieu de bavardages, le désert somptueux qui se déroulait sous nos ailes et où j'avais tant travaillé, transpiré, roulé, marché, il s'exclamait en riant beaucoup : « Yvon, regardez, regardez, ça n'a pas l'air très hospitalier cette région, vous ne trouvez pas ? » Comment lui expliquer ? Comment lui en vouloir ?

Pourquoi, penserez-vous, parler de tropiques en ouvrant ce très beau récit d'aventures arctiques, eh bien tout simplement parce que je me fais l'effet d'avoir été le Y. R. de Bernard Buigues. Je n'ai rejoint Bernard sur le terrain qu'en juin 1999. Bien sûr, j'ai connu à l'aéroport militaire de Moscou les attentes interminables et puis les nuits en Iliouchine agrémentées de harengs et de vodka, les atterrissages là où on n'allait pas et les correspondances aléatoires, la ville de Khatanga, son hôtel en brique et son restaurant en bois, ses containers mal alignés et ses chenillettes abandonnées. Bien sûr, j'ai connu les hélicoptères, les petits qui sont gros et les très gros qui sont énormes. J'ai connu les traîneaux à rennes, la toundra, la tente, la pluie, la neige, le vent qui vient toujours du nord – pourtant il n'en reste plus beaucoup de nord au nord de nos 75e ou 80e parallèles –, le frais, le froid, le très froid. J'ai connu Anatoly, Boris, Vladimir et son fils, le gouverneur, le chef de l'aviation, le patron des parcs du Taymyr, j'ai connu Gavril et Olga, Guenedy qui m'a même offert son couteau, et j'ai aussi adoré ce pays, ses habitants, ce mode de vie en ville et en brousse et la recherche que j'ai commencé à y mener. Mais voilà, ici Bernard avait tout préparé. J'ai été partout accueilli, présenté, assisté, accompagné, le tapis de lichens de la toundra avait été déroulé sous les pales de mon hélicoptère et sous mes pieds. Mon seul mérite a peut-être été d'en prendre au moins un petit peu conscience mais sûrement pas complètement.

L'aventure sibérienne de Bernard est en effet extravagante, mélange de passion, de détermination, d'amitié et de fidélité partagées, d'habileté et de « pot » (je veux dire « chance »). Je connaissais bien tout son déroulement, l'ayant entendu raconté par Bernard lui-même (par épisodes), mais aussi par ses collaborateurs et amis français ou russes. Et puis cela fait déjà trois séjours que je passe à Khatanga, Bolchoï Bolochnia, Papigai, Norilsk et autres jolis noms de rêve de ce pays qui pourtant fait si peur tant il paraît loin et froid – ce qui n'est pas toujours faux. Eh bien, c'est pourtant avec beaucoup d'enthousiasme que je l'ai lue, cette aventure, telle que vous allez la découvrir dans le texte particulièrement tonique qui suit. En dehors de l'exotisme des lieux, des gens, du propos lui-même – chasser le mammouth n'est tout de même pas banal – je trouve que ce récit constitue un extraordinaire exemple d'initiative passionnante, intelligente, bien conduite, bien gérée, un extraordinaire modèle d'action à la fois personnelle et collective, de joie de vivre et d'esprit d'équipe, de courage et de ténacité, sans parler de l'extrême intérêt scientifique de pareille expédition.

Merci Bernard ! poursuivez vos projets que je sais nombreux.

Les Villeminot

Chère Betty, cher Jacques, cher Jacques, chère Betty,

Je vous suis très reconnaissant de m'avoir choisi pour écrire ces quelques lignes d'ouverture aux incroyables récits que vous nous offrez, récits tout aussi extraordinaires aujourd'hui qu'hier, et peut-être même plus extravagants encore puisqu'à l'exotisme de l'espace, toujours réel, s'est ajouté un exotisme du temps, tous ces gens si attachants que vous avez rencontrés ayant sans doute été contraints de s'acculturer, comme on dit si pudiquement. Accoutumé à l'ailleurs, comme vous le savez bien, mais pas à celui (ou ceux) que vous avez fréquenté, je n'ai évidemment jamais cessé au fil de vos textes de me projeter dans les situations que vous nous décrivez, d'ailleurs si joliment.

Eh bien, permettez-moi de vous dire que je vous ai trouvés passionnants bien sûr, mais aussi courageux, déterminés, persévérants, « gonflés ». J'ai mesuré un peu l'air « palpable » de la buanderie asmat, les ciels trop bleus et les terres trop rouges des fournaises australiennes ou les brûlures du froid des petits matins des hautes terres papoues, mais j'ai ressenti un peu aussi la dangereuse précarité de certaines de vos installations, chez les Pygmées cannibales du Sepik par exemple ou les coupeurs de têtes de la Nouvelle-Guinée occidentale. Non contents d'être là, observateurs isolés, parmi ces gens fascinants mais aux réactions que vous ne pouviez prévoir, vous avez en effet eu l'audace de les filmer et même parfois de les mesurer ! Je saisis d'ailleurs cette occasion pour vous remercier, au nom des sciences anthropologiques et ethnologiques, de nous avoir rapporté des documents sans équivalents, particulièrement précis et précieux, photos, films, descriptions, mais aussi mensurations, statistiques, indices.

Je voudrais maintenant vous dire les quelques réflexions toutes simples qu'inspirent à un paléontologue vos révélations. L'humanité n'a qu'une seule origine, l'Afrique tropicale, il y a presque 3 millions d'années. C'est donc à partir de ce berceau que les hommes se sont déployés à travers la Terre entière. Les Pitjantjaras comme les Trobriandais ou les Asmats ont donc évidemment aussi cette même origine. Mais comme la Terre à peupler était très grande et l'effectif de ses premiers visiteurs très petit, bien des populations se sont trouvées isolées longtemps, sans plus aucun contact avec leurs populations mères ou sœurs. Vos descriptions sont par suite d'un extrême intérêt. Elles montrent comment les mêmes hommes à partir de la même souche, avec le même temps d'histoire, mais des contraintes environnementales complètement différentes, ont développé leur appréhension du monde naturel et spirituel et organisé leurs sociétés. Il n'y a évidemment pas de hiérarchie dans cet exercice, mais la prise de conscience d'une somptueuse diversité culturelle et sociale qui ne peut que susciter notre admiration. Comment ne pas être frappé par la manière dont les uns et les autres ont traité et, d'une certaine manière, réglé les problèmes de spiritualité, de sexualité, d'esthétique, d'éthique, d'équilibre social, que toutes les cultures ont à affronter. Ce sont chaque fois des leçons tout à l'honneur du génie de l'humanité et que nous devons méditer. Nos sociétés d'ici ont fait progresser aussi bien des aspects de la pensée humaine et de ses applications intellectuelles, techniques, économiques, mais je ne ferai qu'enfoncer des portes ouvertes en disant que nous n'avons guère trouvé de solutions satisfaisantes à notre recherche de la meilleure éducation, des rapports harmonieux entre les sexes et entre les âges, des traitements de la violence, des accords entre le temporel et le spirituel ou entre les spirituels entre eux.

Après vous avoir lus, je suis ainsi encore plus admiratif de l'humanité et de sa puissance d'invention et d'adaptation. On parle beaucoup à juste raison de biodiversité, mais il ne faudrait pas oublier la culturodiversité. Son émergence au terme de 15 milliards d'années d'histoire de l'énergie et de la matière et de 4 milliards d'années d'histoire de la vie est bien la plus belle des histoires du monde.

Mais je suis admiratif aussi, Jacques et Betty Villeminot, de votre audace d'être allés dénicher nos cousins d'ailleurs et de nous les avoir livrés, à vos risques et périls, pleins de vie, de joie, de sagesse, d'odeurs et de couleurs. Merci donc et merci encore d'avoir fait appel à votre ami, dénicheur des cousins d'avant, pour lui faire partager un peu votre si important témoignage.

Patrick Bernard

Il y a eu 100 milliards d'hommes depuis les premiers : en 3 millions d'années, en Afrique tropicale d'abord, puis sur les trois continents de l'Ancien Monde et enfin dans le monde entier, ces hommes ont su créer d'innombrables cultures, toutes admirables dans leur organisation, leur conception du monde, leur adaptation au milieu, leurs productions ; la préhistoire, la protohistoire, l'histoire commencent à nous restituer des éléments de celles d'entre elles qui se sont éteintes ; l'ethnologie, la sociologie, mais aussi le voyage et l'observation, la participation, la sensibilité qui parfois l'accompagnent, font connaître certaines facettes de celles d'entre elles qui sont encore vivantes ; mais, comme depuis les premiers hommes aussi, l'autodéfense du groupe et de son territoire a toujours fait les uns bousculer les autres, et réciproquement, il en est en meilleure santé que d'autres. Il est alors particulièrement précieux de se mettre à l'écoute de celles-là qui souffrent et risquent de nous quitter, et de passer du champ de l'ethnographe à celui de l'archéologue.

Toute l'œuvre de Patrick Bernard, et ce bel ouvrage en particulier, est à cet égard exemplaire. Ses *Voix de l'oubli* sont un hymne à la gloire de ces populations qui tiennent encore tête à la mondialisation homogénéisante et un appel au respect de leur équilibre et de leur intégrité. Il ne peut y avoir de hiérarchie dans les cultures ; l'origine de l'homme étant unique, tous les hommes de la terre sont frères et partagent le même temps d'histoire ; ils ont seulement utilisé ce temps de manières différentes, développant, en fonction des nécessités et de leur génie propre, tantôt leur spiritualité et sa représentation, tantôt leur technologie et ses applications, tantôt bien d'autres aspects encore de leur intelligence, de leur éthique, de leur esthétique, de leur cognition, de leur réflexion... Mais un homme vaut un homme, et toute culture participe à l'enrichissement des autres. Nous sommes d'ailleurs très privilégiés, en cette fin de millénaire, de nous trouver ainsi les bénéficiaires de ce début de connaissance de l'extrême diversité de toutes les cultures qui existent ou ont existé et dont naturellement découle un nouvel humanisme que l'on pourrait presque qualifier d'universel.

Merci Patrick Bernard de passer votre vie à offrir aux uns le reflet le plus fidèle de certains des autres et à offrir à ces autres-là votre aide respectueuse.

Joignons notre cri aux vôtres et disons très joliment comme vous : essayons de « renouer le dialogue des civilisations ».

Pierre Teilhard de Chardin

Je ne me sens pas peu fier d'avoir été choisi par André Danzin et Jacques Masurel pour préfacer cet hommage original à Pierre Teilhard de Chardin en l'honneur du cinquantième anniversaire de sa mort, d'abord parce que cet hommage est bien sûr une évocation de l'œuvre de ce gigantesque penseur, mais aussi parce qu'elle a pris l'allure insolite d'un test, celui des visions du père vis-à-vis de l'état de la connaissance et du comportement de l'humanité en 2005 !

J'ai manqué de peu le premier rendez-vous avec ce « vieux chevalier errant de la paléontologie », comme le nomment si joliment les auteurs de cet ouvrage, affecté en 1956, l'année d'après sa mort, au laboratoire de paléontologie du Muséum national d'histoire naturelle qu'il a tant fréquenté ; je l'ai d'autant plus regretté que Pierre Teilhard, par sa passion des fossiles, celle du terrain, la clarté de sa pensée, celle de son écriture, m'était apparu comme un modèle ; son portrait – on dirait aujourd'hui son poster – était fixé au mur de ma chambre d'étudiant et puis de ma chambre de chercheur.

À la lecture de ce très brillant essai *Teilhard de Chardin. Visionnaire du monde nouveau*, qui a l'avantage de rappeler les grandes idées du père Teilhard et de mettre en place, avec d'ailleurs autant de clarté, la situation de la planète, j'ai fait moi aussi un test, celui de me demander ce que je dirais à ce Grand Ancien, si j'avais le privilège de le rencontrer aujourd'hui. « Mon père, commencerais-je, j'ai beaucoup d'admiration pour vous. Je vous lis beaucoup et j'ai eu quelques occasions d'analyser votre œuvre scientifique, moins votre œuvre philosophique. Bien que vous n'ayez pas été autorisé par votre hiérarchie à accepter la chaire que vous offrait le Collège de France, je me suis même permis, lors de ma leçon inaugurale dans cet établissement, de vous inclure dans la chaîne de mes prédécesseurs. Quant à vos idées, je les ai faites consciemment ou inconsciemment miennes, du moins un certain nombre d'entre elles, dans mes écrits ou mes conférences, au point, sans malhonnêteté, je vous l'assure, de ne plus vous citer. Prenant par exemple, chaque fois que je le peux, la plus grande perspective possible, je raconte l'histoire de l'homme en partant de la limite temporelle actuelle de nos connaissances, soit 13,7 milliards d'années. Cela me permet de montrer que la matière de l'Univers se complique et s'organise dès qu'elle existe, qu'elle se complique et s'organise encore davantage lorsqu'elle devient vivante dès 4 milliards d'années dans l'eau sur la Terre et qu'elle se complique encore plus et s'organise encore mieux lorsqu'une partie de cette matière vivante devient pensante dès que son système nerveux le lui permet, il y a 3 millions d'années sur la Terre. L'histoire de notre Univers a donc un sens, une direction et en même temps du sens. "L'Univers se présente à la science, écrivez-vous, comme un phénomène orienté depuis plusieurs milliards d'années dans un sens bien déterminé." Ce qui veut dire aussi que nous avons quelque chance d'aller vers une forme encore plus compliquée et mieux organisée de la matière pensante que je nomme volontiers surhumaine ou superhumaine ; il s'agit sûrement de votre ultrahumain que j'ai donc rebaptisé, sans le vouloir, au fil des années ! Je dis aussi que la définition paradoxale de la matière pensante, à la fois libre et responsable, oblige à penser que cette forme de matière là doit désormais participer à l'élaboration de l'histoire à venir, aussi bien la sienne que celle de sa planète ou celle de son Univers, ce qui me permet de hurler, rejoignant votre optimisme, surveillons les activités de la science, soyons vigilants, mais n'ayons surtout jamais peur d'elle. "Non seulement (l'homme) peut, mais il doit à l'avenir collaborer à sa propre genèse", écrivez-vous vous-même. Quant aux développements extravagants de nos communications, pour nous déplacer – on fait le tour de la Terre en quatre-vingt-dix minutes – ou pour nous informer – quasi immédiate –, ils donnent évidemment une nouvelle fraîcheur à votre concept visionnaire de noosphère, l'"immense machine à penser". Je vous demanderais par contre, cher père, de m'en dire plus sur l'esprit – "L'esprit n'est ni un état, ni un épiphénomène, il est le phénomène" –, sur la convergence, sur l'oméga et sur ce qui vous fait écrire avec une telle assurance : "Puisque le monde se présente à nous comme une immense action... c'est qu'il porte en soi les garanties d'un succès final." »

L'idée d'André Danzin et de Jacques Masurel de brosser à l'occasion de cette célébration une fresque critique d'un demi-siècle d'évolution de l'humanité et de son support, et de l'accompagner de cette floraison de contrepoints d'opinions ponctuelles ou globales de deux douzaines de personnalités de tous domaines, est une grande idée. Leur hommage au père Teilhard n'en est pas moins immense ; c'est tout de même le premier propos du livre. Mais ils tentent ensuite d'appliquer ses recettes au monde contemporain. Ils n'ont guère de peine à plaquer certaines d'entre elles à l'actualité et c'est là la preuve de l'intérêt de leur tentative ; d'autres propositions par contre ont forcément vieilli et sont plus récalcitrantes à l'exercice.

Peut-être serais-je quant à moi moins sévère avec « mon temps » que ne le sont André Danzin et Jacques Masurel et du même coup plus enclin à ouvrir l'actualité à la pensée de Teilhard ou, inversement, à appliquer l'actualisme à cette pensée. Je vois bien, par les états d'âme des visiteurs de mes expositions lorsqu'ils prennent le temps de les exprimer sur les cahiers déposés à la sortie de leur visite, que beaucoup de nos contemporains disent éprouver le besoin de se rassurer. Mais je n'ai pas quant à moi, je dois le dire – mais je n'engage que moi –, ce jugement sévère sur la consommation, la publicité, le système monétaire, la démocratie, l'évolution technologique et son enseignement, etc., d'aujourd'hui et je ne ressens pas l'inquiétude, la peur, l'angoisse, que les auteurs disent ambiantes. Je n'ai bien sûr d'autre prétention que celle de proposer un « plot » de plus entre la voix de Teilhard et celle des auteurs.

J'ai eu, quoi qu'il en soit, un extraordinaire plaisir à lire cette approche riche, originale et presque interactive. N'hésitez pas à prendre ce livre à bras-le-corps ; il est aussi brillant dans l'évocation de Teilhard que dans la peinture de ce début du IIIe millénaire.

Camille Arambourg[1]

En 1909, Camille Arambourg était jeune ingénieur agronome voué aux vignobles familiaux dans la région d'Oran quand le hasard d'une recherche hydrogéologique pour irriguer les cultures lui fit découvrir les restes de nombreuses espèces de poissons fossiles. Sa passion de lycéen pour la paléontologie s'en trouva ravivée et ne le quitta plus. Même pendant la Grande Guerre...

Lieutenant dans un régiment de marche d'Afrique envoyé aux Dardanelles, il participa aux opérations de Serbie et de Macédoine puis au repli de l'armée d'Orient sur Salonique. Et

1. Voir aussi Yves Coppens, « Camille Arambourg et Louis Leakey », *Pré-ambules*, Odile Jacob, 1988, p. 91-106.

c'est là, dans les collines au nord de la ville, qu'il découvrit un gisement de vertébrés pontiens. Pendant l'hiver 1915-1916, toute sa compagnie au repos se mit à fouiller sous sa direction ! Les matériaux paléontologiques mis au jour font partie aujourd'hui des collections du Muséum national d'histoire naturelle de Paris.

Rentré au Maghreb, Camille Arambourg reprend ses travaux sur les poissons du sahélien d'Oran, les reptiles du crétacé et de l'éocène du Maroc, les vertébrés du villafranchien du Constantinois. Ils feront l'objet de 150 publications... En 1932-1933 et en 1967-1969 (à l'âge de 84 ans !), il conduit les expéditions géologiques et paléontologiques de l'Omo en Éthiopie et au Kenya, la seconde avec quand même mon assistance.

Il avait eu sa plus grande surprise en 1948 quand, après un accident sans gravité au Sahara, un cliché radiographique de la tête et du cou lui révéla que ses vertèbres cervicales avaient la configuration de celles des néandertaliens. Or, selon son prédécesseur, le professeur Marcellin Boule, cette morphologie expliquait le port voûté, incomplètement dressé, des hommes fossiles et était un caractère « simien » qui plaçait la tête en porte à faux ! Arambourg en fit une communication à l'Académie des sciences en 1955...

Camille Arambourg encore

J'ai eu pour Camille Arambourg admiration et affection ; je suis d'autant plus sensible à l'initiative de Djillali Hadjouis d'avoir choisi cette personnalité pour sujet d'ouvrage et, bien sûr, particulièrement sensible à son idée de m'en demander la préface.

Camille Arambourg était fraîchement en retraite quand j'eus l'honneur de lui être présenté. Professeur au Muséum national d'histoire naturelle, il avait dirigé durant vingt ans, de 1936 à 1956, le célèbre laboratoire de paléontologie de cette grande institution. Fier d'un petit titre de stagiaire de recherche au Centre national de la recherche scientifique (appelé aujourd'hui chargé de recherche), j'arrivais, quant à moi, de la Sorbonne, dans le sillage de Jean-Pierre Lehman, nommé à la direction de ce laboratoire. Formé en paléontologie des vertébrés et en paléontologie humaine, je travaillais alors sur les proboscidiens (les éléphants et leurs ancêtres), avec l'espoir de pouvoir aborder dès que possible le domaine « réservé » des hominidés. Camille Arambourg, qui avait étudié beaucoup de groupes de mammifères, dont précisément celui des proboscidiens, rentrait juste d'un de ses chantiers de fouilles en Afrique du Nord, celui de Ternifine (désormais Tighenif), dans l'Oranais, avec en main 1 pariétal et 3 mandibules d'un hominidé nouveau qu'il avait nommé atlanthrope. De quoi faire rêver – et le mot n'est pas assez fort – le passionné de paléontologie et de terrain que j'étais.

Mais les circonstances allaient vite me donner l'occasion de partir faire mes preuves, à mes propres yeux mais aussi à ceux de ce grand monsieur qui ressemblait tant au modèle que, consciemment ou pas, je cherchais.

Quelques ossements fossiles, dont des fragments de molaires d'éléphants, avaient été en effet envoyés du Tchad par des géologues à un chercheur du laboratoire, René Lavocat, pour détermination. Or celui-ci, trop pris, m'en proposa l'étude. Il s'agissait, ô merveille, de mammifères pliocènes, les premiers connus entre l'Afrique du Nord et l'Afrique de l'Est. Toujours est-il que je me retrouvai, tellement heureux, dans les sables de ce morceau de Sahara dès janvier 1960 et que j'en rapportai de généreuses collections de mammifères et, dès la deuxième expédition, en 1961, un fragment crânio-facial d'hominidé, mon premier, que je nommai tchadanthrope.

Camille Arambourg avait été « intrigué » par mon départ en Afrique noire, naturellement intéressé par ce que j'en avais rapporté, mais surtout agréablement impressionné, m'a-t-il avoué plus tard, par le fait que, non content d'y être allé, j'y étais retourné.

Nous nous rapprochâmes donc ainsi beaucoup l'un de l'autre, et dès 1966 partîmes ensemble, en Algérie d'abord, en Éthiopie ensuite. Et j'ai trouvé en Camille Arambourg un homme courtois et chaleureux, un scientifique rigoureux et passionné, un amoureux du terrain, quelque peu baroudeur. Même si je ne l'ai donc connu que douze ou treize ans, Camille Arambourg est ainsi incontestablement devenu l'un de mes maîtres.

Djillali Hadjouis a parfaitement retrouvé, au fil de ses lectures – et il a tout lu –, l'élégance de l'homme, l'enthousiasme du chercheur, le courage du voyageur, et il a su en restituer toutes les facettes. Il a su aussi dégager de son immense production la partie importante consacrée à l'Afrique du Nord. Camille Arambourg nourrissait en effet pour cette grande et belle région du monde et ses habitants une passion véritable ; il avait vécu en Algérie, y avait fait ses premières armes de paléontologue, ses premières études et ses premiers enseignements. Mais, au-delà de l'intérêt intellectuel, le Maghreb en général et l'Algérie en particulier étaient pour lui une seconde patrie, si ce n'était sa première.

Ce livre est exhaustif, son analyse est précise, détaillée, savante. Jamais biographie aussi complète et raisonnée, permettant de mesurer toutes les dimensions de l'œuvre, sa puissance et son souffle, n'avait été consacrée à ce grand naturaliste. Merci, Djillali Hadjouis, d'avoir ainsi par votre brillant travail rendu le plus bel hommage qui soit à la mémoire de ce savant français au nom basque – il en était fier – et au cœur partagé entre les deux rives de la Méditerranée ; vous avez su en même temps rendre hommage à la recherche dans ses disciplines favorites, la géologie, la paléontologie, l'anthropologie et la préhistoire. Et vous avez su vous y comporter autant en scientifique qu'en historien des sciences. Vous avez fait un grand livre.

Jean Piveteau

Jean Piveteau est né à Rouillac, en Charente, le 23 septembre 1899 ; il est mort à Paris, dans sa quatre-vingt-douzième année, le 7 mars 1991.

Depuis qu'en 1922 il fut présenté par le révérend père Pierre Teilhard de Chardin au professeur Marcellin Boule, professeur de paléontologie au Muséum national d'histoire naturelle, Jean Piveteau n'a cessé, sa vie durant, de servir la paléontologie ; on lui doit ainsi près de soixante-dix ans d'exercice de cette discipline, puisque ses premiers articles furent publiés dès 1923 – l'un d'entre eux, le deuxième, est d'ailleurs une « Note aux Comptes rendus[1] » – et que son dernier livre est sorti chez l'éditeur Masson en janvier 1991.

Chef de travaux à l'École des mines en 1928, chargé de conférences à la Sorbonne en 1934, puis maître de conférences en 1938, professeur sans chaire en 1942, professeur titulaire en 1949 et titulaire à partir du 1er octobre 1953 de la première chaire de paléontologie, appelée « Paléontologie des vertébrés et paléontologie humaine », chargé de cours au Collège de France en 1941, chargé de conférences à la faculté des lettres de 1941 à 1945, on lui doit aussi plus de quarante années d'enseignement officiel. Des générations de paléontologistes, mais aussi de géologues, d'anthropologues, de médecins, de dentistes, de philosophes, ont eu la chance d'être formés ou au moins initiés aux « mondes disparus », selon sa propre expression, et à la philosophie qui en découle, grâce à des cours d'une parfaite clarté et d'une grande élégance.

Avant d'aborder par grands thèmes l'immense œuvre scientifique de Jean Piveteau, disons que l'une de ses caractéristiques les plus marquantes a sans doute été, avec son incontestable universalité, son exceptionnelle capacité à offrir, à la fois,

1. De l'Académie des sciences.

l'analyse la plus poussée des fossiles étudiés et la synthèse la plus large de leur interprétation.

Universelle en effet est d'abord cette œuvre, qui étudie aussi bien les xiphosures du carbonifère d'Algérie et les ammonites du crétacé de Madagascar que l'histoire des végétaux à l'ère primaire et qui décrit avec la même précision aussi bien les poissons du trias de Madagascar et les stégocéphales du carbonifère de France que les dinosauriens du jurassique de Normandie ou le Neandertal de la grotte du Régourdou. Dès 1935, Jean Piveteau, en collaboration avec Marcellin Boule, présentait d'ailleurs, en 899 pages et 1 330 figures, une étude d'ensemble de tous les groupes animaux et végétaux ayant eu des représentants fossiles. En 1950, en collaboration avec Colette Dechaseaux, il éditait 20 planches murales de paléobotanique et de 1952 à 1969, toujours avec l'aide précieuse de Colette Dechaseaux, les 7 tomes et les 10 volumes du *Traité de paléontologie*, monument de 8 146 pages et 7 867 figures qui deviendra dans le monde entier « le Piveteau ».

Extraordinairement analytique est donc aussi cette œuvre qui fait bien comprendre que seule la très grande précision de lecture de l'embryologie et de l'anatomie permet de démontrer les homologies que présentent entre elles les différentes parties du corps des formes successives et donc d'écrire l'histoire de la vie, « cette reconstruction d'un monde perdu, que l'imagination la plus audacieuse n'aurait pu concevoir », dit Jean Piveteau. S'appuyant par exemple sur les rapports qui semblent exister entre les os dermiques et les canaux sensoriels du crâne de certains poissons actinoptérygiens – les parasémionotidés –, il montre que le préopercule correspond en fait au squamosal, au quadrato-jugal et au préopercule des premiers tétrapodes – les ichthyostégidés – et que l'os hyomandibulaire, ossification d'une partie du deuxième arc viscéral, correspond à la columelle ou à l'étrier des derniers vertébrés supérieurs – les hominidés –, traversant ainsi 400 millions d'années d'histoire d'une région du crâne. Par-delà la minutieuse description des os et de leurs rapports, des canaux, des lignes, des orifices et des fossettes qui les ornent, se dégage le but essentiel de la démarche du paléontologiste : comprendre la phylogénie, comprendre « comment a pu s'effectuer le passage d'un type d'organisation à un autre » ; « la paléontologie est une science historique, non seulement narrative mais (en effet) aussi explicative. »

Et cela nous amène tout naturellement à l'esprit de synthèse, omniprésent dans l'ensemble de l'œuvre de Jean Piveteau. « Ces recherches sur les vertébrés inférieurs, écrit-il par exemple en 1954, entraînent vers la considération des phénomènes majeurs de l'évolution : origine des vertébrés ; passage de la vie aquatique à la vie aérienne ; libération complète vis-à-vis du milieu aquatique aboutissant à la forme reptile ; transformation du type reptilien en type mammalien. » Jamais ne sont perdus de vue les problèmes fondamentaux ni leur expression philosophique ; ils représentent sans cesse le mécanisme à éclairer, l'enchaînement à démontrer, l'idée à soutenir ou à modifier.

Si j'ai parlé des travaux de Jean Piveteau sur les invertébrés ou sur la paléobotanique, c'était bien sûr pour montrer, s'il en était besoin, la maîtrise que possédait ce savant de sa discipline. Il en a fait d'ailleurs maintes fois la démonstration lorsque se sont présentés des collections à classer ou des articles à écrire : citons, dans le tome III du *Traité*, le chapitre sur une classe d'échinodermes, les édrioastéroïdes, ou, dans le *Catalogue de l'École des mines*, le volume sur les arthropodes. Mais la très grande majorité de ses recherches n'en a pas moins porté sur les vertébrés, sur l'ensemble de leurs classes, l'homme évidemment compris, ce qui a entraîné l'intitulé que l'on vient de voir de la chaire créée pour lui à la Sorbonne en 1953 et transférée quinze ans plus tard à l'université Paris-VI-Pierre-et-Marie-Curie.

Ce sont les problèmes posés par les poissons qui ont dominé les vingt premières années des travaux de Jean Piveteau : « J'ai consacré aux actinoptérygiens du trias inférieur et du lias de longues recherches qui constituent à mes yeux l'une des parties essentielles de mon œuvre en morphologie comparée », écrit-il dans sa première notice de 1936. Une vingtaine d'articles concernant la taxinomie, la biogéographie, et surtout l'anatomie des poissons primaires et secondaires, vont en effet voir le jour entre 1923 et 1945 ; Jean Piveteau va se passionner pour ces formes anciennes dont le grand intérêt « est de se prêter à l'étude de questions morphologiques touchant aux points essentiels de l'organisation », déclare-t-il. Et il va successivement montrer, grâce à ces vertébrés inférieurs et géologiquement vieux, que le nerf vague sépare un paléocrâne massif d'un néocrâne segmenté, contrairement à ce qu'avait soutenu Goethe, qu'une architecture crânienne olfactive – celle des sélaciens et des crossoptérygiens – va peu à peu céder la place à une architecture optique et visuelle – celle des actinoptérygiens – et que l'architecture du crâne primordial va résulter de corrélations étroites entre globes oculaires, septum interorbitaire, myodome et encéphale.

Les amphibiens vont l'intéresser tout autant et en même temps que les poissons, ne serait-ce que parce qu'ils sont censés pouvoir illustrer le passage de la vie aquatique à la vie aérienne, mais c'est surtout à partir de sa découverte, en 1936, d'une forme ancestrale d'anoure du trias inférieur de Madagascar, le fameux *Protobatrachus*, rebaptisé *Triadobatrachus* – « l'un des fossiles les plus importants qui ait été découverts jusqu'à ce jour », écrit-il dans sa notice de 1938 –, qu'il va intensifier ses recherches sur cette classe. 10 « Notes » la concernèrent de 1925 à 1946 dont 4 en 1936 et 1937, l'une étant la description en 50 pages de *Protobatrachus* dans les *Annales de paléontologie*, véritable modèle de discours anatomique. *Protobatrachus*, par l'association qu'il offre de caractères généralisés – comme la présence d'une queue ou d'une colonne vertébrale sans urostyle – et de caractères très modernes – comme la structure de sa région céphalique – a été en effet une clef extraordinaire pour la compréhension de l'origine des anoures et pour celle des rapports qu'entretiennent entre eux les divers ordres d'amphibiens.

Les reptiles, par leur diversité fossile, ne vont pas moins le fasciner. Rappelons que sa thèse, soutenue en 1926, concernait les amphibiens et les reptiles permiens de Madagascar et que sa toute première « Note » parue en 1923 dans les *Annales de paléontologie* portait sur un arrière crâne de dinosaurien. Une quinzaine de travaux vont s'en occuper de 1923 à 1940, en contemporanéité donc avec ceux portant sur les poissons et les amphibiens. Ils règlent comme chaque fois des problèmes de taxinomie et de biogéographie, font connaître des formes et des filiations nouvelles, suggèrent la division en deux classes de l'ensemble hétérogène des reptiles – les sauropsidés dérivant d'un type amphibien seymouriamorphe à l'origine des reptiles modernes et des oiseaux, et les théropsidés dérivant d'un type amphibien anthracosaurien à l'origine des mammifères – et proposent même des explications à l'extinction des dinosauriens, climatiques ou hypertrophiques : « La vie finit par s'ankyloser dans les mécanismes trop complexes qu'elle a montés », écrit-il très joliment en 1936.

Les oiseaux fossiles ne sont pas fréquents, aussi ne trouve-t-on dans l'œuvre de Jean Piveteau que deux « Notes » sur une forme récemment éteinte de l'île Maurice (l'aphanaptéryx) et un article grand public sur le fameux archéoptéryx du jurassique de Solenhofen, mais cela ne l'a pas empêché d'écrire pour le *Traité de zoologie* plus de 40 pages sur l'origine et l'évolution de cette classe dont l'enracinement dans la première des deux subdivisions des reptiles retenait toute son attention.

Les mammifères ont représenté, dès ses premières années de recherches, un champ d'étude privilégié, « certainement le plus étendu », précisait-il en 1936, mais ce champ n'englobera de travaux de paléontologie humaine que tard et très timidement : les premiers articles sur ce sujet sont sans doute anciens puisqu'ils datent de 1927 et de 1934 (ce sont « Les théories sur l'origine de l'homme avant et après Darwin » et « L'histoire de la tête humaine » mais il s'agit d'articles généraux) ; il faudra ensuite attendre 1944 avec « L'homme de Neandertal et l'homme actuel », paru dans les *Mémoires de la Société archéologique et historique de Charente*, puis 1947 avec « Récents progrès en paléontologie humaine » dans la revue *La Nature*, et 1948 avec « Les conditions organiques du phénomène humain » dans *L'Anthropologie*, alors que près d'une centaine de titres vont suivre. Mais disons quelques mots de ses travaux sur les mammifères non humains – 25 « Notes » environ – avant de parler de l'homme fossile. Jean Piveteau s'est, comme pour chaque classe, particulièrement intéressé à l'origine des mammifères et il a clairement montré qu'elle était à la fois très ancienne et très progressive ; les dispositions mammaliennes les plus caractéristiques, la transformation de l'épiptérygoïde en alisphénoïde, l'agrandissement consécutif du crâne et celui de sa cavité cérébrale, le développement du cervelet, l'élaboration de la musculature faciale, l'enveloppement pileux du corps, la formation du palais et l'origine du goût, la multiplication des replis membraneux des naso-turbinaux et des maxillo-turbinaux de la partie respiratoire de la cavité nasale et l'apparition de l'homéothermie, ont en effet toutes été rencontrées, à des époques et à des degrés divers chez les reptiles thériodontes. Jean Piveteau va s'intéresser aussi à de multiples ordres, genres, espèces de mammifères, en termes comparés d'affinité, de phylogénie, de mouvement dans l'espace et de tendance dans le temps ; citons les carnivores – canidés, ursidés, viverridés, hyénidés, nimravidés, félidés –, les cervidés aux bois se compliquant, les chalicothéridés, les équidés, les anoplothéridés, les cavicornes, les lémuriens, etc. Il va mettre en évidence la persistance, à l'état adulte, chez un créodonte, de l'artère stapédienne, aujourd'hui seulement fœtale, essentielle pour comprendre l'origine des osselets de l'oreille moyenne ; il va démontrer le principe de divergence des caractères sur l'exemple de la diversification des créodontes ; il va rendre évident le principe de parallélisme sur l'exemple des nimravidés oligocènes et des félidés néogènes, et sur celui de la cérébralisation des primates malgaches et des primates sud-américains.

Et puis « à une date encore incertaine, mais lointaine à l'échelle humaine, écrit Jean Piveteau en 1991, s'individualisa, dans l'ordre des primates, une lignée au devenir singulier, la lignée des hominidés. » Nous avons vu que l'on ne rencontrait que très peu de publications sur les hominidés dans les trente premières années de recherches et de réflexion de Jean Piveteau, alors que les quarante années suivantes vont leur être presque exclusivement consacrées ; une demi-douzaine d'articles concernent l'homme ou ses prédécesseurs immédiats avant 1950 et une centaine s'en occupent après, dont plus de 1 500 pages en une demi-douzaine de livres : *La Paléontologie et l'origine de l'homme* en 1955 dans la collection « La Pléiade scientifique », *L'Origine de l'homme* en 1962 chez Hachette, *Des premiers vertébrés à l'homme* en 1963 chez Albin Michel, *Origine et destinée de l'homme* en 1973 chez Masson, *Image de l'homme dans la pensée scientifique* en 1986, *La Main et l'Hominisation* en 1991 chez Masson, et bien sûr le tome VII du *Traité*. L'immense respect que portait Jean Piveteau à l'homme, « le grandiose, l'universel événement terrestre de l'épanouissement humain », écrit-il en 1936, peut expliquer ce long préambule à sa recherche en paléontologie humaine ; il avait certainement la perception d'une sorte d'idée de mériter le fossile humain avant de l'aborder ; il avait eu lui-même cette patience ; peut-être avait-il d'ailleurs inconsciemment attendu la disparition de ses maîtres, Marcellin Boule en 1937 et Pierre Teilhard de Chardin en 1955, tous deux très engagés dans cette recherche, pour oser se saisir franchement de ce sujet si important. Et l'on retrouve ce souci dans sa réponse à Mme Genet Varcin qui lui demandait, en octobre 1943, si elle pouvait mener sous sa direction, une recherche en paléontologie humaine : « On ne confie pas de précieux fossiles humains à des novices, lui avait-il répondu. Il faut d'abord apprendre à connaître l'homme et aussi les méthodes utilisées par les anthropologistes. » J'avais eu la même expérience une douzaine d'années plus tard et une réponse voisine à une question identique : « Les fossiles humains sont rares, m'avait-il dit gravement, dans ce petit bureau en haut d'un escalier étroit et secret du cœur de la Sorbonne, et les gens qui les possèdent ne sont en général pas disposés à les prêter, avait-il ajouté, espiègle. Étudiez des vertébrés et vous irez un jour chercher vous-même vos propres fossiles humains. » Et il m'avait donné le choix entre deux ordres, celui des proboscidiens ou celui des rongeurs. J'ai choisi les proboscidiens et, comme pour s'excuser de ce temps d'attente, non sans malice, il me déclara, le jour de la remise de mon épée d'académicien : « Certes, zoologiquement, l'éléphant n'offre pas de ressemblance avec l'homme mais il a tenu dans le développement de notre préhistoire une place considérable. » Comme pour ses travaux précédents, Jean Piveteau va savoir allier une recherche anatomique minutieuse, une interprétation d'envergure et une transcendance philosophique de très haute portée. Il étudiera ainsi, d'une part, les restes de la grotte de Macassargues dans le Gard, ceux du gisement de Monsempron dans le Lot-et-Garonne, ceux des grottes de la Chaise en Charente, ceux de la grotte du Régourdou en Dordogne, l'astragale de la grotte Simard en Charente, le pariétal de la grotte du Lazaret dans les Alpes-Maritimes, la mandibule du gisement de Marillac en Charente ; il s'exprimera, d'autre part, sur tous les grands événements paléoanthropologiques, ou considérés comme tels, de cette période, la pêche du cœlacanthe aux Comores, la supercherie de Piltdown dans le Sussex, la découverte d'*Oreopithecus* en Toscane, celle de néandertaliens à Hortus dans l'Hérault, celles d'australopithèques et la création de l'espèce *Homo habilis* à Olduvai en Tanzanie et beaucoup d'autres encore, non plus cette fois dans des articles mais dans ses ouvrages.

Quant aux problèmes du rameau humain, je lui laisserai volontiers la parole : « La paléontologie nous apprend d'abord, écrit-il en 1974, que le corps de l'homme est indiscutablement le résultat de l'évolution biologique. Il porte, dans sa structure, les marques de sa longue ascendance animale. » « Longtemps, ajoute-t-il en 1991, les êtres qui composaient cette (sa) lignée ne furent, par leur anatomie, qu'une promesse d'homme. » C'est sous ce terme, chargé à la fois de sens et de poésie, que Jean Piveteau parle des hominidés qui ne sont pas encore des hommes, phylum dont il voit volontiers l'enracinement très loin dans le temps. Il n'hésite d'ailleurs pas, ce qui personnellement me réjouit, à placer dans cette phase l'outil et la conscience : « Ne devons-nous pas admettre [...] un stade préhumain de l'outil, comme nous avons admis un stade préhumain de l'organisation ? La présence de l'outil [...] n'atteste pas celle de l'Homme », déclare-t-il dans son discours de clôture de présidence de l'Académie des sciences en 1974. Et, dans *La Main et l'Hominisation*, en 1991 : « [...] nous avons l'impression que ces primates (les australopithèques) étaient très près du point d'hominisation, et l'on peut se demander si leur pensée n'atteignait pas, par intermittence, ce dédoublement où elle se prend pour objet. »

Rappelons que, pour Jean Piveteau, l'hominisation, cet « ordre nouveau », est « le moment où la pensée réfléchie [...] entre dans la vie, transformant le phénomène vital en phénomène humain ». « À un certain moment (en effet), ce qui était jusqu'alors clandestin ou ébauché vient au jour ou se développe ; en ce second temps, l'homme, l'homme authentique apparaît », écrit-il encore en 1974. « La transition de la forme préhumaine à la forme humaine correspondrait au passage de l'évolution divergente à l'évolution convergente. [...] la véritable caractéristique de l'homme ne serait pas d'être un fabricant d'outils [...] mais de pouvoir nouer des relations avec ses semblables. »

Enfin, je ne saurais clore cette partie, sans proposer une citation de Jean Piveteau où, avec beaucoup de pudeur, mais aussi beaucoup de clarté, il fait apparaître en même temps les limites de sa science et ses convictions profondes : « Précisons, écrit-il en 1974, que la recherche d'une explication ne vise que le jeu des apparences qu'exprime, au-dehors, le phénomène de l'hominisation, laissant intacte la question d'essence profonde. »

Voici donc, bien vite parcouru, l'œuvre impressionnante d'un de nos très grands confrères, œuvre considérable en effet d'anatomiste, de paléontologiste, de philosophe, dans son abondance et dans sa hauteur de vue. Je me permettrai respectueusement quelques mots sur l'homme, discret, courtois, brillant, à qui ne manquait ni finesse ni humour et que j'ai côtoyé trente-cinq ans. J'ai d'abord, comme beaucoup, reçu son enseignement dans l'amphithéâtre de géologie bien sombre et bien pentu de la Sorbonne et puis j'ai fait partie d'une des premières promotions de stagiaires de recherche au CNRS affectés à son laboratoire de paléontologie des vertébrés et de paléontologie humaine, logés dans les locaux en demi-sous-sol de la rue Saint-Jacques, auprès de Mme Genet Varcin, de M. Guth et d'une jeune collègue Marguerite Michel. Jean Piveteau était alors le patron, avec tout ce que ce mot entraînait d'autorité, qui descendait de temps en temps de son bureau perché, et nous impressionnait par sa personnalité chaleureuse, mais, à nos jeunes yeux, sévère. Et puis Jean-Pierre Lehman a succédé à Camille Arambourg à la chaire de paléontologie du Muséum national d'histoire naturelle et nous avons été quelques-uns à le suivre au Jardin des Plantes. Jean-Pierre Lehman a bientôt construit une aile nouvelle au grand Institut de paléontologie, y réservant à Jean Piveteau, son maître, le plus beau des bureaux d'angle, celui du deuxième étage sur le jardin. M. Piveteau était alors un visiteur fréquent ; il venait plus volontiers travailler dans cette maison, qu'il avait connue dans ses premières années de recherche, qu'il ne restait à la Sorbonne ou, plus tard, dans ses locaux d'une des tours de Jussieu. Il y a, dans cette nouvelle aile de l'Institut de paléontologie, une sorte de mezzanine à l'entresol, au-dessus du hall d'entrée, et comme mon bureau s'y trouvait, je me souviens y être passé un jour, précisément au moment où M. Piveteau sortait ; or ce qui se passait en bas dans le hall méritait quelques instants d'attention : M. Piveteau venait d'appuyer sur le bouton qui déclenchait l'ouverture de la porte ; un chat avait entendu ce déclic dont il connaissait la fonction et l'effet ; le chat, qui voulait sortir, se précipita donc vers la lourde porte, à peine entrouverte. M. Piveteau ouvrit alors plus généreusement la porte en question, puis s'effaça littéralement pour laisser passer, majestueux, le chat impatient ; il le regarda longuement sortir, descendre les escaliers puis s'éloigner vers le jardin et sortit à son tour. Je regagnai discrètement mon bureau, très ému par cette jolie scène du grand patron et du petit chat que j'avais eu la chance de surprendre. Après quelques années au musée de l'Homme, j'ai retrouvé M. Piveteau ici au sein de cette grande compagnie ; il était comme il avait été, vif, attentif, lisant tout, commentant beaucoup. L'image que nous tous ici conservons de lui, sur un de ces sièges, à droite de l'allée, entre astronomes et minéralogistes ou physiciens, est d'une parfaite fraîcheur et d'une grande distinction.

« Je ne saurais manquer d'évoquer, écrivait-il, en avant-propos de son dernier livre, au début de ce qui sera sans doute *mea ultima verba*, les noms de ceux qui ont suivi, guidé et inspiré mes recherches.

D'abord mes maîtres : Marcellin Boule, qui sut allier une poésie et une philosophie aux contraintes les plus exigeantes de la science ; Pierre Teilhard de Chardin, l'homme aux grandes synthèses ; Louis Vialleton, éminent anatomiste ; Édouard Le Roy, qui m'initia aux profondeurs de la philosophie bergsonienne. »

Et plus loin : « Il est toujours délicat et difficile de parler des siens.

Je ne puis omettre de dire ce que mes deux filles et mon fils m'ont apporté de stimulant dans mon travail de recherche. Mon épouse a su créer l'atmosphère propice au travail intellectuel. Elle m'a prodigué avis et conseils, elle a été une collaboratrice au sens complet du mot. Je ne saurais dire tout ce que je lui dois. »

Je me fais ici le porte-parole de l'Académie des sciences que M. Piveteau a servi trente-six ans et qu'il a présidée en 1973, pour saluer avec beaucoup de déférence sa mémoire, saluer celle de Mme Jean Piveteau, disparue quelques mois après lui, et présenter à ses enfants, le professeur et Madame Jean-Luc Piveteau, Madame Cécile Piveteau, Monsieur le professeur et Madame Laurenceau, et à leurs enfants, nos plus vives condoléances et notre sympathie. Nous gardons pour leur père et grand-père une profonde et fidèle admiration.

Francis Clark Howell, son entrée à l'Académie des sciences de l'Institut de France

Francis Clark Howell a été passionné très jeune par l'anthropologie ; il s'inscrivit à l'Université de Chicago où un cursus de six ans le conduisit au doctorat dans cette discipline, phD qu'il soutint en juin 1953 sur le thème : « Structure de la base du crâne chez l'homme ». Bénéficiaire de bourses prédoctorales (Viking Fund et National Science Foundation), il fréquenta dès 1951 le département d'anthropologie de cette université où il gravit tous les échelons puisqu'il y devint *teaching assistant* en 1951, *assistant* en 1955, *associate professor* en 1959 et *full professor* en 1962. Puis il quitta Chicago en 1970, nommé professeur d'anthropologie à l'Université de Californie à Berkeley, où il se trouve toujours. Sa carrière s'est ainsi exercée en laboratoire – la plupart des jeunes anthropologues américains contemporains sont issus de la formation qu'il a su dispenser quinze ans à Chicago et vingt ans à Berkeley –, mais elle s'est aussi manifestée sur le terrain puisqu'il a mené de nombreuses expéditions et ouvert de très gros chantiers de fouilles en Europe et en Afrique. Citons parmi les principaux : Isimila en Tanzanie en 1957 et 1958 ; l'Omo en Éthiopie, de 1967 à 1975 (en collaboration avec Yves Coppens) ; Torralba et Ambrona en Espagne, de 1962 à 1983 ; Yarimburgaz en Turquie à partir de 1987. Maîtrisant parfaitement l'anatomie humaine et toutes les disciplines affines, ainsi que l'ensemble de la littérature scientifique de ces domaines – sa bibliothèque est réputée –, Francis Clark Howell a le génie de la synthèse brillante qui débouche sur la clarification de problèmes. Ne citons qu'un exemple : celui du constat qu'il fit de la coexistence au Proche-Orient de l'homme de Neandertal véritable et du prédécesseur de l'homme de Cro-Magnon, ce dernier ayant précédé l'autre de plusieurs dizaines de milliers d'années ; Francis Clark Howell avait conclu à ce modèle avant 1960 ; le modèle a été confirmé l'an dernier par des datations par thermoluminescence (100 000 ans pour le proto-cromagnoïde, 40 000 pour le Neandertal). C'est encore Francis Clark Howell qui a initié le système des grandes équipes pluridisciplinaires et le changement consécutif des styles de recherches sur le terrain ; on peut dire que la spécialisation des paléontologistes, rendue obligatoire par l'importance des expéditions et, par suite, par celle des récoltes, n'a été véritablement mise en pratique qu'à partir de l'expédition de l'Omo, c'est-à-dire à partir de 1967.

Auteur d'environ 200 articles scientifiques, Francis Clark Howell est actuellement président du Science and Grants Committee de la LSB Leakey Foundation à Los Angeles, *fellow* de l'American Academy of Arts and Sciences, *fellow* de la California Academy of Sciences qu'il a présidée, et depuis treize ans, membre de la National Academy of Sciences de Washington.

Très lié à la France depuis toujours (il fouilla en Dordogne dès 1953), il y vient souvent, y publie fréquemment et codirige avec Yves Coppens, aux Éditions du CNRS, la série des « Travaux de l'expédition scientifique de l'Omo en Éthiopie ».

Clark Howell, sa mort

Francis Clark Howell est né le 27 novembre 1925 à Kansas City dans le Missouri. Il s'est éteint le 10 mars 2007 à Berkeley en Californie.

Formé en anthropologie à l'Université de Chicago (*bachelor* en 1949, *master* en 1951, docteur sur la structure de la base osseuse du crâne humain en 1953), il y aura mené, à part deux années d'instructeur en anatomie à la Washington University à Saint-Louis, toute la première partie de sa carrière (*assistant professor* en 1955, *associate professor* en 1959, *full professor* en 1962), avant de la poursuivre et de la terminer à l'Université de Californie à Berkeley (1970-1991).

Francis Clark Howell était un passionné de sa discipline. Esprit de synthèse, il a su l'aborder par toutes ses facettes, terrain, recherche, enseignement, formation de chercheurs, information du public, mais il a su aussi dépasser les frontières de son expertise chaque fois qu'il estimait la fréquentation d'autres disciplines utile à la compréhension des problèmes posés par la sienne.

J'ai rencontré Francis Clark Howell pour la première fois au début des années 1960 dans un château en Autriche, le château de Burg-Wartenstein, propriété de la Fondation Wenner-Gren de New York (fondation pour la recherche anthropologique) ; il y avait organisé, avec quelques autres collègues, et pas des moindres, Louis Leakey et John Desmond Clark, un grand congrès de synthèse des connaissances de l'époque en paléoanthropologie et préhistoire. Comme je travaillais alors au Tchad et que je venais d'y trouver un hominidé fossile, j'avais été convié à me joindre à ce grand rassemblement (de luxe) de spécialistes des sciences en question. Et j'ai trouvé, en Francis Clark Howell, le « grand aîné » que j'ai ensuite toujours connu : extrêmement intéressé par mes découvertes, sans convoitise, au point de me faire attribuer, sur-le-champ, un crédit de la fondation invitante ; Francis Clark Howell était aussi extrêmement agréable de fréquentation, sachant réellement s'amuser et plaisanter en société, sans jamais perdre de vue ses préoccupations scientifiques du moment, extrêmement pragmatique, sans ostentation, ne quittant pas un collègue susceptible de produire de nouvelles informations sans envisager un programme commun à venir ou un futur rendez-vous.

Et puis nous ne nous sommes plus quittés puisque, en dehors des multiples rencontres professionnelles ou amicales, nous avons dirigé ensemble, dix années durant, l'expédition internationale de la basse vallée de l'Omo en Éthiopie. Clark, comme on l'appelait, est venu, en outre, à mon invitation enseigner plusieurs fois au Collège de France ; il a représenté la National Academy of Sciences des États-Unis à mon entrée à l'Académie des sciences de l'Institut de France, où il est entré à son tour comme associé étranger le 17 avril 1989 dans la section des sciences de l'univers. Il est encore venu me rejoindre à Monaco dans le conseil scientifique international du musée d'Anthropologie préhistorique tandis qu'il me conviait à le rejoindre dans le conseil du programme Revealing Hominid Origins Initiative de la National Science Foundation à Berkeley, etc.

Dans chaque circonstance, il a montré le même intérêt, jamais démenti, pour les sujets concernant l'origine et l'évolution de l'homme, la même passion à connaître les travaux des autres en lisant tout (sa bibliothèque était légendaire), mais aussi connaître les autres (et en particulier les jeunes fraîchement entrés dans la recherche active et productive), dans le même souci de fédérer les disciplines et les chercheurs pour le meilleur de nos sciences et l'éclairage de leur questionnement et le tout avec une bonhomie érudite, sereine et décontractée (à l'américaine), mais toujours attentive et responsable.

On peut dire que Francis Clark Howell, pour toutes ces raisons, était unanimement apprécié et respecté dans le monde scientifique et que sa fonction de parrain et de « médiateur » universel de notre communauté était tellement bien établie, fiable et rassurante, qu'elle va terriblement manquer dans les années à venir.

Parmi les multiples honneurs conférés à Francis Clark Howell, citons l'attribution en 1998 du prestigieux Charles Robert Darwin Award for Lifetime Achievement in Physical Anthropology, par l'American Association of Physical Anthropology, pour l'ensemble de sa carrière.

Teuku Jacob

Un jeune médecin hollandais, Eugène Dubois, passionné de paléoanthropologie, s'engagea, à la fin du XIXe siècle, dans le corps médical de l'armée néerlandaise des Indes ; il s'embarqua en 1887 pour Sumatra, puis en 1890 rejoignit Java. L'année précédente, en 1889, un autre Hollandais, prospecteur de marbre, avait découvert au lieu-dit Wadjak, dans le sud de l'île de Java précisément, le premier crâne d'homme fossile de tout le continent asiatique. Eugène Dubois se mit donc à l'ouvrage et, dès 1890, découvrit un autre crâne à Wadjak, un fragment de mandibule à Kedung Brubus et, en 1891, une calotte crânienne et un fémur à Trinil, sur les bords de la rivière Solo : fossiles fameux auxquels il donnera le nom de *Pithecanthropus erectus*. Ce fut le début de la renommée du célèbre homme de Java.

À partir de 1931, ce fut au tour d'un jeune anthropologue allemand, établi en Hollande, Ralph von Koenigswald, de découvrir toute une collection de restes de pithécanthropes dans la région de Sangiran cette fois, au centre de l'île de Java.

Enfin, depuis les années 1960, c'est le professeur Teuku Jacob, que je suis heureux de vous présenter aujourd'hui, qui conduit, avec un immense succès, cette recherche. Il a à son actif la découverte de très nombreux restes humains fossiles, restes qu'il a décrits et pour lesquels il a proposé des interprétations très originales. Disons brièvement que ces hommes de Java, dont les plus anciens ont peut-être entre 1,5 million et 2 millions d'années, sont venus d'Afrique qui demeure, dans nos connaissances actuelles, le berceau de l'homme ; mais ces *Homo erectus* indonésiens seraient arrivés à une époque si ancienne qu'ils auraient eu le temps d'y développer un type humain particulier, dont on suit l'évolution tout au long de ces centaines de milliers d'années jusqu'à leur participation, il y a 50 000 ans, au peuplement de l'Australie.

Élève à Utrecht de Ralph von Koenigswald, le professeur Teuku Jacob est docteur en médecine et professeur à la faculté de médecine de l'Université Gadjah Mada de Jogyakarta, faculté dont il a été doyen et université dont il a été recteur. Il a fondé, dans cette université, le premier laboratoire de bioanthropologie et de paléoanthropologie d'Indonésie et l'un des rares laboratoires de tout l'Extrême-Orient concernant ces disciplines. On peut d'ailleurs dire que, depuis une trentaine d'années, le professeur Teuku Jacob domine et représente la paléoanthropologie du Sud-Est asiatique.

Invité à donner un mois d'enseignement au Collège de France, je tenais à le présenter à l'Académie des sciences et à lui dire, au nom de notre compagnie, le plaisir que nous avions à le recevoir à Paris.

Brigitte Senut

J'ai entendu Jean Piveteau, professeur à la Sorbonne, « patron » incontestable de la paléontologie française des années 1940, 1950 et 1960, déclarer un jour, comme s'il se rendait à une certaine évidence : « Il n'y a pas de doute, il y a vraiment deux sortes de paléontologues, ceux de cabinet et ceux de terrain. » Il faut dire qu'il appartenait à cette génération de savants à qui on apportait les fossiles et qui ne les voyaient jamais autrement que sur leur bureau ; ils en faisaient des descriptions anatomiques comparées particulièrement fines et en tiraient de brillantes synthèses – Jean Piveteau est l'auteur d'un traité en sept volumes qui porte d'ailleurs son nom –, mais ne pouvaient que se fier aux collecteurs pour connaître leurs âges, leurs conditions de gisement, leurs fréquences, leurs environnements, leurs niches écologiques, etc.

Il existait cependant, aux mêmes époques, un vilain petit canard du nom de Camille Arambourg. Ingénieur agronome d'origine – et ceci explique peut-être cela –, mais passionné de paléontologie, qui troqua vite la recherche d'eau destinée à irriguer les vignobles paternels de l'Oranais pour celle des poissons fossiles que contenait le sous-sol des mêmes vignobles. Ce premier exercice terminé et doublement réussi – puisqu'il trouva eau et fossiles –, Camille Arambourg ne quitta plus en effet le métier de paléontologue, mais le pratiqua, à l'inverse de ses collègues, en allant lui-même chercher ses fossiles avant de les préparer et de les étudier dans son laboratoire.

Je fus élève de ces deux personnalités, mais me rapprochai plus volontiers de la seconde peut-être parce qu'elle correspondait mieux à mon désir d'action et d'appréhension globale des problèmes associés à chaque fossile. Toujours est-il que je me trouvais en pleine application de cette conception de ma discipline – déjà une bonne quinzaine d'années de grands terrains africains – lorsque je reçus la visite de Brigitte Senut, passionnée d'avance, si je puis dire, et en quête d'un sujet de thèse de troisième cycle. Je n'ai pas eu besoin de lui transmettre l'attrait du terrain, ni de lui expliquer son intérêt ; le premier était contagieux et le géologue Charles Pomerol s'était chargé de la préparer à la compréhension du deuxième – pratique de la stratigraphie, de la sédimentologie, de la tectonique et de tout ce qui relève du contenant des fossiles. Une chose cependant avait changé depuis Arambourg, c'était l'échelle des recherches. Pour mieux circonscrire un sujet, on avait agrandi les équipes et, consécutivement, multiplié les spécialistes. Aussi Brigitte reçut, elle, pour sujet de mémoire l'étude, bien sûr, comparée, de l'humérus des hominidés. Ce genre de travail n'était pas encore bien compris et la malheureuse jeune doctorante entendit plus d'un sarcasme de ses aînés, l'appelant « la dame d'un os ». Cela dit, l'acquisition « aiguë » de cette connaissance lui fit prendre, par exemple, conscience, parmi beaucoup d'autres découvertes, de l'extraordinaire modernité de l'humérus de Kanapoi (4 millions d'années), quinze ans avant que ne soit créée, pour cette raison et quelques autres, l'espèce nouvelle *Australopithecus anamensis*, et découvrir avec une autre jeune doctorante, la double locomotion, bipède et arboricole, d'*Australopithecus afarensis*, cinq ans avant des collègues (seniors) américains et plus de vingt-cinq ans avant que la mise au jour de Selam, petite « *afarensis* » de 4 ans ne confirme l'anatomie de la « grande » Lucy de 20 ans.

Et puis Brigitte a grandi. Elle a prolongé son humérus jusqu'à l'articulation du coude et de l'épaule et des radius, ulna et autre scapula pour sa thèse d'État et découvert – et ce n'est pas la moindre « trouvaille » – pour compagnon, un paléontologue, homme d'expérience et de terrain, à l'œil de « trouveur » déjà réputé, anglophone et swahiliphone.

Et voilà, tout est dit. Bosseuse et courageuse, éprise de paléontologie, de terrain et de Martin (je ne suis pas habilité à choisir l'ordre des facteurs), Brigitte s'envola et fit des merveilles. Il suffit au lecteur de se laisser emmener par l'auteur au fil de ses expéditions, à travers l'Ouganda si capricieux, la Namibie somptueuse, ou le Kenya perché, dans les escarpements du Rift occidental, les dunes fossilisées du Rooilepel ou les marécages brûlants du lac Bogoria, et il sera tout aussi séduit par l'aventure scientifique, l'aventure humaine et l'aventure tout court. Brigitte Senut parvient en effet à décrire tout à la fois la beauté du pays, ses dimensions et ses couleurs, la dignité des habitants, leur fierté et leur grandeur d'âme, l'éclat de la recherche, sa problématique et ses résultats, la chaleur de chacune des équipes, actives et soudées, la précarité de certaines situations, ses fusillades et ses planques – et qui a pratiqué ce genre de terrain mesure toute la subtilité de ce mélange où tout est présent, sans l'être lourdement.

Je n'aborde pas la longue liste des avancées dont a bénéficié notre science, à la suite de ces années de travaux géologiques, de prospection, de récoltes et d'études collectives. Certaines qui ont pour nom *Otavipithecus namibiensis* ou *Orrorin tugenensis* sont déjà en lettres d'or (ou de diamant !) sur les frontons de la paléoprimatologie et de la paléoanthropologie. Mais elles ne doivent pas cacher pour autant l'importance de la révision des grands primates miocènes est-africains, l'établissement de la succession aux confins de l'Ouganda et du Zaïre de la succession des environnements avec, à terme, la surrection des monts de la Lune et la formation des lacs Albert et Édouard, la construction originale de la biochronologie du néogène du Sud-Ouest africain à partir d'œufs multiples et diversifiés de ratites et de la morphologie de leurs pores, les implications environnementales et mécaniques de la découverte d'une bipédie ancienne en milieu fermé, etc.

Bravo Brigitte pour votre travail et l'exemple que vous donnez et merci d'avoir pris le temps de décrire la vie de chercheur, sur le terrain et en laboratoire ; merci de nous avoir fait partager les épreuves, les échecs, les extraordinaires succès au bout d'extraordinaires ténacités, merci d'avoir su laisser apparaître les déceptions et d'avoir su tout autant laisser exploser les enthousiasmes.

Je suis fier de vous avoir eue, en son temps, pour élève et vous remercie de m'avoir conservé votre fidélité.

Boucher de Perthes

Au travers du portrait coloré d'un homme et de son itinéraire tourmenté, ce livre est tout à la fois un livre d'histoire politique, économique, sociale et littéraire d'une époque, un livre d'histoire des sciences, de l'esprit scientifique, des scientifiques eux-mêmes, de leur communauté et de leurs institutions : un livre de philosophie, de psychologie, d'« éthologie » et d'histoire des religions et, ne l'oublions pas, un grand livre de préhistoire. Saluons, sans attendre, l'initiative de Claudine Cohen et de Jean-Jacques Hublin d'avoir eu l'idée de consacrer un ouvrage à cette épopée de la mise au monde d'une discipline, née autant de l'invention que de la raison, de la fantaisie que du bon sens.

En dehors de la charge que doit constituer la lecture de 30 000 pages, c'est en effet un avantage incontestable que de se trouver en présence d'un auteur qui prend soin, avant de fonder la science qui fait l'objet de l'étude qu'on réalise, de décrire lui-même dans le détail et pendant trente-cinq ans toutes les facettes de son temps. Près de soixante-dix volumes de traités, romans, récits, discours, pièces, glossaires, contes, satires, poèmes, proverbes et chansonnettes racontent, de manière élégante et vive, deux républiques, deux empires, quelques monarchies, l'esprit de progrès social qui se développe dans cette première moitié du XIXe siècle industriel, héritier de la Révolution et celui d'imagination romantique qui s'épanouit sous l'influence puissante d'une archéologie celtomaniaque. Le cadre qui va présider à l'éclosion de l'idée de la très grande ancienneté de l'homme était dessiné !

Ce n'est qu'après cette longue période d'étonnante créativité, sans brides, que va apparaître chez Jacques Boucher de Perthes un « certain » esprit de rigueur. À 53 ans, il se dit lui-même en science au point où en est l'âne en musique ; mais il ne faut cependant pas oublier qu'il est le fils du botaniste Jules-Armand Guillaume Boucher de Crèvecœur, correspondant de l'Institut et fondateur de la Société d'émulation d'Abbeville, ami de Lamarck, de Brongniart, de Bichat et intime de Cuvier. Le développement de la géologie stratigraphique et de l'idée consécutive de l'immense antiquité de la Terre, le débat des paléontologistes sur la discontinuité ou l'enchaînement des êtres vivants qui l'ont peuplée, n'avaient pu lui échapper. L'atmosphère d'érudition, de curiosité et de réflexion qui régnait en outre à l'époque et qu'avaient su saisir, retenir et développer en leur sein les toutes nouvelles sociétés savantes qui en étaient d'ailleurs issues, baignait sa vie quotidienne. Assidu de celle d'Abbeville qu'il présidera dès 1830, il y sera en permanence informé de chacune des découvertes nouvelles, de l'évolution des idées qu'elle suscitait, de la progression inexorable de la connaissance qu'elle entraînait. L'esprit scientifique s'était donc creusé peu à peu et non sans peine un petit bout de chemin au cœur de cette pensée jusqu'alors parfaitement échevelée, lorsque mâchoire d'éléphant et biface sortirent côte à côte du sable argileux de la vieille terrasse de Menchecourt-les-Abbeville. C'était en 1842. L'idée de l'homme d'avant le Déluge n'allait plus quitter Boucher de Perthes ; la préhistoire, en gestation depuis des années, venait véritablement de naître.

Quinze années d'extraordinaire agitation, de mouvements nombreux entre Londres, Abbeville et Paris, de mises sur pied de commissions académiques et internationales, vont suivre avec leur ration de scepticisme et d'hostilité, de conviction et d'enthousiasme, de rebondissements et de déceptions. En dehors de l'histoire de la communauté des géologues, des biologistes et des archéologues de l'époque, on y verra l'illustration de la manière intemporelle dont procède et progresse avec précision et prudence le raisonnement scientifique, examen du terrain, collecte des données, déductions et hypothèses, mais on y verra aussi les difficultés auxquelles l'auteur doit sans cesse faire face, encombrement des idées reçues, résistance à leur remise en cause, et parfois, tout simplement, amour-propre, parti pris et mauvaise foi des partenaires. Et on y verra bien sûr Jacques Boucher de Perthes apporter d'excellentes observations naturalistes ; il apprend vite à lire les coupes géologiques, fait de pertinentes remarques technologiques (il comprend et récolte les éclats), d'intelligentes réflexions méthodologiques (il préconise successivement l'étude de la position stratigraphique de tout objet préhistorique puis celle de sa typologie et celle de sa fabrication), mais il y mêle inévitablement pierres-figures, écritures imaginaires et interprétations romanesques.

Et ce n'en est pas moins de cette confusion que va se dégager, grâce certes à la clairvoyance de nombreux précurseurs et à la pertinence de bien des esprits contemporains et parfois compatriotes de Jacques Boucher de Perthes, mais grâce aussi et de manière indiscutable, à la ténacité exemplaire de ce dernier face à l'adversité qu'il a dû des années affronter, la science de nos origines. L'histoire de l'homme va y gagner d'un coup une dimension qu'elle n'avait pas vraiment, celle du temps géologique ; cette découverte va avoir, pour probablement des siècles car elle n'est pas terminée, la répercussion considérable que l'on sait sur l'évolution de la pensée.

Malgré sa misérable et vaine course à l'Institution qui avait su et sait encore s'établir la réputation de réunir les meilleurs, malgré sa manière peu glorieuse d'omettre de mentionner précurseurs ou collaborateurs dans la plupart de ses écrits ou de les en faire disparaître ou celle, pas plus élégante, d'antidater certaines de ses idées pour leur donner valeur de priorité, je rendrai un hommage non seulement sincère mais éclatant à la mémoire de Jacques Boucher de Crèvecœur de Perthes, pour avoir su fonder la préhistoire de l'homme.

Zacharie Le Rouzic

Qui est Zacharie Le Rouzic ? Pour la communauté des préhistoriens, c'est un pionnier de l'archéologie bretonne dont le nom est indissociablement lié à l'étude des fameux dolmens et menhirs que l'Armorique a bâtis avec tant de générosité et c'est encore un enfant du pays des mégalithes, formé sur le tas par un archéologue écossais, James Miln, tant et si bien que les collections recueillies par le maître, puis par le maître et l'élève, et enfin par l'élève tout seul, sont désormais conservées dans un musée, le musée de Carnac, qui porte les deux noms. Pour moi, préhistorien et un peu carnacois (ma grand-mère maternelle s'appelait Le Rouzic !), Zacharie Le Rouzic est tout cela mais c'est aussi un personnage hors du commun qui a marqué la région, outre par son incontestable passion pour la préhistoire, par son grand attachement à la Bretagne et à ses traditions et par sa laïcité déclarée et militante. L'entreprise de son arrière-petite-fille de vouloir éclairer la puissante personnalité de son aïeul m'a paru par suite très intéressante et d'autant plus utile que la silhouette de Zacharie Le Rouzic demeurait un peu floue dans sa diversité. Le travail de Gwenaëlle Wilhelm-Bailloud, extrêmement documenté et joliment conduit, apporte ainsi toute la netteté qui manquait à ce portrait dont nous ne nous priverons pas du plaisir de passer en revue quelques-unes des multiples facettes.

Zacharie Le Rouzic était un homme curieux, avide de connaître et rigoureux sans concessions ; ce préalable est essentiel car il pose l'esprit scientifique de l'auteur et donne à son œuvre d'archéologue toute la fiabilité que l'on en attend.

Les « autorités » de la Société polymathique du Morbihan, voisine puisque vannetaise, et surtout celles, officielles, des commissions parisiennes des monuments historiques ont d'ailleurs très tôt reconnu la qualité de son travail et l'ont prouvé en le soutenant. Quand un archéologue d'aujourd'hui lit, par exemple, les comptes rendus de fouilles de cet immense tumulus Saint-Michel de Carnac, il est frappé par les efforts de stratégie de « démontage » de ce monument pris par Zacharie Le Rouzic et par la précision de son enregistrement des étapes, de la description des structures et des objets rencontrés, repérés, récoltés, emballés et datés.

C'est avec la même honnêteté qu'il s'efforce de restaurer un certain nombre de monuments en prenant soin de noter ce qu'il fait sur les plans qu'il dessine lui-même mais aussi directement et discrètement sur la pierre par un point rouge de brique pilée. Son action pour la conservation de ces monuments et pour leur classement, quand cette procédure était possible, est d'ailleurs considérable. Si la région de Carnac est aujourd'hui si riche en monuments, c'est évidemment grâce à son « combat » pour leur protection. Ce même état d'esprit a présidé à la conservation des objets recueillis, collections soigneusement réunies, classées et offertes à la commune de Carnac.

Mais Zacharie Le Rouzic est aussi fier de son pays ; il en portera souvent le costume et s'efforcera d'en recueillir la littérature orale, évidemment en breton, de la traduire, de la transcrire et de la faire connaître ; il fera de même collection de tous les objets traditionnels possible, faisant œuvre d'ethnographe. Le joli musée d'arts et traditions populaires que l'auteur de ce livre vient d'ouvrir à Carnac en est un peu le reflet. Cet amour de son pays fera rester Zacharie Le Rouzic profondément carnacois, tellement attaché à son terroir que le moindre éloignement le fera souffrir ; je crois y reconnaître l'arrachement de ma mère quand elle a dû quitter la Bretagne pour suivre mon père dans l'Oise d'abord, en Lorraine ensuite !

Zacharie Le Rouzic est encore un homme de conviction et comme il est homme d'action, il ne se contentera pas de le faire savoir ; il s'engagera. Le contexte politique du tournant du XIXe-XXe siècle, la séparation de l'Église et de l'État créent évidemment un contexte pour le moins particulier. Républicain convaincu, sans être contre la religion catholique dans laquelle il a été élevé, Zacharie Le Rouzic sera à l'origine de la création de la première école laïque à Carnac (l'école du diable !), de sa cantine et de son patronage, mais il sera aussi membre du bureau de bienfaisance, chargé de recevoir et de vendre les biens du clergé ; cet anticléricalisme, qui encore une fois n'était pas de l'athéisme, va diviser et divise encore d'une certaine façon la Bretagne. Comment, voudriez-vous, par exemple, que ma gentille grand-mère n'ait pas été « réservée » devant la personnalité d'un compatriote qui s'était fait construire une tombe en forme de tumulus avec une sorte de bétyle gaulois en guise de croix ! Zacharie Le Rouzic était en fait très humaniste, mais dans l'atmosphère de l'époque, un tantinet provocateur ; Jésus de Bethléem est des nôtres, disait-il, tout en affichant son adhésion à la théorie de l'évolution, considérée alors comme antireligieuse par excellence, et tout en chantant *L'Internationale* !

Sa proximité des gens, il va la montrer en tout premier lieu dans sa propre famille. Émotionnellement très attaché à ses parents, puis à sa femme et à ses deux filles, il le sera aussi à ses gendres, à ses petits-enfants, à ses amis, à ses compagnons. Toute sa vie le prouvera, sans défaillances, sauf trahison de sa confiance. Et il est amusant de trouver à plusieurs reprises sous sa plume l'aveu de larmes devant l'enthousiasme de certains, de pleurs de rage à la séparation de certains autres, de pleurs de joie aux retrouvailles d'autres encore.

Enfin, et c'est une façon de parler car il y aurait tant de choses encore à dire, Zacharie Le Rouzic est un homme courageux, volontaire, déterminé. La manière dont à 53 ans, il s'engage dans la Grande Guerre, non pas seulement pour aider mais pour combattre et dont on le retrouve effectivement au front comme canonnier, en Lorraine, en Champagne, dans les Vosges, en Belgique, est impressionnante ; il avait rencontré tout au long de sa procédure d'enrôlement beaucoup de résistance de personnes « raisonnables » qui étaient déjà admiratives de le voir volontaire pour servir alors qu'il n'y était pas obligé, mais qui ne comprenaient pas sa détermination à exiger de partir en première ligne. C'est son entêtement, ce que dans ce pays on appelle « tête de Breton », qui a prévalu. Il a obtenu, au risque de sa vie, ce qu'il voulait, dans l'esprit du moment, d'une revanche de la défaite de 1870 et d'un patriotisme que l'on a oubliés.

Voilà quelques aspects de ce personnage, intelligent et travailleur, érudit et savant, sensible et déterminé, ambitieux pour sa famille, ses travaux, ses engagements et modeste pour lui-même, évidemment tellement attachant que l'on aurait beaucoup aimé le connaître.

Mais je ne saurais conclure sans parler de sa descendance forcément imprégnée de sa personnalité ; un de ses gendres d'abord, Maurice Jacq, époux de sa deuxième fille, Joséphine : sous-officier d'artillerie, Maurice Jacq prendra la suite de son beau-père comme gardien du musée et puis comme conservateur. C'était un monsieur charmant à qui j'allais souvent rendre visite dans son musée chaque été et qui m'a appris, vitrine après vitrine, moulage après moulage, toute la préhistoire bretonne, toute la puissance de sa civilisation néolithique, bâtisseur de la première architecture monumentale du monde. Mauricette Jacq, ensuite, fille de Maurice Jacq et conservateur après lui, avec la formation universitaire requise. Mauricette Jacq (dite Mimi) était aussi discrète que son père, aussi modeste que son grand-père, alors qu'elle s'est battue toute sa vie pour sauver les collections de préhistoire en les installant de manière plus pérenne dans un bâtiment autonome. Elle est hélas décédée avant de voir couronnée son action, puisque le musée de Carnac, la plus riche collection d'objets de cette époque dite des mégalithes (7 000 à 4 000 ans avant aujourd'hui), est désormais joliment conservée dans l'ancien presbytère, belle maison de maître au cœur de la ville. Il serait sans doute un jour élégant de rendre justice à Mauricette Jacq-Le Rouzic, en donnant par exemple son nom à une salle ou à une section du musée. Je n'oublierai pas un grand collègue et ami, préhistorien, Gérard Bailloud, compagnon de Mimi, travailleur infatigable qui a beaucoup fait pour mettre en ordre les archives de Zacharie Le Rouzic avec Gwenaëlle qu'il avait adoptée. Quant à Gwenaëlle elle-même, arrière-petite-fille de Zacharie Le Rouzic, petite-fille de Maurice Jacq, fille de Mauricette, elle prouve assez en signant ce livre, son intérêt pour la mémoire de son ascendance et pour la pérennité de l'œuvre de science et de conservation de trois générations, quatre avec la sienne de Le Rouzic et Le Rouzic par alliance.

Roger Grosjean

Ce fut une bien agréable surprise de recevoir de Suisse un jour de 2009, la « commande » d'un avant-propos pour un projet de biographie de Roger Grosjean, préhistorien, spécialiste du néolithique et de l'âge de bronze des pays de la Méditerranée, et cette commande émanait de son propre fils. Roger Grosjean était en effet à la fois un collègue et un ami. Or il se trouvait que, fréquentant la Corse de manière plus assidue depuis quelques années, je trouvais moi aussi que la grande figure de ce pionnier de l'histoire ancienne de cette bien belle île n'avait pas été assez reconnue et célébrée.

Je ne sais plus bien ni quand ni où j'ai rencontré Roger Grosjean pour la première fois. Je pense que c'est dans une de ces réunions de la Société préhistorique française dont nous faisions tous les deux partie. Et comme Roger Grosjean était alors en train d'aménager une maison de campagne sur les bords du golfe du Morbihan, d'où je suis originaire, il n'est pas impossible qu'au-delà de notre intérêt partagé pour la préhistoire en général et les monuments mégalithiques en particulier, la fréquentation des mêmes rives nous ait rapprochés. Toujours est-il que Roger Grosjean et moi-même sommes devenus amis et même très amis.

C'était toujours avec un immense plaisir que nous nous retrouvions à Baden ou à Paris ; nous parlions grosses pierres et propagations, en tache d'huile, des genres de vie néolithiques, du Proche-Orient vers l'ouest ; j'avais eu la chance dans les années 1950 de participer moi-même aux fouilles des plus anciennes sépultures mégalithiques de Bretagne – Carn et Barnenez – et Roger Grosjean, de son côté, avait réalisé les premières recherches professionnelles sur les mégalithes de Corse, sans doute aussi anciens, mais évoluant vers des formes sculptées beaucoup plus élaborées – les statues-menhirs.

Non content de me parler de la Corse qu'il adorait et qui était vraiment devenue son pays d'adoption, il m'entretenait souvent des autres îles de la Méditerranée et avait fait sienne la grande culture néolithique, celle de la première sédentarité, celle des défricheurs, des agriculteurs, des éleveurs, des inventeurs de l'économie de production, dont il poursuivait, lui, Roger Grosjean, d'île en île, la progression conquérante. Il avait d'ailleurs tout un programme (CNRS) de missions sur ces terres qui me paraissaient d'autant plus idylliques que je travaillais moi-même alors, dans les déserts, certes tout aussi somptueux, mais tout de même plus rudes (disons plus chauds et plus secs) du sud du Sahara – au Tchad.

Roger Grosjean ne parlait pas de sa vie antérieure, vie d'audace et d'aventure que son fils décrit fort bien dans les pages qui suivent, mais, quand on en avait un peu entendu parler, on était d'autant plus frappé par l'importance qu'avait prise dans sa vie nouvelle de chercheur le confort, confort physique et confort intellectuel. Je l'entends encore m'expliquer pour éviter les gestes inutiles, consommateurs d'énergie, les détails de l'installation de son bureau, dans son appartement parisien. Je me rappelle qu'on y était d'ailleurs accueilli par une de ces superbes grandes statues minoennes, aux traits esquissés, gardienne, élégante et hiératique, du seuil de la maison du préhistorien. Il faut dire que Jackie, sa femme, excellait dans les aménagements intérieurs et avait certainement joué un grand rôle dans la recherche esthétique et pratique de l'aménagement qui en était résulté.

Toute la Corse se souvient de Roger Grosjean. Je n'en ai pas été surpris mais rassuré. Je dois dire que j'ai même été, à plus d'une reprise, très fier de pouvoir me vanter d'avoir été son ami. La Corse et les Corses lui reconnaissent son engagement pour la préhistoire de l'île, bien évidemment ses résultats, mais aussi la façon qu'il a eue de faire connaître et reconnaître cette préhistoire, sa spécificité et son extrême intérêt.

Je salue donc Roger Grosjean le chercheur, méthodique et persévérant, curieux et inventif ; je salue l'ami, généreux, chaleureux et fidèle ; je salue sa mémoire que je me réjouis de voir ainsi honorée en bonne et due place et je remercie bien sûr son fils d'avoir pensé à m'associer à l'hommage qui lui est ici rendu.

André Leroi-Gourhan[1]

« Chercher à poser les bornes lointaines de l'humanité dans le temps et dans l'espace, chercher à voir l'homme dans sa totalité », avait écrit André Leroi-Gourhan quelque part. Il ne pouvait y avoir meilleure définition de sa quête d'homme de science.

1. Voir aussi Yves Coppens, « Les cent facettes d'André Leroi-Gourhan » et « André Leroi-Gourhan », *Pré-ambules*, Odile Jacob, 1988, p. 83-90.

Il avait étudié le russe aux Langues'O. Puis le chinois en suivant l'enseignement de Pelliot, qui de 1930 à 1939 le poussa vers l'Asie orientale. Une « escapade philosophique », concrétisée par une thèse de lettres sur « L'archéologie du Pacifique Nord », marquera ses démarches futures et son style comme il apparaît dans *Le Geste et la Parole*, vaste ouvrage en deux parties *Technique et langage* et *La Mémoire et les Rythmes*.

Sous-directeur du musée de l'Homme, professeur au Collège de France à la chaire de préhistoire qu'avait occupée l'abbé Breuil, membre de l'Institut, il fut aussi homme de chantiers dont les noms deviendront célèbres : Arcy-sur-Cure, Pincevent, Mesnil-sur-Oger. La méthode topographique des fouilles qu'il y conduisit et l'analyse des matériaux mis au jour feront de lui un des plus grands explorateurs du temps qui ramenait de ses voyages bien davantage que des silex taillés et des fragments d'ossements : la première ébauche de la vie quotidienne de nos ancêtres avant l'histoire.

Ses recherches sur la paléontologie des symboles l'avaient par ailleurs amené tout naturellement à répertorier les milliers de peintures et gravures de 70 grottes de l'Atlantique à l'Oural, mais il lui manqua quelques années de vie pour prolonger sa réflexion.

Je ne saurais mieux conclure pour évoquer les extraordinaires qualités d'esprit d'André Leroi-Gourhan, que, me semble-t-il, de citer cette réponse qu'il fit à Claude-Henri Rocquet qui l'interrogeait sur la première idée du premier homme : « Oh ! dit-il, j'aimerais penser que sa première invention, sa première condition de survie, ce fut l'humour. S'il n'en avait pas eu, c'eût été la misérable créature que l'on imagine trop facilement. »

Jacques Briard et Jean L'Helgouac'h

C'est Jacques Briard que j'ai connu le premier. Nous étions ensemble à la faculté des sciences de Rennes, place Pasteur, inscrits au SPCN. Jacques rentrait à Vitré par le train de 19 heures tous les soirs et tous les soirs il courait pour l'avoir. Entre le dernier cours et le train, nous jouions au ping-pong parfois, mais travaillions surtout bien souvent – le SPCN n'était pas difficile mais son programme était très chargé. J'habitais alors rue des Ormeaux, non loin de la gare, et les séances d'études ou de révisions se tenaient souvent dans cette petite maison louée et paraît-il hantée – m'ont déclaré les propriétaires évidemment plus tard.

Ma passion pour la préhistoire était ancienne ; elle remontait à mes années de collège et de lycée ; aussi, dès mon arrivée à Rennes, je m'inscrivis aux enseignements d'anthropologie et de préhistoire que donnait Pierre-Roland Giot à l'Institut de géologie de la rue du Thabor et à ceux d'histoire de Rome et de la Gaule romaine que Pierre Merlat délivrait à la faculté des lettres, place Hoche, ainsi qu'aux chantiers de fouilles que l'un et l'autre conduisaient, durant les vacances universitaires, aux titres des directions des circonscriptions des Antiquités préhistoriques et historiques qu'ils assuraient respectivement.

Je n'eus guère de peine à convaincre Jacques Briard, vite conquis par l'enthousiasme de mes propos sur ces disciplines, sur la manière stimulante de les pratiquer sur le terrain et en laboratoire et sur l'importance de ce qui se dégageait de leur exploitation, de m'accompagner aux cours de Pierre-Roland Giot.

Dans son discours de prise de présidence de la Société préhistorique française en 1973, Jacques Briard a d'ailleurs raconté comment il avait contracté, à mon contact et puis à celui de Pierre-Roland Giot, cette passion qui ne l'a plus quitté.

Jean L'Helgouac'h vint un peu plus tard. C'est Pierre-Roland Giot qui l'amena un jour à son cours ; c'est donc d'abord là que nous sympathisâmes tous les trois, avant de retrouver, Jacques Briard et moi, Jean L'Helgouac'h à la faculté. Jean L'Helgouac'h et moi-même avons d'ailleurs été par la suite binômes de travaux pratiques de physiologie végétale durant nos deux années obligatoires de botanique générale.

Mais notre amitié se cimenta naturellement encore davantage sur le terrain ; les étés – et parfois Pâques et la Toussaint – qui ont ponctué nos certificats de SPCN, zoologie, botanique et géologie, ont en effet été employés à fouiller ensemble ; les noms de Saint-Just, La Croix-Saint-Pierre, Carn, Barnenez, sonnent à nos oreilles comme des noms de campagnes aux oreilles d'anciens combattants, mais ils sonnent aussi comme de merveilleux souvenirs d'exaltation et d'amitié, dans des sites chaque fois superbes.

Et puis j'ai quitté la Bretagne, Bretagne à laquelle mes deux amis et complices restaient fidèles et fidèles avec éclat ; l'ordre de l'Hermine vient d'ailleurs à juste titre de leur être attribué. Tous deux chercheurs au Centre national de la recherche scientifique, ils se sont habilement partagé le temps ; Jean L'Helgouac'h, à Nantes, s'est plus volontiers intéressé au néolithique, Jacques Briard, à Rennes, plus volontiers à l'âge du bronze, mais tous deux ont continué à s'occuper de l'ensemble de la péninsule armoricaine, même si Jean L'Helgouac'h l'a un petit peu prolongée le long du Val de Loire.

On peut dire que Pierre-Roland Giot, fort de cette collaboration exceptionnelle a, en vingt ans, renouvelé toute la préhistoire de la Bretagne, l'enrichissant de mille données nouvelles grâce à un programme soutenu de campagnes de fouilles, grâce aux études systématiques et statistiques des objets recueillis lors de ces fouilles et de ceux accumulés depuis deux siècles dans divers musées, collections et laboratoires, grâce aux applications à leur endroit de méthodes et techniques nouvelles de datation et d'analyse ; tous les trois, et quelques autres de plus jeunes générations, donnèrent à cette préhistoire ses vraies lettres de noblesse, en la rattachant à la compréhension de la préhistoire d'au moins toute l'Europe atlantique et, au-delà, de l'Europe dans sa totalité et du Proche-Orient réunis, faisant de la Bretagne (élargie) une région modèle pour l'étude « moderne » des dix derniers milliers d'années.

Et puis les compagnons du maître sont devenus seniors, spécialistes à part entière, connus, reconnus, écoutés, sollicités, honorés. Il suffira de lire cet ouvrage-hommage pour comprendre, par le nombre et la qualité de ses auteurs et la diversité des thèmes abordés, la dimension de l'estime que leurs lectures suscitent. Jean L'Helgouac'h, directeur de la circonscription des Antiquités préhistoriques des Pays de Loire, a créé le laboratoire de préhistoire armoricaine de l'université de Nantes où il enseignait, ainsi qu'une association dite d'études préhistoriques et historiques des Pays de Loire. Jacques Briard, responsable d'une équipe de recherches puis d'une unité propre de recherches du CNRS, a reçu de son côté, la succession de la direction du laboratoire d'anthropologie préhistorique de l'université Rennes-I où il enseignait lui aussi. Et, pendant ce temps, l'un et l'autre publiaient beaucoup, vraiment beaucoup, pour la communauté scientifique bien sûr, mais aussi pour les publics que l'histoire ancienne, la protohistoire, la préhistoire et les dolmens, les menhirs, la découverte des métaux et de leurs alliages, l'avènement de l'économie de production, celle de l'agriculture, celle de la domestication et celle de la sédentarité, fascine. Tous deux ont aussi formé des élèves, fondé des écoles, bâti des structures et laissent derrière eux de solides outils pour continuer le chemin.

Rappelons encore une autre dimension particulière, mais tellement importante, de ces deux personnalités. Jean L'Helgouac'h, premier prix d'alto du conservatoire de Rennes, a eu en effet le privilège d'accompagner partout travaux et découvertes d'improvisations, pour alto naturellement mais aussi pour bombarde – je me souviens de la découverte des très vieilles coupoles mégalithiques de l'île Carn et de Barnenez ; je suis entré le premier dans celle de l'île Carn parce que j'étais le plus « mince » ; et ce sont Jean L'Helgouac'h et sa bombarde qui ont suivi et Jacques Briard, mais cette fois avec la plume ; j'en profite pour emprunter à Jacques, poète à ses heures, les quelques jolies lignes qu'il écrivit sur « Barnenez, le tombeau sur la mer » :

Immuable et figé dans son éternité
Le grand vaisseau de pierres étend sur la colline
L'agencement savant de ses cairns emboîtés
Aux tholos éventrés d'une main assassine.
Il y a de cela plus de sept millénaires
Ancrés sur l'estuaire à sa rive tribord
Les premiers paysans quittèrent leurs prairies
Pour lever vers le ciel leur montagne des morts...

Merci à Charles Tanguy Le Roux et à la *Revue archéologique de l'Ouest*, de m'avoir offert l'honneur de saluer les mérites de deux collègues éminents ; ce fut un immense plaisir de rendre hommage à leur carrière, seulement arrêtée administrativement, à leur travail, à leurs résultats, à leur œuvre ; et puis, tout de même, c'est, presque un demi-siècle plus tard, un hymne à l'amitié.

Jacques Ruffié

Dans la somptueuse bibliothèque de l'Institut de paléontologie humaine, qui sentait bon le cuir des reliures neuves et la cire fraîche des étagères, un beau jour des années 1960, en 1961 je crois, la petite communauté, très parisienne des anthropologues célébrait le soixante-dixième anniversaire d'un de ses grands maîtres, Henri-Victor Vallois.

J'étais là : bien petit, mais du sérail, frais émoulu de l'école Piveteau où j'avais appris, dans la lignée des Cuvier, Gaudry,

Boule, Teilhard, qu'en dehors de la paléontologie, la morphologie, l'ostéologie, l'anatomie comparée, il n'y avait point de salut.

Or, parmi les orateurs, apparut, cet après-midi-là, un curieux collègue, jeune, vif, qui ne parlait pas pointu, se prétendait élève de Vallois, élève turbulent ajoutait-il, et racontait des histoires de phénotypes sérologiques, d'immunogénétique, de facteurs C, D, E, Gm, Gm(ax) même... Mon voisin, questionné, me dit qu'il venait de Toulouse.

Nous, du Temple, attirés par un mélange de curiosité et de méfiance, l'avions trouvé intéressant mais un peu dérangeant.

Dans l'amphithéâtre, discret et romantique, de l'Institut de paléontologie du Muséum, couvert d'étonnantes scènes de la vie préhistorique, si agréables à détailler lorsque les cours sont... « difficiles », se tenait, au printemps 1966, un de ces colloques internationaux du CNRS que Jean-Pierre Lehman, le directeur, mon directeur, avait pris l'habitude de réunir tous les trois ou quatre ans.

J'étais là, chez moi, donc ; j'avais un peu grandi et je faisais partie des orateurs. Jacques Ruffié aussi, avec le même ton, enjoué, rond, provocateur, que quelques années auparavant à l'Institut de paléontologie humaine. Il avait osé, en plein Jardin des Plantes, entre ces murs qui, après tout, le recevaient et se souvenaient encore de la découverte des premiers *Paleotherium* de Montmartre, proposer la création d'une paléontologie biochimique ! Nous, de la « Chapelle », l'avions cette fois jugé carrément outrecuidant... !

Et puis, en 1969, j'ai traversé la Seine pour rejoindre le musée de l'Homme et mon insertion plus avant dans les sciences humaines m'a fait élire au comité national du CNRS, dans la commission « Anthropologie-ethnologie-préhistoire », où je me suis retrouvé aux côtés de Jacques Ruffié et bientôt sous son autorité, puisque les 25 membres de ladite Commission l'avaient, à l'unanimité, porté à la présidence.

Et j'ai ainsi de mieux en mieux connu un scientifique étonnamment actif et créatif, un patron de laboratoire entreprenant et combatif, un président efficace et respecté, un homme chaleureux et de très agréable compagnie.

La méfiance, que j'avais éprouvée au premier jour à l'égard de cet aîné d'ailleurs, s'était commuée en amitié, mais la curiosité que j'avais également ressentie lors de la première rencontre n'avait, elle, pas pu se dissiper et je dois dire qu'elle est toujours la même aujourd'hui devant ce monsieur qui se permet d'enseigner à New York et au Collège de France, à Tokyo et à La Paz, de fonder des laboratoires au Népal et au Pérou, au Sahara et au Brésil, à Macao et en Bolivie et ma liste n'est sûrement pas complète. Et avec Jacques Ruffié, à Purpan, au Collège ou à Saint-Antoine, j'ai appris la vision populationnelle du monde vivant, monde vivant d'autant plus performant qu'il est polymorphe dans ses groupes et dans ses individus ; j'ai appris la réalité de l'incroyable flux génique qui fait que les 5 milliards d'hommes qui peuplent aujourd'hui la Terre, malgré l'amplitude de leur déploiement, sont tous des *Homo sapiens sapiens* ; j'ai appris que l'hématologie comparée pouvait précéder l'ostéologie dans ses démonstrations de reconstitution des peuplements : les peuplements de l'Amérique et du Japon, par exemple, par des Mongoloïdes empruntant les ponts que la retenue d'eau des glaciers du pléistocène avait fait émerger, le peuplement néolithique de l'Afrique par les porteurs hétérozygotes de l'hémoglobine S efficace contre la malaria, ou le peuplement des isolats, les îles du Cap-Vert ou le continent américain, au profil transformé en quelques siècles ou quelques millénaires par la dérive génétique ; et j'ai appris qu'à partir du segment non recombinant du chromosome Y, une paléontologie moléculaire était venue porter secours à la paléontologie tout court pour établir, au plus profond de l'Afrique noire, le berceau de l'homme moderne.

Et Jacques Ruffié est entré au Collège en 1972, y fondant la première chaire d'anthropologie physique de l'histoire de cet établissement. Il m'a alors beaucoup parlé de cette Grande Maison, de ses origines frondeuses, de son statut original, de son esprit libéral, en des termes tels que je n'ai pas su résister longtemps à son appel à peine déguisé. J'ai donc traversé une deuxième fois la Seine. Et je suis censé aujourd'hui m'exprimer au nom de cette belle institution.

Du haut des marches de la place Marcelin-Berthelot, entre Claude Bernard et Champollion, je salue donc Jacques Ruffié, le Collégien et je lui dis, pour son entrée à l'Académie des sciences, toute la fierté, toute l'admiration, toute la sympathie de ses pairs, les 51 descendants, presque cinq fois centenaires, des lecteurs qui, un beau jour de 1530, ont quitté la Sorbonne et se sont établis de l'autre côté de la rue Saint-Jacques, pour enseigner ce qu'ils pensaient connaître le mieux à quiconque voulait venir les entendre.

Et j'y ajoute, Jacques, à titre personnel, comme diraient de façon si poétique nos amis d'Afrique noire, à bout portant, mon amitié inoxydable.

Robert Gessain

J'ai rencontré pour la première fois Robert Gessain en 1969 ; il venait de prendre la direction du musée de l'Homme et m'avait appelé à ses côtés pour participer à la sous-direction de cette grande et belle maison. Henri Lehman, américaniste, Solange Thierry, spécialiste de l'Asie, Françoise Girard, océaniste, et moi-même, anthropologue, composâmes alors, avec le secrétaire d'administration, la garde rapprochée du directeur d'un établissement d'environ 250 personnes, sorte d'Institut des sciences de l'homme du Muséum national d'histoire naturelle.

J'ai donc connu Robert Gessain pendant dix-huit ans. Lorsque je fus pressenti pour cette nouvelle fonction, Robert Gessain me fut présenté à distance comme, en vrac, un homme de caractère – souligné par tout le monde –, un médecin, un psychanalyste, un anthropologue, un ethnologue, un eskimologue. Et Robert Gessain était en effet tout cela, grand, brillant, à la chevelure folle, au verbe haut, au rire sonore (volontairement), souvent moqueur, passionnant et passionné, séducteur et séduisant, sensible aussi ; il ne pouvait passer inaperçu ni laisser indifférent. Je dois dire que j'ai eu beaucoup de chance à m'être trouvé professionnellement, et par suite personnellement, proche de lui une bonne dizaine d'années, dix ans de travail, d'échanges multiples, de collaboration harmonieuse ou conflictuelle, ce qui allait de soi avec une pareille personnalité, dix années fortes, dont je garde un merveilleux souvenir. Robert Gessain aura d'ailleurs été le dernier vrai directeur du musée de l'Homme dans la grande lignée des Rivet, Vallois, Millot, tous ses successeurs – dont j'ai été – n'ayant eu que la direction scientifique d'un tiers de l'institution, même s'ils bénéficiaient en plus, de la coordination des services communs des trois laboratoires. Et c'est au cours des trois réunions hebdomadaires (et matinales) de direction qu'il avait instituées que m'apparurent, pour la première fois, grâce à sa passion pour le Grand Nord, de la manière la plus vivante et la plus chaleureuse qui soit, cette immense terre du Groenland, dont j'ignorais presque tout, en commençant, bien sûr, par ses habitants.

Robert Gessain était un passionné, on l'a dit, et un conteur ; ce fut donc un bonheur de l'écouter nous raconter par pans, quand l'occasion s'en présentait, la calotte glaciaire et la banquise, les phoques, les narvals, les capelans et les ombles chevaliers, les grandes maisons d'hiver et les tentes d'été, les traîneaux à chiens, les kayaks et les umiaks, l'anatomie des Eskimos aussi, leur physiologie, leur démographie, leurs pathologies, et les danses bien sûr, les jeux, les masques, les compétitions verbales, les réincarnations, les *anqakok*, les *tupilek* et que sais-je encore de ces gens attachants et du génie de leur culture. Il faut rappeler que non seulement Robert Gessain s'était rendu de multiples fois au Groenland, et plus spécialement dans ces villages de sa côte est où il avait hiverné, mais il faut surtout rappeler que c'est en 1934-1936 qu'il s'y était rendu les premières fois, jeune médecin de la petite équipe triée par le docteur Jean-Baptiste Charcot ; le docteur Jean-Baptiste Charcot est en fait surtout connu sous le nom de commandant Charcot, et ses explorations de l'Antarctique et de l'Arctique sur son trois-mâts, le *Pourquoi-Pas ?*, avaient pris l'allure de l'épopée qu'elles avaient été et ce, d'autant plus sans doute, qu'elles s'étaient terminées tristement par le naufrage du bateau et la disparition de son « pacha » et de son équipage, un beau jour de septembre 1936 sur les rochers du Faxafjord, à quelques encablures du rivage islandais.

En 1934, le *Pourquoi-Pas ?* avait embarqué avec Robert Gessain, Paul-Émile Victor, Michel Pérez et Fred Matter-Steveniers ; en 1936 avec Robert Gessain, Paul-Émile Victor, Michel Pérez et Eigil Knuth. Paul-Émile Victor était au Groenland, Robert Gessain et Michel Pérez sur le *Gertrud-Rask* qui les ramenait en Europe (au Danemark) lorsque le *Pourquoi-Pas ?* sombra.

On doit à Monique Gessain, directeur de recherche au CNRS, ethnologue, qui a accompagné Robert Gessain, son mari, au Groenland, l'excellente initiative d'éditer un ouvrage sur les Inuits d'Ammassalik et sur la grande aventure un peu oubliée de Robert Gessain et de ses camarades du *Pourquoi-Pas ?* au début des années 1930. Saluons donc, avec le respect et l'admiration qui conviennent, la mémoire de Robert Gessain, ce savant humaniste, pionnier méconnu de l'anthropologie et de l'ethnologie arctiques et, à travers lui, ces grandes civilisations du froid, établies contre vents et glaciers tout autour du grand pays vert depuis cinq bons millénaires.

Et remercions Monique Gessain et ses enfants de m'avoir confié ce texte sur leur mari et père ; je suis particulièrement heureux et fier d'avoir eu ainsi l'occasion de rendre hommage à l'un de mes grands patrons.

Jean-Jacques Petter et son équipe

Dans la tradition plus de trois fois centenaire de ses prédécesseurs du Museum national d'histoire naturelle, Jean-Jacques Petter a été un grand voyageur ; passionné par les primates, c'est vers Madagascar que, dès les années 1950, il avait dirigé ses pas et c'est une partie de cette aventure, celle extraordinaire de la rencontre des Aye-Ayes que l'on pensait éteints, qu'il nous raconte dans ce livre. Derrière la simplicité du texte, il convient de n'oublier aucune des longues étapes qui ont fait de cette difficile entreprise un succès : repérage de ces animaux (nocturnes), étude de leur niche écologique et de leur éthologie, capture, étude de leur anatomie et de ses extravagantes spécialisations, organisation de leur « conservation », ouverture de leur étude au monde entier, construction d'un nocturama au parc zoologique de Vincennes.

Dans le prolongement de cet exposé, une autre partie de l'ouvrage nous fait pénétrer au cœur de la vie professionnelle des éthologues et des conditions souvent peu confortables de son exercice ; cette partie très originale est forte d'une collection de récits confiés par Arlette Petter à cinq chercheurs parmi les meilleurs, Élisabeth Pagès-Feuillade, Catherine Julliot, Sabrina Krief, Roland Albignac, André Lucas et Claude-Marcel Hladik. Ces textes, tantôt carnets de terrain, tantôt interviews, sont d'extraordinaires morceaux de littérature scientifique, d'une grande spontanéité, dont il convient d'apprécier la valeur et la rareté ; de tels témoignages restent souvent dans les tiroirs des stations ou les archives des laboratoires. N'en oublions pas pour autant leur contenu, les primates, l'étonnante diversité de leurs personnalités spécifiques ou individuelles mais aussi leur intelligence des situations, leur capacité à s'y adapter, le génie de leurs réponses. Nous apprenons ainsi comment certains d'entre eux se soignent et sont source d'informations précieuses pour la fabrication de certaines de nos propres médications.

Il fallait, dans pareil ouvrage, ne pas manquer de saisir et de transmettre cette élégance de la nature. Les textes s'en sont certes occupés, mais ils ont été merveilleusement aidés dans cette tâche par l'illustration et tout particulièrement par les dessins originaux d'un grand artiste. François Desbordes a su en effet restituer, et avec quel talent, la noblesse des ports et la fulgurance des gestes.

Merci à tous d'avoir su construire ce superbe ouvrage. Merci à Arlette Petter d'avoir eu le courage de le reprendre à la mort de Jean-Jacques et l'ambition d'en faire le grand livre qu'il aurait aimé produire. Il faut souhaiter avec force qu'une meilleure connaissance des primates du monde entier permette à leurs descendants et cousins de sauver les forêts où ils vivent.

Je ne saurais poser la plume sans saluer moi-même, avec admiration, amitié et affection, la mémoire de Jean-Jacques Petter. Jean-Jacques était à la fois un grand scientifique et un ami charmant, toujours souriant, comme l'était d'ailleurs Arlette, à ses côtés. Je lui ai toujours connu, à Paris comme en Afrique, la même humeur heureuse et attentive à celle de ses amis et à sa recherche du moment. La direction du parc zoologique de Vincennes et la prestigieuse chaire (on dit désormais fonction) d'éthologie des animaux sauvages qui accompagnait cette direction lui avaient été offertes par le Muséum. Jean-Jacques Petter, par sa vie, sa personne, sa stature, a été ainsi l'un des grands professeurs que le Museum national d'histoire naturelle de Paris peut être fier d'avoir comptés dans son histoire. Je suis heureux de joindre aujourd'hui à l'hommage de sa femme et à celui de tous les amis qui ont cosigné cet ouvrage, mon propre hommage à la mémoire de son auteur.

Autoportrait[1]

Quand j'étais enfant, je rêvais d'exotisme. Je disais à ma mère : « Je serai "soldat nègre." » Je suppose que je voulais avoir un uniforme et que dans ma tête j'associais uniforme et couleur de peau. J'avais dû sans doute voir une photo de tirailleur sénégalais et cela m'avait impressionné ; inutile de préciser qu'il n'y avait aucune connotation désagréable dans ma terminologie, pas plus d'ailleurs que dans celle de mes parents dont j'avais appris ces mots...

J'étais très attiré par les voyages, l'outre-mer, les gens d'ailleurs, sans doute à cause d'un entourage de marins, et je n'ai jamais cessé de l'être. Dans la famille il y avait toujours quelqu'un qui arrivait d'un bout du monde ou d'un autre. D'ailleurs le grand nom de référence de la famille était celui du cousin Alphonse Rio, ministre de la Marine.

Mon père était professeur de physique-chimie au lycée de Vannes ; ma mère, pianiste, premier prix du conservatoire de Nantes. Néerlandais ou flamands d'origine, les Coppens sont, semble-t-il, arrivés en Bretagne au XVIIIe siècle. Au lycée Jules-Simon à Vannes, mes copains me disaient : « On t'aime bien mais on n'aime pas ton nom. » Un jour un aîné qui s'appelait Yves Le Diberder m'a pris à part : « Bon voilà on s'est cotisés et tu vas nous faire le plaisir d'avoir un nom breton comme tout le monde. On te propose de t'appeler Coppensec » ! Évidemment ça ne s'est jamais fait.

Très vite j'ai été attiré par l'imaginaire lié à l'histoire et à la préhistoire. À 10 ans, j'adorais me promener au petit matin dans les rues médiévales de Vannes, en laissant vagabonder mon imagination et remonter sans doute au temps des chevaliers. Les villes que j'aime bien en Bretagne – Quimper, Dinan – sont d'ailleurs tout aussi imprégnées de ce passé.

1. Interview, 2006.

L'été, quand on quittait Vannes pour rejoindre notre maison de La Trinité-sur-Mer, j'allais évidemment à la plage mais aussi beaucoup dans les landes voisines où il y avait de gros cailloux, menhirs et dolmens, partout. Cela a sûrement joué sur mon imagination. Je l'ai d'ailleurs beaucoup nourrie au musée de Carnac et à celui de la Société polymathique du Morbihan, le Château-Gaillard. Dans ce joli monument du XVe siècle, j'ai passé des heures merveilleuses. J'étais seul dans la bibliothèque, c'était un pur bonheur. J'entendais le rire des enfants dans la cour d'à côté, le bruit de la pluie et des pas sur le pavé. Il y avait un escalier à vis un peu humide et qui sentait le pipi de chat. C'est là que je me suis nourri des grands auteurs de l'archéologie locale : Cayot-Delandre, le chanoine Mahé, Zacharie Le Rouzic... et des grands traités classiques de l'archéologie, le « Déchelette »...

J'ai un souvenir un peu vague mais réel de ma première découverte de gamin, vers 11-12 ans. C'était dans la falaise d'une petite plage de La Trinité du nom de Ker Bihan. J'ai vu un os apparaître dans la terre indurée. J'ai gratté, un deuxième os est apparu, puis un troisième. D'os en os, un squelette de vache s'est dégagé. J'ai passé tout l'été à le reconstituer en finissant par le crâne, qui avait des cornes superbes ou du moins leurs étuis osseux. J'étais la risée de la plage. Mais peu importe ! je rapportais le squelette morceau par morceau à la maison où je le rangeais dans des boîtes que le marchand de chaussures de Vannes me mettait de côté. Ça faisait hurler gentiment ma grand-mère. C'est l'époque où je collectionnais en fait un peu tout. Des huîtres fossiles rapportées par mon père du front des Ardennes, un bout de coquille d'œuf d'æpyornis, un oiseau de Madagascar, des monnaies de Louis XV. Tout cela me faisait rêver, sans perturber mes études. Poussé par ma mère, j'étais bosseur et bon élève. J'ai accumulé les prix d'excellence pour finir par le prix des prix, le prix d'honneur. J'aimais les études. À l'université à Rennes, je faisais médecine – j'avais surtout envie d'apprendre à disséquer – en même temps que SPCN (sciences physiques, chimiques et naturelles). Et je suivais des cours d'histoire ancienne à la faculté des lettres.

Un jour, j'étais encore au lycée, un ami de mon grand-père qui s'appelait Joseph Bouix, m'a emmené sur le bord du golfe du Morbihan pour me montrer des poteries qu'il disait être romaines. Je me souviens du choc inouï que j'ai reçu de cette falaise bourrée de petits morceaux de vases. J'y suis revenu seul. J'ai passé des journées et des journées à tirer les morceaux les uns après les autres. Puis j'ai cherché le long des côtes du Morbihan des sites comparables et j'en ai trouvé des dizaines. Et j'ai découvert, grâce notamment à des décors très typés, que ces poteries étaient gauloises et non pas romaines. J'en étais fier. Ces pots que je reconstituais minutieusement étaient destinés à récupérer le sel de mer par évaporation. Je découvrais, avec émerveillement, cette industrie imaginée par les Gaulois. Cela m'a donné l'occasion de faire de nombreux articles dans la modeste *Revue de la Société polymathique du Morbihan* et puis plus tard dans les « Notices d'archéologie armoricaine » des *Annales de Bretagne*. Rechercher des vestiges sous terre, chez moi, c'est un peu obsessionnel. Quand j'avais fini les examens universitaires annuels, je prenais mon sac à dos et ma tente et je partais camper, seul, dans les îles du golfe du Morbihan. J'aimais la solitude. Je fouinais partout pour ramasser quelques tessons, quelques cailloux.

La Bretagne, je l'ai sondée et creusée partout où j'ai pu ; quand j'ai commencé à suivre à Rennes les cours des patrons régionaux de la préhistoire et des antiquités, Pierre-Roland Giot et Pierre Merlat, j'ai participé à leurs fouilles, un fort militaire romain de la presqu'île de Crozon par-ci, un tumulus néolithique du Nord-Finistère par-là. J'ai d'ailleurs fêté mes 20 ans sur le tumulus de l'île Carn, à Portsall, près de Ploudalmézeau. Personne n'était encore venu là. Avec quelques copains étudiants, on y avait fait un relevé topographique, puis ouvert un passage. Il se trouvait que j'étais le plus mince de l'équipe ! Alors on m'a dit « à toi l'honneur ». Ainsi, je suis entré en rampant dans une chambre funéraire d'à peu près 5 mètres de diamètre et 5 mètres de hauteur. Un véritable choc. Au-dessus de ma tête il y avait des pierres en encorbellement qui formaient une voûte. J'aurais pu les prendre sur le dos et ma carrière se serait arrêtée là ! Vraiment un grand moment pour moi et mes parents qui étaient venus fêter là mon anniversaire ! Cette découverte a d'ailleurs permis d'établir que la première architecture monumentale du monde était née en Bretagne. On croyait jusque-là qu'elle venait du Proche-Orient. En fait, ce sont les agriculteurs armoricains qui ont créé il y a presque 8 000 ans l'architecture mégalithique dite « atlantique », la plus ancienne. On a pu le vérifier par de nombreuses datations au carbone.

L'autre grande découverte bretonne, c'était Barnenez, à Plouézo'ch, près de Morlaix. L'histoire en est aussi extraordinaire. Un jour, un journaliste du *Télégramme de Brest* débarque tout énervé dans le laboratoire de Pierre-Roland Giot. « Venez vite, dit-il, un entrepreneur est en train de démolir un tumulus au bulldozer. » Giot a fait immédiatement intervenir la gendarmerie. Le bulldozer allait détruire un immense tumulus, le plus grand de tout l'Ouest : 72 mètres de long et contenant 11 dolmens parallèles. Par une sorte de chance, l'entrepreneur était entré dans le tumulus côté chambres funéraires. Aussi peut-on désormais les voir en coupe ! Pendant mes quatre années d'université à Rennes, j'ai ainsi eu la chance de participer aux grandes fouilles de Carn et de Barnenez, les plus vieux témoins de l'architecture monumentale du monde. Je dois dire que j'ai souvent eu cette chance d'être au bon endroit au bon moment.

J'ai fait depuis le tour du monde. J'ai travaillé vingt ans en Afrique noire, puis trente ans en Extrême-Orient, en Indonésie, aux Philippines, en Chine, en Mongolie, en Sibérie. Tout cela a mis la Bretagne à sa place, la bonne place, aussi importante, sinon plus, que lorsque j'étais jeune.

Le caractère de la Bretagne et de ses cailloux est le même. La culture bretonne, puissante, c'est une population, une langue, un esprit, des pierres, des couleurs. La Bretagne, je la vois en bleu et blanc plus qu'en *gwen ha du* (noir et blanc) de son drapeau. Je ne suis pas bretonnant mais ma grand-mère maternelle l'était et j'ai bien connu Pierre Jakez Hélias. Je lui avais même demandé une pièce de théâtre pour la faire jouer à la Huchette. Il m'avait dit : « J'en ai une qui peut faire l'affaire, mais il faut que je la traduise... en français. » Et il l'avait traduite. Mais finalement elle n'a pu être jouée, *La Cantatrice chauve* étant éternelle. J'ai eu aussi des rapports intéressants avec René-Yves Creston, très militant, qui dessinait les costumes de Bretagne et racontait leur histoire. J'ai été très impressionné durant mon adolescence par Chateaubriand. Mais, franchement, je ne pourrais plus relire le *Génie du christianisme* aujourd'hui, un peu sévère, un peu épais.

On dit que nul n'est prophète en son pays mais ce n'est pas mon cas ; je suis submergé de demandes de conférences... et j'ai trois collèges qui portent mon nom – l'un à Malestroit, l'autre à Lannion, le troisième à Grand-Champ – et un bâtiment de l'université de Bretagne-Sud, celui des sciences, évidemment. Le maire de Lannion, Alain Gouriou, m'avait dit : « Et en plus je te donne une rue. » Je lui ai répondu : « Ce n'est pas possible. Il faut être mort pour ça. » Il a haussé les épaules et il y est parvenu ! Je ne recherche pas spécialement ces honneurs mais je reconnais que j'y suis sensible et que j'en suis fier. Même si l'essentiel, c'est ma recherche. Depuis 1999, je travaille, par exemple, dans la presqu'île de Taymir, en Sibérie. On y a déjà sorti des mammouths, des bisons, des rhinocéros de l'époque glaciaire, et même une vertèbre de mammouth avec une flèche plantée dedans ! C'est donc qu'il y avait un bonhomme pas très loin. Je me dis qu'il y a sûrement eu un jour un chasseur maladroit qui doit être superbement conservé à – 15 °C, là quelque part. Ah ! si je pouvais le retrouver. Mais ceci est une autre histoire !

Wolfgang Amadeus Mozart

Bien étrange manière de contribuer à la connaissance de l'histoire de la musique que de le faire au travers de l'analyse des sutures du crâne et des caries des dents d'un des plus grands musiciens de l'Europe du XVIIIe siècle.

Et pourtant voici un document particulièrement original, et même, dans une certaine mesure, exemplaire, car il est à la fois l'inventaire de toutes les techniques qu'il est désormais possible d'appliquer à l'étude d'un ossement ou d'une dent, de la microscopie électronique et de la tomodensitographie au traitement mathématique et la démonstration de l'importance de l'information anthropologique dans l'élaboration de la biographie d'un Homme.

Le passage de la matière squelettique, à la connotation macabre bien sèche, à la matière musicale, toute d'émotion, d'harmonie, de plénitude, a évidemment quelque chose de presque incongru. Mais cette œuvre musicale si exceptionnelle s'est bien construite à l'intérieur de cette boîte extraordinaire que l'on doit aussi regarder comme la plus belle machine à créer. On apprend ainsi, au fil des descriptions, déductions, raisonnements pleins d'ingéniosité qui font l'élégance de la démarche scientifique en général et celle de l'esprit de Pierre-François Puech en particulier, que Wolfgang Amadeus Mozart, à cause d'une synostose précoce de la suture métopique, avait une bosse au front et un réarrangement compensateur de tout le massif crânio-facial qui lui donnaient cet air efféminé, les yeux à fleur de tête et une certaine projection de la mâchoire supérieure que l'on retrouve sur tous les documents dessinés, peints ou sculptés parvenus jusqu'à nous : on apprend que jeune, il avait souffert d'un certain rachitisme que révèlent la fragilité de l'émail et la largeur des pulpes de ses dents ; on apprend qu'il avait des caries sur les première et deuxième molaires supérieures gauches et que les espaces ou diastèmes entre certaines de ses dents l'obligeaient à se servir très souvent de cure-dents ; gênes, maux ou rages dont il faisait état dans sa correspondance.

Enfin, et ce n'est pas la moindre originalité de ce récit, on assiste au déroulement d'une fascinante enquête policière puisque la dépouille de ce compositeur autrichien, mort à 35 ans presque pauvre, a été, en deux cents ans, enterrée, déterrée, réenterrée avec d'autres, puis retrouvée et sans doute reconnue parce que le corps avait été cerclé de fils de fer ; son crâne avait alors été recueilli comme une relique par un musicien viennois, légué, à sa mort, à la Société des Amis de Mozart, puis remis au palais de justice de Vienne pour authentification avant d'être enfin donné au Mozarteum de Salzbourg en 1901. On comprend alors d'autant mieux l'intérêt tout à fait particulier que prend ici cette démonstration anthropologique, exposant, grâce à l'habileté, au talent et à la compétence de Pierre-François Puech ses extraordinaires possibilités, l'incroyable diversité de ses moyens modernes, la troublante précision de certaines de ses conclusions ; je pense, par exemple, à la confirmation de l'enterrement de Mozart apportée par l'examen au microscope électronique à balayage du canal dentaire des incisives centrales en le grossissant 2 000 fois et la découverte dans celui de l'une d'elles d'un grain de quartz amarré par des bactéries.

Vous avez réussi, Pierre-François Puech, à transcender par la beauté de vos analyses et de leurs interpellations, le spectre de la mort inhérent à l'os sec. Votre ouvrage sert aussi bien la science que l'histoire, l'anthropologie que la musique, la connaissance de la mécanique de l'esprit scientifique que celle de la beauté de ses applications.

Jean-Adrien Mercier

Des coupes de fleurs, des bouquets de fruits, des visages comme des fruits, des silhouettes comme des fleurs, Arlequin, des lampions, des oiseaux, Pierrot, des papillons, des chevaux, et puis beaucoup d'autres fleurs dans les cheveux des enfants, beaucoup d'autres fruits parmi des poignées de fleurs, des bouquets d'oiseaux, des papillons partout, un monde de couleurs, un monde de bonheur. Comme je regrette de n'avoir jamais rencontré Jean-Adrien Mercier.

Une femme, Yvonne, une fille, Sylvie, la Loire, un petit coup d'œil au sud – et quel coup d'œil ! –, au sud-ouest, Arcachon, au sud-est, Marseille, Ramatuelle, un autre plus prolongé à l'ouest, Saint-Malo, Le Pouliguen, Douarnenez, Le Huelgoat, et à nouveau Chinon, Launay, Fontevraud, Saumur, Chenillé, Chapelle-Belloin, Cunault, Montreuil-Bellay, La Ferrière-de-Flée, Saint-Rémy-la-Varenne, Sainte-Gemmes-sur-Loire, la douce sérénité du terroir.

Les pieds dans l'eau, entre Tours et Angers, Jean-Adrien Mercier a donc traversé le siècle la tête dans l'actualité, celle des fêtes, des films, des produits à promouvoir, des campagnes à diffuser et, pour notre enchantement – c'est vraiment le mot –, il lui a apporté son immense talent et sa gaieté tranquille.

Bernard Planche et Sylvie Mercier m'ont offert le privilège de plonger, le temps d'une humeur, dans les palettes de leur ami pour l'un et de leur père pour l'autre ; j'en suis sorti évidemment honoré et ravi, mais aussi étourdi de couleurs, enivré de parfums, gourmand de petits-beurre et de triple-sec, ami du roi René et amoureux d'Édith et d'Annabella.

Élisabeth Daynès

La paléontologie est, comme vous le savez, une science biologique et historique, dont la fonction est de rechercher les traces que la vie a bien voulu laisser sur la Terre depuis son émergence de la matière inerte il y a 4 milliards d'années et, quand elle les a trouvées, de les décrire et de s'efforcer de reconstituer les organismes dont elles proviennent et d'en comprendre le fonctionnement et les filiations. Mais comme les traces sont rares et fragmentaires, la science paléontologique est pleine de trous, de chaînons qui manquent et de reconstructions hypothétiques.

Et quand la paléontologie se commue en paléoanthropologie – une de ses parties –, quand, au lieu de s'occuper de n'importe quel être vivant, elle ne s'occupe plus que de ceux qui ont appartenu à notre famille, ce ne sont guère que des ossements et des dents qu'elle rencontre sur sa route et qu'elle doit donc lire et habiller. Et, malgré la multiplication des techniques dont cette science fait usage et le développement de leurs performances, le malheureux paléoanthropologue se trouve frustré, contraint, dans l'exercice de son métier, de demeurer au ras des squelettes.

Que lui faut-il donc pour dépasser cet horizon bien bas et oser s'évader dans l'éther de l'imaginaire ? Une alliance avec l'art, bien sûr, mais pas n'importe laquelle, un lien raisonné entre la science et l'art, qui débride un peu l'une (la science) et qui bride un peu l'autre (l'art).

Or ce lien s'est incarné, joliment d'ailleurs, et il s'appelle Élisabeth Daynès !

Élisabeth est sculpteur, remplie de talent (la débride), mais la science l'a séduite et elle en a épousé la rigueur (la bride). Amoureuse de tous les hominidés d'un coup – c'est une chance pour les paléoanthropologues –, elle a en effet tenté de leur rendre leurs formes, leur densité, leurs mouvements, leurs couleurs, leur chaleur, leur vie. Et elle y est parvenue ! Elle a écouté et appliqué consciencieusement tout ce que la science pensait savoir et lui avait raconté (la bride) et puis, au terme de ce devoir bien rempli – et c'est pour cela aussi que tous les paléoanthropologues l'aiment –, elle est redevenue l'artiste qu'elle n'avait jamais cessé d'être et elle a fait briller l'œil et frémir la peau de ses créatures (la débride).

Merci, Élisabeth ! Grâce à votre génie, sont « renés » de vous tous les hommes préhistoriques de toutes les époques confondues, les rapprochant de nous, leurs descendants, et réciproquement, je l'espère. La science vous est reconnaissante parce que vous l'avez prolongée, mais parce que vous lui avez appris aussi bien de choses auxquelles elle n'avait pas pensé avant de les avoir vues en chair et en trois dimensions dans votre atelier. Et, bien au-delà de la science, vous avez su créer, Élisabeth, un monde nouveau. Votre renaissance, votre recréation, n'en est pas moins une vraie création.

Vous êtes une grande artiste, libre ; et une grande scientifique d'honneur, responsable. Je vous admire et vous embrasse. Et votre exposition est évidemment savante, magique et superbe.

Alain Germain

Il était une fois un homme de théâtre, poète et comédien, curieux comme un savant, rêveur comme un artiste, qui fréquentait les tréteaux mais adorait les paillasses, et que tout le monde aimait beaucoup. Et on l'aimait beaucoup, chez les auteurs comme chez les chercheurs, parce qu'il était sans cesse animé du désir irrésistible de vouloir faire partager ses intérêts, ses enthousiasmes et ses passions, et parce qu'il avait toujours, dans sa transcription de la réalité à la fiction, l'art surprenant de mettre en valeur l'essentiel. Il s'appelait

Germanius mais on l'appelait Alain et il vivait à Paris, rue de Paradis, bien sûr.

Un de ces jolis jours privilégiés de rencontre entre les savants et les artistes, il entendit avec émerveillement raconter cette drôle d'histoire qui disait que son histoire à lui, qui était évidemment celle des humains et des préhumains, avait été aussi celle de la vie, celle de la Terre, celle des étoiles et celle de l'Univers, et qu'il suffisait de la raconter à l'envers pour raconter l'histoire, la grande Histoire, la seule, celle avec un grand H et avec lui au bout.

Il ne lui en fallut pas plus pour s'envoler dans l'imaginaire qui, comme chaque fois, lui a tout de suite soufflé ce qu'il fallait en retenir ; que la dimension du temps était immense et cocasse, car tout à la fois réelle et fugace, et que la plus belle histoire du monde était étrange et paradoxale, car, tout à la fois, épique et romanesque. Alors il a cherché et vite trouvé comment se saisir du temps et s'en jouer, comment s'y promener à loisir et s'y arrêter où et quand bon lui semblait, comment en suggérer la dimension extravagante en le mettant en scène un jour d'anniversaire, comment en exprimer l'incroyable magie, en faisant se vider de leurs collections de squelettes et de naturalisations les galeries du Muséum national d'histoire naturelle et en faisant se ranger ces collections en une théorie tragique qui accompagne le couple de héros s'évanouissant dans les brumes des horizons du fleuve.

Coppensius, Alain, s'est régalé ; il est d'abord suffisamment cabot pour avoir adoré que tu le prennes pour personnage ; il est ensuite suffisamment sérieux pour avoir apprécié que tu racontes sur des planches et puis dans un roman une nouvelle fois mais d'une toute nouvelle manière son mythe à lui, des origines, celui de la science ; il est enfin suffisamment ton ami pour te remercier affectueusement de lui avoir confié le bonheur d'écrire ta première page.

La Charte et ses chartreux

En ouverture de ce rapport, je voudrais exprimer ma reconnaissance aux très hautes autorités politiques, la plus haute d'abord, Monsieur Jacques Chirac, président de la République, et Madame Roselyne Bachelot-Narquin, ministre de l'Écologie et du Développement durable, qui ont eu l'idée de me choisir pour conduire les travaux de la commission de préparation de la Charte de l'environnement.

Je voudrais ensuite saluer tous ceux, extrêmement actifs et efficaces, qui m'ont aidé dans cette tâche, en tout premier lieu la Mission pour la préparation de la charte de l'environnement, placée sous l'autorité de Mme Delphine Hedary, maître des requêtes au Conseil d'État, et à laquelle ont notamment collaboré MM. Yves Duruflé puis Philippe Yvin, sous-préfets, ainsi que les services du ministère de l'Écologie et du développement durable.

Je voudrais saluer bien sûr les dix-sept membres de ma commission et leurs suppléants qui se sont beaucoup investis dans nos programmes, au point d'avoir réalisé, au fil de nos treize réunions formelles, un véritable record de présence.

Fécondée par les multiples consultations et les réflexions de ses comités, la commission a été en mesure de remettre à Mme Roselyne Bachelot-Narquin, le mardi 8 avril 2003, les propositions de Charte constitutionnelle qui lui avaient été commandées au mois de juin 2002.

Je tiens à dire un mot sur les règles, et du même coup sur le fonctionnement, de la commission pour la préparation de la Charte de l'environnement puisque j'en avais la responsabilité. Respectant évidemment au même titre chacune des personnalités nommées, j'ai tenu à les entendre toutes, sans limites de temps de parole ou d'autres expressions entre les séances, de manière, au bout du mandat, à avoir recueilli à coup sûr la totalité des dix-sept réflexions qu'elles représentaient et qui se trouvent exprimées dans ce rapport.

Ce résultat est dû au long travail des discussions sans contraintes que nous avons eues, mais il est certainement dû aussi au fait que ces questions étaient tout à fait mûres, déjà bien pensées et donc prêtes à être exprimées et partagées. C'est aussi l'impression que nous avons rapportée de la consultation nationale et de celle des experts.

Ce début de XXIe siècle s'imposait véritablement pour qu'affleure ainsi, pour la première fois de l'histoire de l'humanité, la conscience de sa responsabilité dans la protection de l'environnement dont elle est issue, protection menée dans le cadre du développement économique de ses membres et de l'amélioration permanente de leur bien-être.

J'espère beaucoup que notre travail aboutira à sa consécration suprême, son adossement à la Constitution de la République française.

Les compagnons de la Charte

Comme je viens de le dire, ils étaient dix-sept. En voici les portraits impertinents de mon humeur d'un jour.

Dominique Bourg est militant, suractif, excessif (pour moi), déterminé mais de bonne compagnie, de belle humeur, finissant volontiers le débat en riant, si on l'y poussait.

Christian Brodhag est lui aussi militant, très actif, sûrement très déterminé mais n'insistant pas dans le débat, (avec moi en tout cas) ; on a pourtant, avec Christian Brodhag, un différend chronique : Christian Brodhag pense, si je l'ai bien compris, que l'homme n'a pas le droit d'intervenir n'importe comment sur la nature, moi je pense que l'homme, apparu dans la continuité de l'évolution des choses et des êtres, a tous les droits ; c'est à lui seul de juger où il doit placer les limites de ses droits, en fonction des préjudices que ses actions peuvent entraîner (liberté et responsabilité...).

Philippe Charrier intervient volontiers. Il est généreux dans ses propositions, efficace dans leurs réalisations ; pour l'amuser, j'oserai lui raconter aujourd'hui que j'ai beaucoup fait rire Mme la Ministre le jour où, dans un séminaire ailleurs, j'avais présenté les travaux de notre commission et parlé des sondages réalisés pour nous par Philippe Charrier que j'avais intitulé président-directeur général de « Quelque chose et Gamble » et j'avais alors entendu tous les participants du séminaire, aussi scandalisés que Mme Bachelot, me reprendre en disant « Procter et Gamble ». On est vraiment ignare quand on sort d'un laboratoire de paléontologie.

Bertrand Collomb est un grand monsieur, distingué, courtois, visiblement très intéressé par l'initiative de la Charte, déjà très impliqué dans la défense de l'environnement au sein de la société qu'il dirige et fier de ce qu'il a déjà réalisé pour cette défense. Bertrand Collomb m'a tout de même donné l'impression d'être venu voir, en juin 2002, à qui et à quoi il avait affaire ; je me suis senti tout particulièrement observé – « Qui est celui-là ? D'où sort-il ? que veut-il et que vient-il faire dans ce bateau écologique ? » Ce bateau va-t-il d'ailleurs véritablement naviguer, ou comme beaucoup d'autres, couler tout de suite ?

François Ewald est un intervenant chronique, je veux dire intervenant sans cesse, mais de manière brillante, volontiers en cavalier seul, mais pourquoi pas ? Je dois dire qu'il m'a fait très peur, les premiers jours, lorsqu'il a commencé à réfléchir à haute voix sur le sens réel du mot « charte », son origine, sa justification ou non dans l'exercice que nous allions entreprendre, le risque de faux sens, voire de contresens dans lequel on allait se lancer ; même chose pour « adossé à la Constitution », que signifiait cet « adossé », adossé ce n'est pas dedans, c'est dehors, alors pourquoi cette nuance, avait-elle un sens et si oui lequel ? J'étais terrorisé. Mais les choses se sont merveilleusement arrangées, on a charté ensemble, adossé ensemble, et même trop vite en ce qui concernait François Ewald. Nous en avons tous eu des échos.

Yves Jégouzo, l'aura du Conseil d'État, aura à partager, il est vrai, avec François Loloum et Delphine Hédary, la compétence, la sagesse, la synthèse, la conclusion. Je n'avais jamais vu un conseiller d'État sur pattes avant d'arriver dans ce bateau. Alors je regardais Yves Jégouzo en douce, comme on regarderait un dinosaure que l'on ne connaît pas, avec un mélange de curiosité et d'admiration. La curiosité était de mon fait, l'admiration sûrement partagée, car, au terme de débats, c'était une attitude fréquente de la commission de se tourner vers Yves Jégouzo pour lui demander son avis et souvent s'y ranger. Figurez-vous qu'en plus Yves Jégouzo habitait, jeune, rue Victor-Bach ou rue Kerfranc, juste à côté de la rue de la Villemarqué, où j'habitais moi-même. Je parle de Vannes, là-bas dans le Far West de l'Europe, évidemment.

Robert Klapisch est un des deux scientifiques que j'avais personnellement sollicité pour participer à cette aventure de la Charte. Robert Klapisch est un physicien de grande culture, de grande ouverture, dont la réflexion, d'ailleurs volontiers exprimée, me paraissait pouvoir être utile à une telle assemblée, et elle l'a effectivement été. Je me souviens quand même que lors de la toute première réunion de la commission, au moment où je cherchais à asseoir tant bien que mal mon autorité et à comprendre comment saisir une équipe si composite, Robert, cherchant sans doute lui-même à installer au sein du groupe sa propre personnalité, avait déclaré qu'il n'y avait plus de problème de déchets nucléaires, tout était résolu, tout était arrangé. J'en étais malade ! Alors que je souhaitais faire décoller mon équipe dans la douceur, mon propre invité faisait monter, dès la première rencontre, la fièvre et le conflit dans les rangs. Comme vous le savez, chacun a finalement vite trouvé ses marques et il n'a plus été besoin pour personne de se faire ainsi valoir pour bâtir sa niche dans l'écosystème. Je dois dire que je me suis employé à faire que les choses s'apaisent et que les débats se dépassionnent pour que la Commission en tire le meilleur.

Christiane Lambert, ah ! Christiane Lambert, de la Petite Lande, à Bouille, ça ne s'invente pas, agricultrice à la fois raisonnée et respectueuse, douce et déterminée, je l'ai adorée. Je peux le lui dire maintenant et en public. Elle était discrète, mais rien ne lui échappait et ses interventions étaient joliment chargées d'informations de terrain précieuses pour tout le monde et tellement de bon sens.

Jean-Claude Lefeuvre, naturaliste, représentait à la fois le WWF et le Muséum national d'histoire naturelle. C'était pour nous des retrouvailles ; j'avais en effet rencontré Jean-Claude Lefeuvre dès 1979, lorsque, candidat à ma première chaire (au Muséum national d'histoire naturelle), je lui avais rendu visite ; il était alors déjà professeur et par suite un de mes électeurs. Il avait été attentif, curieux et gentil. C'est ainsi qu'il est apparu à la commission, discret mais attentif, érudit mais modeste, brillant dès qu'il abordait un exemple de diversité des êtres vivants et de sa fragilité. Rappelons comment il m'a outrageusement volé la vedette devant le président de la République lorsqu'il s'est mis à faire revivre les sols et sous-sols de la baie du Mont-Saint-Michel en plein Élysée.

François Loloum (encore le Conseil d'Etat) représentait également bien la noblesse et la sérénité de l'Institution, François Loloum était un calme, apportant souvent à la commission ce que la sagesse juridique pouvait autoriser ou pas, toujours de bonne volonté d'ailleurs pour rédiger, résumer, écrire hors commission, ce dont on le chargeait d'autant plus volontiers qu'on savait qu'il allait l'accepter. François Loloum s'est révélé modéré. Je me souviens qu'au début des travaux de la commission, il était par exemple partisan d'une loi simple plutôt que d'une loi constitutionnelle, pour recevoir notre Charte, craignant les dérapages d'interprétation. Mais François Loloum, s'il n'était facile à convaincre, était assez facile à faire cosigner l'avis majoritaire.

Nous n'avons hélas rencontré Mme Marie-José Nicoli que lors des toutes premières réunions puisqu'elle nous a quittés en cours de mandat. Mme Nicoli, qui avait l'air de conduire avec fermeté et efficacité l'immense fédération « Que choisir », m'avait beaucoup plu dans la solidité de son personnage et j'ai reçu, durant l'automne 2002, bien des lettres d'elle montrant qu'elle suivait parfaitement nos travaux et qu'elle souhaitait s'exprimer à leur propos, chaque fois qu'elle le pouvait. Je me rappelle que, à l'issue de la première réunion de juin 2002, elle s'était plantée devant moi et m'avait déclaré avec vigueur : « Méfiez-vous de moi, je suis difficile ! » De quoi tétaniser, je vous l'assure, le plus courageux des présidents tout fraîchement investis, ce qui avait été le cas. Je salue sa mémoire.

Jacques Pélissard était à la fois peu présent et très présent. Je veux dire que sa charge municipale et son engagement politique lui avaient donné des responsabilités – la gestion pour l'UMP du problème des déchets par exemple, ce qui n'est pas le moindre – qui l'empêchaient souvent de participer aux réunions de la commission mais qui lui permettaient d'autres fois de la représenter dans des quantités d'instances importantes où je ne m'attendais pas à le rencontrer. Personnalité très active et, en fait donc, très investie dans les problèmes qui étaient ceux de la commission.

Geneviève Perrin-Gaillard a été très présente, malgré ses charges à l'Assemblée nationale – elle avait souvent son petit équipement pour la nuit, ça a un nom ! – et en même temps très discrète. Je pense que l'on ne pouvait pas lui reprocher son manque d'attention, bien sûr, ni son manque de participation, mais se trouver porteur déclaré (officiel) de l'opposition politique sous le toit d'un ministère d'un gouvernement que l'on n'approuve pas ne devait pas être facile. Je m'en suis rendu compte d'ailleurs un jour, lors d'une réunion de l'office parlementaire des choix scientifiques et technologiques où j'étais convié : Geneviève Perrin-Gaillard y était présente avec son chapeau de députée et beaucoup plus à l'aise et brillante sous un toit qui était le sien.

Pierre Picard, l'universitaire, professeur d'économie dans toute sa compétence et son talent, il faut le dire, car cette discipline est de plus en plus scientifique, mathématique et rigoureuse. On l'a beaucoup écouté, pas toujours compris, mais sa participation à bien des moments s'est avérée essentielle.

Charles Pilet, vétérinaire, était l'autre scientifique que j'avais appelé pour m'aider à affronter l'épreuve que me confiait le gouvernement. Je l'avais souvent entendu à l'Académie de médecine, à l'Académie des sciences et dans d'autres instances aussi, et il m'était toujours apparu clair, précis, concis, notamment en ce qui concernait les domaines de l'alimentation et de la santé, souvent malmenés par les rumeurs et l'opinion publique plutôt que véritablement gérés par les sciences biologiques et médicales. Charles Pilet a défendu courageusement jusqu'à la salle du Conseil des ministres de l'Élysée, l'option sans précaution de la Charte. « On a fait ce qu'on a pu », m'a-t-il dit, un peu tristement, à la sortie.

Bernard Rousseau était sans doute le plus écolo de nous tous, dans le sens « plus vert, je ne saurais faire », en qualité de responsable d'une énorme fédération d'associations groupées sous son drapeau de France Nature Environnement, mais par conviction personnelle aussi. Ce fut un bon combattant, difficile à attendrir, qui est parvenu à conduire avec Dominique Bourg et Christian Brodhag le courant dur, qui n'était pas très éloigné du mien je dois dire, et que de toute façon j'ai respecté et à qui j'ai donné plein droit de cité.

Jean-François Trogrlic enfin, au joli nom exotique dont il s'est excusé d'entrée, nous a tenu des discours d'une grande vigueur, d'une grande expérience et d'un grand bon sens. J'ai toujours eu plaisir à l'écouter chaque fois qu'il se lançait « *in the picture* », comme disent les autres. J'ai eu la surprise de sa visite lors d'une de mes prestations hors commission et cette rencontre, ailleurs, a été pour moi très agréable, ayant alors la possibilité d'y montrer mon visage professionnel à la place de celui de président d'une commission éphémère.

Je n'oublie pas bien sûr les souvent très fidèles suppléants, même lorsque les titulaires du siège se trouvaient être là, Richard Armand, Marc Allias, Bernard Schockaert, Erwann Le Cornec, Pierre Bobe et quelques autres plus épisodiques, sept au total.

Delphine, ah ! Delphine, quelle découverte, mais, Madame la Ministre, où l'avez-vous trouvée ? Sans Delphine, pas de Charte, je suis sûr qu'on est tous d'accord là-dessus ! L'efficacité faite femme, jolie femme en plus, ordonnée au milieu d'un foutoir et pratiquant, parmi mille activités, l'amour finalement très enfantin de l'immédiateté.

Lorsque sur mon portable, toujours éteint, je trouvais un message, toujours charmant, de Delphine, je savais qu'il fallait :

1. que je réponde vite, pour ne pas en avoir d'autres tout aussi charmants ;
2. qu'il s'agissait forcément d'une demande d'intervention d'urgence ;
3. qu'il fallait aménager une belle plage dans l'agenda car il ne serait pas question ni de différer la demande, ni de la traiter au rabais, et Delphine, bien sûr, avait raison.

Grâce à quoi, dix mois après l'installation de la commission Coppens, la Charte, écrite et commentée, était remise à notre ministre et à la présidence de la République.

Bravo Delphine et merci très affectueusement.

N'oublions pas ses deux sous-préfets successifs : Yves Duruflé, Philippe Yvin.

Madame Roselyne Bachelot-Narquin, que dire ?

Toujours enjouée, ce qui est très agréable. Un patron morose, ça doit être épouvantable. Toujours parée de somptueuses couleurs, ça participe à l'humeur ; heureuse de tout ce qui l'entoure, ça s'appelle l'environnement ; épousant parfaitement le personnage du maître des lieux, maîtrisant d'ailleurs agenda dans sa diversité et dossiers dans leur complexité, je pense que c'est réel. Présente auprès de la commission, suffisamment, sans excès, on savait tous que sa présence était permanente, vigilante. Mais ce suivi, ce contrôle, a toujours été très subtil, en apesanteur ; il ne se voyait pas.

Merci Madame la Ministre de m'avoir donné l'impression de conduire ma commission en toute liberté, sans ressentir vraiment que cette liberté était surveillée.

Merci pour tout. Merci aussi de votre générosité et de votre patience avec moi, atterrissant un peu béat dans ce monde que j'ai mis quelque temps à mettre en ordre dans ma tête remplie de fossiles et de cailloux.

L'exercice m'a intéressé, l'équipe, telle que je l'ai trop sincèrement décrite, m'a passionné, et le travail de cette équipe, bien soudée, m'a fasciné. Et nous voilà, tous ensemble, les Compagnons de la Charte dans la Constitution française !

SOURCES

« Ouverture », *in* M. Vergé-Franceschi (dir. scientifique), *La Femme corse. Quinzièmes journées universitaires d'histoire maritime de Bonifacio, avril 2013*, Alain Piazzola Éditions, sous presse.

« 8 anonymes qui ont bouleversé l'histoire de l'humanité selon Yves Coppens », *in* V. Champetier et F. Margolin, *Le Livre des listes*, Éditions n° 1, 1992, p. 30-32.

« Préface », *in* B. Buigues, *Sur la piste du mammouth*, Robert Laffont, 2000.

« Préface » *in* B. et J. Villeminot, *Les Hommes oubliés d'Océanie*, Glénat/ Société des Explorateurs français, 2010, p. 6-7.

« Préface », *in* P. Bernard, *Les Voix de l'oubli*, Anako Éditions, 1998, p. 7.

« Préface », *in* A. Danzin et J. Masurel, *Teilhard de Chardin. Visionnaire du monde nouveau*, Éditions du Rocher, 2005, p. 7-10.

« Camille Arambourg (1885-1969) », *Cahiers des explorateurs*, « Cahier du Cinquantenaire », 1988, 27, p. 66.

« Préface », *in* D. Hadjouis, *Camille Arambourg. Un paléontologue, de l'Algérie à l'Afrique profonde*, L'Harmattan, « Acteurs de la science », 2012, p. 7-8. © Éditions L'Harmattan, 2012.

« La vie et l'œuvre de Jean Piveteau », *La Vie des sciences*, 1992, 9 (5), p. 445-451.
« Francis Clark Howell », *La Vie des sciences*, numéro annuel, 1989, *C. R. Acad. Sci.*, série générale, « Personnalités élues », 6 (6), 1990, p. 495-496.
« In Memoriam, Francis Clark Howell (1925-2007) », *Bull. et mém. Soc. anthropo. de Paris*, 2007, n. s., t. 19, p. 1-2, 5-6.
« Jacob Teuku », *in* « Présentations de savants », *Les Nouvelles de l'Académie*, mai-juin-juillet 1992, p. 49-50.
« Préface », *in* B. Senut, *Et le singe se mit debout*, Albin Michel, 2008, p. 9-12.
« Préface », *in* C. Cohen et J. J. Hublin, *Boucher de Perthes. Les origines romantiques de la préhistoire*, Belin, 1989, p. 5-6.
« Préface », *in* G. Bailloud et G. Wilhem-Bailloud, *Zacharie Le Rouzic, archéologue et photographe à Carnac, il y a 100 ans*, Éditions Blanc et Noir, 2014, p. 5.
« Préface », *in* F. Grosjean, *Roger Grosjean, itinéraire d'un archéologue*, Alain Piazzola Éditions, 2001, p. 11-12.
« André Leroi-Gourhan (1911-1986) », *Cahiers des explorateurs*, « Cahiers du Cinquantenaire », 1988, 27, p. 63.
« Préface », *in* « Du monde des chasseurs à celui des Métallurgistes (hommage à J. L'Helgouac'h et J. Briard) », *Revue archéologique de l'Ouest*, 2001, supp. 9, p. 5-6.
« Allocution de M. Yves Coppens, membre de l'Institut, professeur au Collège de France », *in L'Épée d'académicien de Jacques Ruffié*, 1992, p. 27-29.
« Préface », *in* R. Gessain, *Inuit. Images d'Ammassalik, Groenland, 1934-1936*, Éditions de La Martinière, Paris, 2007, p. 10-11.
« Préface (*pro parte*) », *in* J.-J. Petter, *Primates*, Nathan, 2010, p. 10-11.
Yves Coppens, *in* P. Burel et Nono, *Trop fort les Bretons*, Éditions Ouest-France, 2006, p. 24-31.
« Postface », *in* Pierre-François Puech, *Mozart, une enquête hors du commun*, Maison rhodanienne, « Rencontres artistiques et littéraires », 1993, p. 108-109.
« Préface », *in Jean-Adrien Mercier. Vente aux enchères publiques, samedi 20 mars 1999*, l'hôtel des ventes du Maine, Angers, 1999, p. 3.
« Préface », *in L'Identité retrouvée. Les reconstructions anatomiques d'Élisabeth Daynès*, Musée départemental de préhistoire d'Île-de-France, 2011, p. 10.
« Préface », *in* A. Germain, *Les Origines de l'homme ou les Aventures du Professeur Coppensius*, Hachette, 1997, p. 7-10.
« Avant-propos », *in Rapport de la commission Coppens de préparation de la Charte de l'environnement*, 2003, inédit.
Discours, dans les salons de l'hôtel Bristol, à l'invitation de Mme la Ministre de l'Écologie et du Développement durable, Roselyne Bachelot, 3 octobre 2005, inédit.

Fermeture
(qui ne peut être qu'une ouverture)

J'ai choisi un texte de synthèse bien sûr, pour fermer, ou plutôt arrêter provisoirement, ces *Pré-ludes*.

Découverte et création

C'est peut-être parce qu'il y a 8 millions d'années[1] s'ouvre le milieu tropical africain jusqu'alors forestier que pour la première fois se redresse l'hominidé et que se développe son extraordinaire pouvoir de découverte du monde ; c'est peut-être parce qu'il y a 3 millions d'années se dessèche encore plus dramatiquement la même province que pour la première fois réfléchit l'homme et qu'apparaît son extravagant pouvoir de création technologique et symbolique. Née d'une transformation du milieu naturel, notre famille, confrontée à d'importants problèmes d'adaptation, va donc se fabriquer un nouveau milieu que l'on appelle culturel et qui va se développer à son tour au point d'intervenir sur l'évolution biologique de ses propres géniteurs ainsi que sur le milieu naturel lui-même jusqu'à tenter de le maîtriser.

Toutes les branches de la biologie sont aujourd'hui d'accord pour déclarer que tous les êtres vivants participent d'une même

1. Ou 10 millions.

filiation, ce qui veut dire que toutes les plantes, tous les animaux et tous les hommes qui existent et ont existé sur la Terre se trouvent situés sur un même immense arbre généalogique, qu'en raison de la dimension du temps on appelle arbre phylétique.

Aussi, lorsque les anatomistes, les physiologistes, les éthologistes nous disent que, dans la nature actuelle, les êtres vivants les plus proches de l'homme sont les grands singes anthropoïdes, et lorsque les molécularistes, les cytogénéticiens nous précisent que, parmi ces singes anthropoïdes, les plus proches de l'homme sont, incontestablement, les grands singes africains, dans la perspective évolutionniste que je viens d'évoquer, cette constatation n'admet qu'une interprétation : les grands singes africains, et notamment les chimpanzés, et les hommes sont cousins ; ils ont un ancêtre commun.

C'est alors au paléontologiste d'entrer en scène ; c'est à lui de tenter de retrouver cet ancêtre que l'on partage et d'essayer de retracer l'histoire des deux familles qui en descendent, la famille des panidés[1], celle des grands singes d'Afrique, et la famille des hominidés[2], la nôtre.

Or voilà ce qu'au terme de sa recherche, le paléontologiste a découvert les plus anciens *Hominidae* du monde : âgés de 3, 4, 5, 6, 7, 8 millions d'années, ils viennent tous de l'Afrique des tropiques et de cette région-là seulement.

Si j'insiste sur le rôle essentiel du milieu dans notre émergence, c'est pour bien situer le cadre de l'introduction du premier concept, celui de *découverte*.

La première adaptation des êtres de notre famille à ce milieu difficile, découvert, nouveau, c'est en effet le redressement du corps. André Leroi-Gourhan, mon illustre prédécesseur au Collège de France, s'était un jour exclamé à peu près ceci : « Il faut se résigner, notre histoire a commencé par les

1. On dit désormais plus volontiers *Paninae* parce qu'on en fait une sous-famille.

2. On dit désormais plus volontiers *Homininae* parce qu'on en fait une sous-famille.

pieds ! » Nous ne savons en fait pas exactement pourquoi cela s'est passé ainsi, si ce n'est que cette station et cette locomotion nouvelles représentaient bien évidemment un avantage pour avoir été ainsi retenues. Nous sommes en effet, pour la première fois dans l'histoire de notre ordre, des primates debout en permanence qui marchons sur nos deux pattes postérieures, des bipèdes.

Et c'est sans doute cette vision redressée d'un horizon éclaté qui a fait que l'hominidé ait poussé si loin cette notion de découverte ; la découverte n'est-elle pas en effet « l'action d'apercevoir ce qu'on n'avait pas encore vu » ?

Je dirais donc que la découverte, poussée à un certain point, est une conséquence à la fois du redressement du corps et de l'ouverture du paysage ; la découverte, c'est l'hominidé.

⁂

L'histoire des *Hominidae*, l'histoire de notre famille, va passer par deux grandes phases, deux grands stades anatomiques : un stade préhumain et un stade humain.

Le redressement du corps est parfaitement perceptible dès le premier de ces stades. On le sait grâce à l'information de leurs restes osseux et grâce à l'enseignement des empreintes laissées par leur passage dans des sédiments meubles et plastiques.

Les restes osseux, bassins, os du pied, os du membre inférieur, mais aussi os du membre supérieur, crâne, face, etc. traduisent clairement cette bipédie ; le bassin a une région sacrée renforcée, un ilion raccourci en pression (chez le chimpanzé, l'ilion est en tension), un ischion court, mais un sacrum large, une aile iliaque développée ; le fémur a une diaphyse oblique, un condyle externe elliptique ; le membre supérieur est court ; la face est brève ; le crâne, posé différemment sur la colonne vertébrale, a un foramen magnum en dessous et en avant du basicranium, etc.

Quant aux extraordinaires traces de pas, elles montrent une bipédie acquise, un gros orteil à peu près parallèle aux autres doigts, une voûte plantaire modeste et une marche en varus, posée sur le bord externe du pied.

Le redressement du corps est, en effet, dans notre histoire, un événement fondamental.

1. Les différents segments du membre inférieur n'ont pas évolué à la même vitesse ; le bassin a été, dans cette transformation, le plus rapide ; puis se sont transformés le membre lui-même, cuisse et jambe, et enfin le pied.

2. La bipédie qui est aujourd'hui la nôtre n'a pas été tout de suite celle-là. Il y a eu plusieurs types de bipédies successives ; le pas aventureux qui s'accompagne toujours d'une aptitude au grimper ; le pas organisé ; le pas périodique désynchronisé et le pas périodique synchronisé.

3. L'étude du bassin a permis par ailleurs l'étude de la parturition des préhumains ; contrainte par la bipédie, cette parturition était déjà ventrale, c'est-à-dire humaine (et non pas dorsale comme chez les grands singes africains).

L'encéphale n'a pas, tout d'abord, été pris en considération dans l'histoire de notre évolution. Et s'il ne l'a pas été, c'est parce qu'il est resté longtemps quantitativement petit. Des premiers préhumains de 1,10 à 1,20 mètre aux derniers de 1,50 à 1,60 mètre, le cerveau n'est passé que d'un peu moins de 400 cm^3 à un peu plus de 500 cm^3, 1 000 cm^3 de moins que l'homme moderne ; mais on oublie souvent que ce volume ne représente pas moins 30 à 40 % de plus que celui d'un singe de même taille et on oublie aussi la transformation interne, qui a dû, qui n'a pu qu'être considérable.

Si, en outre, on réalise un moulage endocrânien de l'espace laissé par le cerveau, on se rend compte en effet, dès les premiers préhumains, de la transformation de sa structure ; le cerveau est haut au-dessus du cervelet, les pôles antérieurs des lobes temporaux sont importants, le lobe frontal a un cortex très plissé, le sulcus lunatus a une position plus postérieure et l'irrigation sanguine de la dure-mère, quelle que soit sa signification, intéresse plus volontiers les parties antérieures de l'encéphale, frontal et parties antérieures des pariétaux et temporaux, que chez les grands singes où elle intéresse plus volontiers ses parties postérieures.

Les préhumains ont, en outre, bien des traits dans la denture qui les différencient des grands singes et les rapprochent des hommes : petites canines, petites incisives, tendance à la molarisation de la première prémolaire inférieure, tendance à la molarisation de la première dent déciduale, épaississement de l'émail, etc.

Cette denture et la nouvelle position du crâne entraînent d'ailleurs un raccourcissement antéropostérieur de la face.

Mais ces premiers hominidés illustrent surtout un nouveau comportement, un nouveau mode de vie. Debout marchant sur leurs deux pattes postérieures, mangeant des végétaux nouveaux, graines, fruits, racines, tubercules, équipés d'un encéphale où se développent les zones d'association, ils découvrent le milieu qui se découvre et l'usage de leurs mains libres, et il n'est en effet pas impossible que le préhumain soit bel et bien le tout premier artisan. Les outils de pierre taillée, les plus vieux du monde, sont âgés de plus de 3 millions d'années.

On y voit la forêt claire et la savane arborée, à *Garcinia, Combretum, Berlinia*, se dégrader rapidement et faire place à des prairies et à un mince filet de forêt riveraine de cours d'eau à *Ficus* et *Myrianthoxylon*. On compte 24 sortes d'arbres à 3 millions d'années, 11 à 2 millions, un rapport arbres/herbes de 0,4 à 3 millions d'années, de 0,01 à 2 millions d'années ; on y voit les *Olea* et *Typha*, arbustes nécessitant une certaine humidité, représenter respectivement 23 % et 15,6 % des pollens d'arbres à 3 millions d'années, 3,2 % et 1,6 % à 2 millions d'années ; on y voit de même la fréquence des pollens autochtones passer elle-même, dans le même temps, de 21 % à 2 %, illustrant un recul spectaculaire des fronts forestiers.

Les animaux montrent alors, de façon aussi convaincante, le même phénomène : les proboscidiens multiplient par 3 le fût de leurs molaires, les équidés, les rhinocérotidés, les suidés, la hauteur et la longueur de leurs dents : le rhinocéros blanc remplace le rhinocéros noir ; les antilopes coureuses, *Alcephalus, Oryx, Gazella*, prennent la place des antilopes de brousse, *Tragelaphus, Redunca, Syncerus* ; les rongeurs, fouisseurs de savanes sèches, *Aethomys, Thallomys, Gerbillurus, Jaculus*, succèdent aux rongeurs grimpeurs de savanes épaisses, *Grammomys, Paraxerus, Thryonomys, Golunda*. On a même pu compter, parce que notre gisement était riche, 467 pièces osseuses ou dentaires rapportables aux petits singes *Theropithecus* par km^2 à 3 millions d'années, 39 pièces osseuses ou dentaires lui étant rapportables par km^2 à 2 millions d'années.

La réponse des *Hominidae* à cette nouvelle épreuve est superbe et généreuse ; notre famille trouve plusieurs solutions à la crise dont une solution nouvelle, un hominidé encore petit, mais qui développe quantitativement son encéphale et qui transforme sa denture pour manger de tout : l'homme.

C'est évidemment cette dernière solution qui va retenir notre attention.

Son cerveau va sans doute encore changer de structure, son irrigation méningée va se ramifier et son volume va passer rapidement de 800 cm^3 dès le premier homme, *Homo habilis*, à 1 000 et 1 200 cm^3 chez l'homme suivant, *Homo erectus*, 1 400 et jusqu'à 2 000 cm^3 chez l'homme moderne. C'est de loin, dans toute l'histoire des vertébrés, l'organe qui se développe de la manière la plus rapide et la plus spectaculaire.

Sa denture par ailleurs, de même que les restes osseux d'animaux laissés sur les sols qu'il a habités, révèle son changement radical de comportement. Il ne se contente plus de manger les végétaux qu'il cueille ou déterre, il mange aussi de la viande qu'il ramasse et qu'il chasse.

On imagine combien cette transformation du système nerveux central et celle du comportement (et en même temps de la physiologie) vont être importantes, en elles-mêmes et l'une sur l'autre.

Il y a quelques chances pour que ce soient elles qui entraînent à la fois la mobilité et l'apparition de la conscience réfléchie : l'homme, pour la première fois dans toute l'histoire de la vie, va savoir qu'il sait.

Et c'est bien sûr ici qu'apparaît le concept de création, « réaliser quelque chose qui n'existait pas auparavant ».

De même que la découverte paraît liée au redressement du corps et par suite à l'homininé, la création semble liée au développement du cerveau et par suite à l'homme.

Et l'homme ne va plus cesser de créer et de découvrir, la découverte devenue raisonnée alimentant elle-même la création.

Avec la réflexion de sa conscience apparaît pour la première fois chez lui l'angoisse de l'existence qui ne le quittera plus ; l'homme découvre en effet la mort et il se pose alors la question de sa destinée et, par suite, celle de sa nature et de son origine.

C'est évidemment pour y répondre qu'il crée les mythes et leurs rituels ; on observe des bris intentionnels de crânes d'*Homo erectus* dès 1 million d'années, des sépultures d'*Homo sapiens* et d'*Homo neandertalensis* dès 100 000 ans, des représentations peintes, gravées ou sculptées de mythes *d'Homo sapiens* dès 35 000 ans[1] en Europe, en Afrique, en Australie.

Avec cette même conscience, l'homme va peu à peu se découvrir lui-même, mais il va aussi découvrir l'autre, les autres ; les conditions de vulnérabilité qui sont devenues les siennes, dans cet environnement qui s'est découvert, l'ont fait s'en rapprocher ; la mère et l'enfant forment certainement le premier couple qui inaugure un certain type de liens émotionnels ; pour défendre sa descendance, le père s'y joindra de temps en temps et puis découvrira à son tour l'amour. Les

1. On dit désormais 50 000.

êtres humains se resserrent par deux, par trois, par groupes, la société s'organise et se soude.

La taille de la pierre impliquant expérimentation et choix de certaines formes d'outils convenant bien à certaines fonctions, puis la reproduction de ces outils et, par suite, la transmission des techniques de leur taille apparaissent peut-être dès 3 millions d'années. La pratique de la chasse, impliquant bien évidemment l'élaboration de certaines stratégies collectives, révélée par les reliefs des repas de gros gibier comme l'éléphant, l'hippopotame, le *Dinotherium* ou le *Pelorovis*, apparaît dès 2,5 millions d'années. Le partage de cette nourriture, rapportée au groupe au campement de base, et la convivialité qui en découle se manifestent alors.

L'organisation de l'espace, construction de protections et d'habitations, puis spécialisation des aires de couchage, de repas, de débitage, de découpage jusqu'à l'individualisation de chacune d'entre elles, est lisible dès 2 millions d'années (constructions), vers 500 000 ans (division des aires), vers 200 000 ans (éclatement de ces aires). La découverte du langage articulé, devenu possible grâce à la descente du larynx permettant à l'appareil respiratoire supérieur de mieux fonctionner dans le nouvel environnement desséché, apparaît dès 1,5 million d'années, peut-être avant – et la création des langages s'ensuit sans doute très rapidement sans solution de continuité.

Et tout au long de ces centaines de milliers d'années et de manière accélérée, l'homme va découvrir de nouvelles méthodes de taille – percuteur dur, percuteur tendre, chauffage –, améliorer sa technologie, faire progresser son économie et créer de nouveaux outils parce qu'il ne va cesser de diversifier ses activités ; André Leroi-Gourhan disait que pour 1 kilo de silex, l'homme oldowayen, *Homo habilis*, puis le premier *Homo erectus* réalisaient 10 centimètres de tranchant utile ; pour le même kilo de silex, l'homme acheuléen, *Homo erectus*, faisait 40 centimètres de tranchant ; pour 1 kilo de silex encore, l'homme moustérien, *Homo neandertalensis*, réussissait 2 mètres de tranchant ; enfin, *Homo sapiens*, avec le même kilo de silex, parviendra à tirer jusqu'à 20 mètres de tranchant ; mais il ne faut pas oublier que la première étape dure 1,6 million d'années, la seconde 1,3 million et les deux dernières, ensemble, 100 000 années seulement. Cet homme va découvrir peu à peu les diverses sources d'énergie et créer leur maîtrise, le feu il y a 800 000 ans, le nucléaire, il y a moins d'un siècle. Très expert dans la reconnaissance des signes naturels, comme tout bon chasseur, il va, un beau jour, avoir l'idée de les reproduire et puis, très vite, celle d'en créer d'autres. Cette projection symbolique verra le jour sur tous les continents entre 35 000[1] et 10 000 années. La fin de la dernière glaciation adoucissant le climat, les graminées vont mieux pousser et l'homme, en en découvrant l'intérêt, s'arrêtera pour mieux les cueillir. Devenu sédentaire, il va alors avoir l'idée extraordinaire de semer lui-même pour en contrôler la pousse. Ainsi verront le jour l'agriculture et l'extraordinaire bond économique, démographique, culturel qui en découlera. De la nécessité de mesurer alors les récoltes, les stocks et leur circulation, de la propriété et du négoce donc, va tout simplement naître du Pakistan à l'Afrique noire, il y a 12 000 ans, l'écriture : ce seront de simples jetons d'argile d'abord, enfermés dans des bulles d'argile, symboles de quantités déterminées ; puis l'impression de ces jetons dans l'argile de la surface des bulles les contenant et l'impression de ces mêmes jetons enfin dans l'argile de bulles éclatées qui ne contiennent plus rien et que l'on appelle désormais des tablettes. Il y a quelques millénaires l'homme découvrira encore le métal, le cuivre et l'or, l'étain et le fer, et il créera la métallurgie, les alliages ; il inventera la monnaie, l'imprimerie, les télécommunications, l'informatique[2]. Après être né

1. Peut-être 50 000.
2. Etc. (écrit en 1987).

d'un caprice de l'environnement naturel, son évolution va ainsi peu à peu passer sous le contrôle de l'environnement culturel que la découverte de sa réflexion lui avait permis de créer. De sa situation innée qu'il partage avec tous les êtres vivants, l'homme va peu à peu devenir le seul d'entre eux à proposer un autre mode d'existence, fait de liberté et de responsabilité, l'acquis.

⁂

Il ne me semble pas que l'éclairage naturaliste de notre histoire réduise en quoi que ce soit le mystère de l'homme ; je pense même qu'il le magnifie. La mise en évidence de la continuité du phénomène transformiste, des étoiles à la Terre, de la matière à la vie, et celle de la filiation tout aussi continue du phénomène évolutif, des premiers êtres vivants à l'homme, sont probablement la découverte la plus extraordinaire qui soit. L'intarissable pouvoir de création de l'évolution biologique, inhérent à sa nature même, fait en outre que l'homme ne peut être qu'une innovation ; comme il se trouve que le degré de complexité de son système nerveux central lui fait passer le seuil de la conscience réfléchie, l'homme se démarque du même coup, de lui-même, de l'ensemble du monde vivant qui le précède et l'accompagne : quelle plus belle confirmation de sa situation privilégiée demander à la science ? Que nous a-t-elle raconté, cette science ? Elle nous a appris que nous étions intimement liés à toute l'histoire de l'Univers, mais elle n'en a pas moins su, avec éclat, souligner notre grandeur au cœur de cet Univers.

L'histoire racontée ici n'est donc que le dernier et très bref tronçon de la grande, longue, très longue histoire, à laquelle nous appartenons ; mais ce dernier chapitre de 10 millions d'années est celui de notre indépendance, celui de l'individualisation du rameau de notre famille sur l'immense arbre de la vie. De manière sans doute bien schématique, nous nous sommes efforcés de situer aujourd'hui le long de cette dernière branche l'émergence des deux concepts si importants et si complémentaires du thème traité : il y a 10 millions d'années, le premier hominidé, pour la première fois dans toute l'aventure de la vie, se redresse et *découvre* ; il y a 3 millions d'années, l'Afrique s'assèche, la savane s'ouvre, la prairie s'étend, le premier homme pour la première fois dans toute l'histoire du monde, découvre qu'il sait et *crée*.

SOURCE

« Le milieu, la découverte, la conscience, la création », *Revue des sciences morales et politiques. Travaux de l'Académie des sciences morales et politiques*, 142e année, 1987, n° 4.

Table

DU MÊME AUTEUR
CHEZ ODILE JACOB

Pré-ambules, 1998.
Le Genou de Lucy, 1999.
L'Histoire de l'homme. 22 ans d'amphi au Collège de France, 2008.
Yves Coppens raconte l'homme, 2008.
Le Présent du passé, 2009.
Yves Coppens raconte nos ancêtres. L'Histoire des singes, 2009.
Le Présent du passé au carré, 2010.
Yves Coppens raconte nos ancêtres. La Vie des premiers hommes, 2010.
Pré-textes, 2011.
Le Présent du passé au cube. Des nouvelles de la préhistoire, 2013.

Cet ouvrage a été imprimé
en octobre 2014 par

FIRMIN-DIDOT

27650 Mesnil-sur-l'Estrée

Composition et mise en pages
Nord Compo à Villeneuve-d'Ascq

N° d'impression : 124530
N° d'édition : 7381-3142-X
Dépôt légal : octobre 2014

Imprimé en France